蔬菜腌制加工技术

◎ 闫广金　著

U0272210

中国农业科学技术出版社

图书在版编目（CIP）数据

蔬菜腌制加工技术／闫广金著 . —北京：中国农业科学技术出版社，2019.7（2023.6 重印）

ISBN 978-7-5116-4150-2

Ⅰ . ①蔬… Ⅱ . ①闫… Ⅲ . ①蔬菜加工 - 腌制 Ⅳ . ①TS255.3

中国版本图书馆 CIP 数据核字（2019）第 075031 号

责任编辑	白姗姗
责任校对	贾海霞

出 版 者	中国农业科学技术出版社
	北京市中关村南大街 12 号　邮编：100081
电　　话	（010）82106638（编辑室）　　（010）82109702（发行部）
	（010）82109709（读者服务部）
传　　真	（010）82106650
网　　址	http：//www.CASTP.cn
经 销 者	各地新华书店
印 刷 者	北京中科印刷有限公司
开　　本	710mm×1 000mm　1/16
印　　张	15.75　彩插　4 面
字　　数	300 千字
版　　次	2019 年 7 月第 1 版　2023 年 6 月第 2 次印刷
定　　价	48.00 元

前　　言

　　蔬菜腌制加工技术，具体分为十三章，生产品种为七大类。包括蔬菜的腌制加工、豆腐乳的制作、豆酱类的制作、面酱类的制作、榨菜的腌制加工、泡菜的加工及各种调味料的加工。

　　每种产品都有详细的工艺流程图、配料比例，制作工艺。简单易学、通俗易懂，只要按规定操作，都可以加工出合格产品。

　　酱腌菜的原材料一年四季都有出售，可根据不同的季节加工不同的产品，可以作家庭作坊式生产。人员可根据工作需要确定，工具、生产设备可以根据生产需要购置。

　　此书中的技术也适合家庭腌制，制作酱腌菜时，可以根据腌制的数量增减所需要的配料；也可以根据口味添（加）、去（掉）辅料。但制作的方法不要改变，一定要按规定的方法去操作加工。

　　此书是本人根据多年来的实践经验撰写而成。所有配方均是闫氏祖传，汇集了闫氏几代人的心血。希望此技术能留传后世，为国家和人民作出微薄贡献。

闫广金

2018 年 10 月

目　　录

第一章　生产场所、容器、工具和设备

第一节　生产场所

一、庭院

应有完好的供水、供电系统。有下水道，以利于清洗，排水。场地要经常保持清洁卫生。收工后，要整理干净。

二、摊晒场

主要用于蔬菜的堆放、整理、晾晒。地面以水泥地面为好。堆放蔬菜可以防止污染，减少耗损。

三、厂房

高度不低于 6 米，以利于以后有条件安装行车。地面以水泥地面或水磨石地面均可。墙壁砌 1.5 米高的瓷砖，墙根四周应砌排水沟和下水道相通，以利排水，便于打扫卫生。

第二节　容　器

一、水泥池

一般分大、中、小 3 种。大池以 15~25 吨为宜。中池以 5~10 吨为宜。主要用于腌制储存菜坯。小池 1~2.5 吨，腌制存放成品使用。

建池要求：大池要求钢筋混凝土结构，池深不超过 2 米。中池要求砖水泥结构，池深不超过 1.5 米。大中池底在靠外边角处留一个圆形坑，以放下潜水泵为宜。便于抽取池内盐水循环，减轻翻菜强度，防止菜的变质。池边要留下排水沟和下水道相通利于排水。小池深度不超过 1.2 米，砖水泥结构，里外用瓷片砌好，便于操作和保证食品卫生安全。

二、缸

缸的大小，分为 600 千克、500 千克、350 千克、250 千克、200 千克、

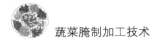

150 千克、小缸等。可以根据生产需要购置。每个缸必须配有缸盖,用于防雨、防蝇、防尘。

三、坛

坛分为平坛、圆坛、泡菜坛 3 种。平坛主要用于装豆腐乳和酱咸菜。圆坛装各种酱制品。泡菜坛主要用于腌制泡菜。坛子的容量一般是 10 千克左右。

第三节 生产工具

一、案板

案板有大案板和小案板,一般采用大不锈钢案板。有的小案板采用木案板。

二、刀

加工菜使用的刀具有切菜刀、刨刀、尖刀、剪刀、打皮刀、花刀。

三、容器

水桶、水瓢、勺子、筐、篓。

四、手工工具

菜扒、铁杈、筅篱、木楸、竹席、竹笆、竹薄、木架、箩筛、漏斗、大磅、台磅、电子磅、胶管、木棒、波美度表、盐度表。

第四节 生产设备

一、机械设备

洗菜机、切菜机、抓斗机、压榨机、搅拌机、包装机、行车、水泵、电磨等。这些设备在企业发展以后根据生产需要购置。

二、车辆配备

汽车、推车、斗车、三轮车、平板车等。根据生产需求购置。

三、其他工具

齿耙(三齿、四齿、长耙、短耙)。用于拌菜、抓菜。

晒架(竹杆架、木杆架)。用于晾晒蔬菜腌制品。

肩具。扁担、木杠、绳子、铁钩,主要在操作地方小的情况下使用。

以上各种工具,根据自己厂的规模大小、生产需要购置。生产工具使用后,要及时清洗干净。机械设备使用后要随时保养,以防生锈。

第二章 生产刀具的种类和使用方法

在酱腌菜生产过程中，主要使用的刀法有切、片、剁、镲四种。各种不同的刀法适用各种菜的加工。使用方法正确，就能加工出精美的花色品种。操作时，一定要按操作要领进行操作，才能切出好的产品。

第一节 刀具的种类

刀具有切菜刀、梳子花刀、蓑衣花刀、扇子花刀、齿轮花刀、鸡冠花刀、菊花花刀、桃花花刀、菠萝花刀、荸荠花刀、玫瑰花刀、佛手花刀等。

第二节 刀的正确使用方法

一、切

根据刀切的不同手法可分为直切、锯切、拉切、铡切、滚切、推切6种方法。

1. 直切

直切的刀法是左手按住菜，右手执刀，一刀一刀笔直的切下去。要求左右两只手必须有节奏的配合。要左手抵住刀身向左移动，切菜时刀每次移动都要保持同等的距离，不能有宽有窄，不均匀。右手下刀要直不能偏里或偏外。在酱腌菜中应用最多的是切块，条、丁都要使用直切法。

2. 推切与拉切

推切或拉切多用于质地松散或韧性较强的菜类。用推切刀法时，刀要由后向前推切下去，着力点在刀的后端。一刀要推到底，不需要再拉回来。用拉切的刀法时，刀由前向后拉切下来，着力点在刀的前端，一刀拉到底与直刀相似。不过下刀时不是直上直下而是向前推或向后拉的动作。不管拉或推，动作一定要协调一致。

3. 锯切

又称推拉法，锯切刀法多用于质地坚硬而又有韧性的菜或质地松散易碎的菜。切菜时，先将刀向前推，然后再拉回来，一推一拉像拉锯一样一刀一刀切下去。

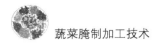

刀法要求：刀要前推后拉缓慢下刀，落刀不能过快要笔直。不能偏里或偏外，落刀不能用力过重。要先轻轻锯数下，刀切入原料40%后再用力切到底。锯切时，左手要把原料按稳，不能移动。

4. 滚切

又称转刀切法。每切一刀后，将菜滚动一次再切的方法。滚刀切法主要用于圆形、椭圆形的质较脆的菜。

刀法要求：左手滚动原料，斜度必须掌握好，应适中。右手执刀，跟着菜的滚动，还要按一定的斜度切下去。下刀均匀，不能有宽有窄。也有切三角或丁菜用滚刀切法。

5. 铡切

铡切刀法分两种。一是右手握住刀柄，左手推刀脊背铡切菜。二是两手交替用力铡切菜。铡切适用于切小形、圆又滑或含有汁液的菜。

刀法要求：要把刀对准要切的部位，并且使菜不能移动。操作时，动作要敏捷，用力要均衡，不能让菜的汁液流失。

二、片

片的刀法分为推刀片法、拉刀片法、斜刀片法、反刀片法4种。

1. 推刀片法

左手按稳菜，右手执刀，放平刀身，使刀身与墩面近似平行状态。刀要从菜的右侧片近去再向外推移。

2. 拉刀片法

左手按稳菜，右手执刀，放平刀身，使刀身与墩面呈近似平行状态。刀片进入后要向里（身边）拉进。

3. 斜刀片法

以左手按稳菜的左端，右手执刀。片时刀口向左，刀身呈倾斜状，从菜的表面靠进左手部位，向左下方移动，斜着片进菜中。

刀法要求：把菜放稳在案板上，左手按在被片的部位。右手执刀，应有节奏的与左手配合，连续的片下去。对菜片的厚薄大小以及斜度的掌握，主要靠眼光注视两手的动作和落刀的部位。右手要稳稳地控制刀的运动方向。只有这样，片出的菜才能厚薄均匀。

4. 反片刀法

刀口向外，使微呈斜状，刀片入菜后，由里向外运动。

刀法要求：左手按稳菜并以左手的中指上部关节抵住刀身，右手执刀，贴着左手中指关节片进菜中。左手向后移动时，应掌握同等距离，使片下去的菜厚薄均匀一致。

三、剁

剁刀是把菜制成末状的一种刀法。

单手执刀，也可以双手同时执刀。同时操作，可以提高工作效率。

四、锲

锲刀刀法是综合几种切和片的刀法。把菜切片成各种刀纹，但不要切断或片断。锲刀刀法分3种，有推刀锲，拉刀锲和直刀锲。

1. 推刀锲法

推刀锲法与反刀和片刀法相似。以左手按住菜的后部，右手执刀，刀口向外，紧贴着左手中指，片入菜的1/3左右即止。

2. 拉刀锲法

拉刀锲法与反刀片法相似。左手按住菜，右手执刀，刀身外倾，将刀由外向里拉进1/3即止。

3. 直刀锲法

直刀锲与推刀锲的刀法相似，只是将菜不切断。锲的方法在应用上可分为一般锲和花刀锲两种。一般锲刀法只是在菜上锲上一排刀线，花刀锲是在菜上交叉地锲上各种花刀纹，使菜更加美观。

五、花刀的正确使用方法

1. 梳子花刀

先用刀直切，再把菜横过来切成片像梳子。

2. 菊花花刀

先用刀切去菜的根、须和顶部，再把菜平放在案板上。然后把菜切成0.5厘米的薄片，再把菜按平，横过来切成0.5厘米的细丝。在切片或切丝时都不要把菜切透，离底部有0.5厘米为宜。然后把切好的菜放平散开即成菊花形菜。

3. 佛手花刀

把菜先切成4~6片，再把切成的片切四刀，头部不切透连在一起如佛手状。

4. 扇子花刀

用刀切成连块的薄片，压扁即成扇子形。

5. 面条花刀

用滚刀法把菜切成薄片，再把薄片卷成短筒，细刀切丝，即成面条形。

6. 齿轮花刀

用独创的刨子在菜的四周纵向刨上6~8条小沟。然后，横切成片，便形

成齿轮菜。

7. 桃花花刀

先切去菜的顶部和根部，用独齿刨（齿头三角形）从菜的四周刨四道小沟。然后，再切成片，即成桃花形菜。

8. 荸荠花刀

将菜削皮，横切成 1.5 厘米的块，再把四边的棱削去，即成荸荠形状的菜。

9. 鸡冠花刀

用斜刀将菜切成椭圆形长片，再将每片菜纵切成两半。然后，在半圆弧上锲数齿，即成鸡冠形菜。

10. 菠萝花刀

先用刀在菜上下刻五条线沟，再横切成片，每片厚 1 厘米，形似菠萝片。

11. 蓑衣花刀

在菜的表面用梳子花刀锲一边，再将菜翻过来用直刀再锲 1 遍。刀纹与正面刀纹交叉成十字刀纹，两边的刀线深度均为菜的 4/5，菜提起来成蓑衣状。

12. 玫瑰花刀

用铁制的独眼刨丝的刨子在菜的周身刨出 5 条沟纹，再横切成 1.5 厘米的单片即成玫瑰花菜。

第三章　酱腌菜制作的基本知识

第一节　酱腌菜制作的特点

一、咸菜

用食盐腌制的蔬菜叫咸菜。腌制分撒盐在蔬菜上直接腌制的方法，还有用浓盐水直接浸渍腌制的方法。不管是哪一种方法都是使蔬菜在腌制中脱水、防腐，增加蔬菜的风味。食盐在蔬菜腌制中的主要作用有 3 点。

1. 防腐

盐水达到一定的浓度，能抑制微生物繁殖。盐使蔬菜脱水后，使原生质和细胞壁脱离，生理活动受到抑制，直至细胞停止生长或死亡。所以，蔬菜在一定时间内不会变质腐烂，便于保存。

2. 脱水

盐有很强的渗透压力，迫使蔬菜体细胞内的水分和可溶性固性物渗透出来。食盐渗入蔬菜体细胞内后，直到蔬菜体内的食盐含量与食盐溶液的浓度达到平衡，使蔬菜体组织致密，致使蔬菜脱水。

3. 提高蔬菜的风味

食盐渗透蔬菜细胞后，促使蔬菜的营养物质发生化学变化。发酵产生乙醇、乳酸和醋酸，使蔬菜产生香气。

二、酱菜

酱菜是由蔬菜腌渍成的咸菜坯，用压榨和清水浸泡进行撤盐，把咸菜坯中多余的盐水脱出来。然后，再把脱盐后的咸菜坯用各种不同的酱、酱油进行酱制，使酱和调味品中的糖分、氨基酸等，渗入咸菜坯中，制成味道鲜美、营养丰富的酱菜。

三、泡菜

泡菜是以多种新鲜蔬菜为原料，浸泡在加有多种香料的盐水中，经发酵作用制成的。蔬菜在盐水中发酵，主要是在乳酸菌的作用下进行。乳酸菌是利用原料中的糖分发酵而成，能抑制有害生物的活动，起到泡菜的保质和贮存作

用。能使泡菜产生酸味，更加清脆凉爽，美味可口。

第二节　蔬菜和辅助材料的计量办法

一、蔬菜的计量办法

一般是以每 50 千克为基数进行核算的。计量单位是以千克为单位计算的。

二、辅助材料计量办法

以每 50 千克蔬菜为基数进行核定，计量单位按克计算。

三、辅助材料的品种

食盐、酱曲（酱黄）、甜面酱、虾油、辣椒酱、辣椒粉、辣椒油、酱油、醋、香辛料、食用油、酒、味精、甜味料、着色料、防腐剂等。共计 20 多种。

第三节　蔬菜的化学成分及营养作用

一、蔬菜的化学成分

蔬菜的化学成分即水分和干物质。水分是蔬菜的主要成分。因蔬菜品种的不同含水量也不同，蔬菜一般含水量为 60%～90%。蔬菜中的水分分为结合水和游离水两种。游离水容易失去，所以，新鲜的蔬菜容易萎缩。水分与蔬菜的风味品质有密切关系。由于水分中溶有糖和含氮物质，给微生物的活动创造了条件，使蔬菜容易变质腐烂。蔬菜的腌制过程就是采取各种方法来排除蔬菜组织中的水分，以便达到产品的长期保存。

蔬菜组织中的干物质可分为水溶性物质非水溶性物质两种。水溶性物质是溶解于水的，有糖、有机酸、果胶、多元醇、单宁物质及部分含氮物质、色素和大部分无机盐类，它们共同组成蔬菜的汁液部分。非溶性物质是不溶于水的物质，组成了蔬菜的固体部分。有原果胶、脂肪、纤维素、半纤维素、淀粉及部分含氮物质、色素、微生素、矿物质和有机盐类组成。

1. 碳水化合物

碳水化合物是蔬菜干物质的主要成分。蔬菜中的碳水化合物有糖、淀粉、果胶、纤维素和半纤维素等。

（1）糖。蔬菜中所含的糖主要是葡萄糖、果糖、蔗糖。葡萄糖和果糖是蔬菜的呼吸物质之一，在呼吸过程中被分解放出热能。糖又是微生物的营养物质，乳酸菌可将糖转化为乳酸。酵母菌可将糖转化为乙醇，改进食品风味，增强食品的贮藏性。腌菜、泡菜就是利用这种作用加工的。但是，有害的微生物也能利用糖生长繁殖，并使蔬菜腐烂变质。这是腌制蔬菜应注意的问题。

（2）淀粉。淀粉多为糖类，较多存在于根菜、豆类蔬菜中。淀粉在酶的作用下，可以水解成麦芽糖或葡萄糖。

（3）果胶物质。以原果胶、果胶和果胶酸 3 种状态存在于蔬菜组织中，由于酶的作用而转化。未成熟的果实所含的果胶主要是原果胶，成熟后果实则转变为果胶，果实过熟时则转化成果胶酸，然后再转化为还原糖。原果胶常与纤维素结合，在植物细胞间具有黏合作用，能影响菜体组织的强度和密度。在蔬菜腌制过程中，使原果胶受酶的作用可分解成果胶，再分解成果胶酸失去黏结作用，使细胞松弛。但是，果胶酸与钙化合后变成钙盐，可增加菜的硬度。这就是腌制蔬菜前用石灰水浸泡以保持酱腌菜脆度的道理。

（4）纤维素和半纤维素。这两种物质是组成蔬菜的骨架物质，是细胞壁的主要构成部分。嫩芽的细胞壁为含水的纤维素。蔬菜老熟时则变化木质和角质，坚硬粗糙，影响品质。含角质的纤维素耐酸、耐氧化、不透水，对蔬菜的储藏有利。纤维素能刺激胃肠蠕动，有帮助消化的功能。

2. 含氮物质

蔬菜中的含氮物质主要是蛋白质，其次是氨基酸、酰胺硝酸盐和铵盐。其含量在 0.5%～8%。其中豆类含量最多，叶菜较少，根菜和果菜最低。蔬菜由于含氮物质的变化，对成品的色香味会产生不同程度的影响。因此，蔬菜腌制时应注意保存好营养物质。

3. 有机酸

蔬菜中的有机酸主要有柠檬酸、苹果酸、草酸和酒石酸等。除西红柿等少数品种外，其他蔬菜因含量少，感觉不到有酸味。有机酸的含量因蔬菜的种类、品种、老嫩等不同而不一样。

4. 甙

甙是单糖分子和非糖物质结合的化合物。甙在植物体内普遍存在，并关系到蔬菜的色香味和利用价值。芥菜、萝卜含有黑芥籽甙，水解后生成特殊辣味和香气的芥籽油。杏仁中含有苦杏仁甙，味苦，有毒。酱杏仁是必须用水浸泡，消除苦味后才能加工使用。土豆含有石碱甙，发芽的土豆含量更多，含量超过 0.02% 会引起食用中毒。

5. 单宁物质

单宁物质具有涩味，蔬菜中含量很少。但是，对蔬菜的腌制加工成品质量有一定的影响。

6. 油脂类

蔬菜中的不挥发油和脂质一般含量较少，在蔬菜籽中含量较多。

7. 色素

蔬菜的颜色是鉴定菜的品质好坏的一个重要因素。各种蔬菜有各种颜色，是由多种色素组成的。各种色素随着成熟期不同及环境条件的改变而变化。

（1）黄碱素。存在于洋葱和辣椒等菜中，表现为青转黄变红色。

（2）叶绿素。叶绿素在蔬菜中的含量不一样，使蔬菜绿色成度不一样，有深有浅。叶绿素在碱性环境中比较稳定。在酸性环境中易被破坏。因此，在腌渍前要用碱溶液浸泡，以保其绿色。

（3）类胡萝卜素。包括胡萝卜素、番茄红素、椒红素、番茄黄素、玉米黄素、叶黄素等。表现均为黄色或黄红色。

（4）花青素。花青素在不同环境中表现的颜色不同。在碱性中为蓝色，在酸性中为红色，在中性中为紫色。

8. 酶

蔬菜含有各种酶。酶是一种特殊蛋白质，产生于植物体内。能在常温常压下促进生物体内合成代谢和分解代谢，是一种生物催化剂。酶分裂合酶、水解酶、连接酶、氧化还原酶、转移酶、异构酶六大类。但是，在酱腌菜生产中，起主要作用的是水解酶和氧化还原酶。

二、蔬菜的营养作用

蔬菜的营养物质很丰富，是保持人体健康的必需食品。人体需要的营养主要有蛋白质、脂肪、糖、无机盐（矿物质）、水和维生素，而蔬菜内均含有这些营养物质。

1. 糖

糖称作碳水化合物，是由碳、氢、氧三种元素组成的，能供给人体大量的热能，是人体中热能的主要来源。热可以转化为力，有了力才能具备体能的条件。1 克糖可产生 4 千卡热量。一个成年的轻体力劳动者，一天要消耗 2 400 千卡热量，重体力劳动要消耗 4 200 千卡热量。糖的摄入量不足，则引起热能不足、生长发育迟缓、体重减轻、易于疲劳等病状。糖主要来源于谷类和根茎类蔬菜中。

2. 蛋白质

蛋白质是人机体的主要成分，是生命的物质基础，又是构成各种酶、抗体和某些激素的主要成分。它能促进人体的发育，维持毛细血管的正常通透性，可供给热能。食物中的蛋白质经胃肠消化，发生酶的作用，成为简单的氨基酸后，才能被人体吸收。人体如长期缺乏蛋白质则可导致疲劳，循环血减少，贫血，发育迟缓，抵抗力减少。如果严重缺乏时，可引起营养不良性水肿。人体蛋白质由 20 多种氨基酸组成，其中有 8 种氨基酸在人体内不能合成，必须从食物中摄取，被称为必需氨基酸，即色氨酸、缬氨酸、赖氨酸、苏氨酸、精氨酸、蛋氨酸、异亮氨酸、亮氨酸。蛋白质分为动物蛋白和植物蛋白。动物蛋白多含在乳类、蛋类和肉类。植物蛋白多含在粮食中，蔬菜中也含有少量植物蛋白。

3. 脂肪

蔬菜中含有一定量的植物脂肪，是人体的重要组成部分。细胞中的原生质和细胞膜均含有脂肪化合物。脂肪能保护皮肤的健康，溶解人体必需的维生素A、维生素D、维生素E、维生素K和胡萝卜素。没有脂肪参加，这些维生素就不能在人体内发挥作用。脂肪有两种，一种是动物脂肪，另一种是植物脂肪。动物脂肪存在于动物组织内。如猪油、羊油、奶油等。植物脂肪存在于蔬菜和其他植物中。动物脂肪含饱和脂肪酸较多，植物脂肪含不饱和脂肪酸较多。饱和脂肪酸可以使血清胆固醇含量增高，能引起心血管疾病。不饱和脂肪酸可降低血清胆固醇及甘油三酯，减少血小板黏附性，老年人和体胖者适宜多适用植物脂肪。

4. 无机盐

蔬菜中含有较多的无机盐。无机盐是构成人体组织的重要材料，能调节人体生理机能。无机盐包括钙、磷、铁等。

（1）钙。钙是骨骼、牙齿生长所需的物质，能维持人体神经机能的正常和体内酸碱平衡。钙是血液凝固不可缺少的成分，钙缺少了就会发育不正常。

（2）磷。磷也是骨骼和牙齿的主要组成物质。

（3）铁。铁是造血的必要成分，是构成红血球中血红素的重要材料对人体的呼吸有重要作用。饮食中铁长期供应不足时，会引起缺铁性贫血。

此外，蔬菜中还有人体所需要的碘、铬、钾、铜、钴等20多种微量矿物质元素。

5. 维生素

蔬菜中含有大量维生素。维生素是人体进行正常生理活动必需的营养素，在物质新陈代谢中起着重要作用。大多数维生素在人体内不能合成，只能由食物供给。维生素的需要量虽然很少，但必不可少。如果长期缺乏某种维生素，就会引起某些维生素缺乏症。维生素有20多种，分脂溶性维生素和水溶性维生素两大类。脂溶性维生素需要人体内脂肪的溶解才能被人体吸收，如维生素A、维生素D、维生素E、维生素K等。水溶性维生素被水溶解后才能被人体吸收，如维生素 B_1、维生素 B_2、维生素 B_{12}、维生素 C 等。

（1）维生素 A。它有促进生长发育，维持上皮细胞新陈代谢，参于视网膜内视紫质的形成等作用。缺乏维生素 A，会引起皮肤干燥、角化，容易感染传染病患夜盲症，儿童可出现发育不良。维生素 A 多含在动物性食品中。植物食品不含维生素 A，但在有色的蔬菜中含有胡萝卜素，胡萝卜素同维生素 A 有基本相同的分子结构，在人体内有脂肪的作用，可转化成维生素 A。

（2）维生素 B_1。能促使碳水化合物在人体内彻底氧化，防止对人体有害物质丙酮酸的聚集，增加食欲，促进生长。如长期缺乏能引起碳水化合物的代谢障碍和多发性神经炎、脚气病等。维生素 B_1 多含在粗粮和蔬菜中，它在碱性溶液中容易被破坏。

（3）维生素 B_2。参加体内氧化还原反映，保护口舌、皮肤健康，维护正常视力。长期缺乏，会出现嘴唇干裂、口角糜烂、舌表粗糙等症。在蔬菜中以紫菜、辣椒、豆瓣酱含量较多。

（4）维生素 C。它是一种很强的还原性物质，能促进外伤愈合，增加对疾病的抵抗力并有解毒作用。长期缺乏，可发生坏血病。维生素 C 主要存在新鲜蔬菜和水果中。

维生素还有很多种，如维生素 B_6 参加体内蛋白质和脂肪的代谢。维生素 B_{12} 参与骨髓造血，维生素 D 能促进人体对钙、磷的吸收和利用，促进骨骼、牙齿的正常生长等。这些物质在蔬菜中都有含量，是维持人的生命所不可缺少的。

第四节　蔬菜腌制中微生物的作用

蔬菜酱腌中要利用发挥有益微生物的作用，抑制有害微生物的活动。参与酱腌菜活动的微生物很多，但主要有细菌、酵母菌、霉菌三大类。

一、细菌

细菌在自然界中，是分布最广、数量最多的一类微生物。酱腌菜中常见的细菌有乳酸菌、醋酸菌、丁酸菌和腐败菌。

1. 乳酸菌

乳酸菌是能利用各种糖质及淀粉原料产生乳酸的一类细菌。种类很多，有球菌、杆菌等。一般生长发育的最适温度为 26～30℃。乳酸菌广布于空气中。蔬菜的表皮、生产用水及容器用具等物，无不存在乳酸菌。在蔬菜腌制过程中，它们将糖发酵生成乳酸，不产生气体称为正型乳酸发酵。还有乳酸菌和非乳酸菌同时在进行活动，也能将糖类发酵并产生乳酸及其他产物和气体。这类微生物称为异型乳酸菌，其作用称为异型乳酸发酵。此外，有些非乳酸菌如大肠杆菌，也能进行乳酸发酵，大肠杆菌产生的乳酸量不高。乳酸发酵是酱腌菜中主要的发酵作用。几种乳酸菌最高产乳酸量为 0.8%～2.5%。

2. 醋酸菌

醋酸菌是一种好气性细菌。在有空气条件下能将乙醇（酒精）氧化成醋酸，这一作用称为醋酸发酵。蔬菜腌制过程中有微量醋酸，不仅无损于产品质量，反而有利，当腌制品成熟时，就要及时装缸、封口，隔绝空气，抑制醋酸的产生。

3. 丁酸菌

丁酸菌是一类专性嫌气细菌。活动时需要弱性介质生长适温 35℃，在蔬菜腌制过程中，它利用糖和乳酸为基质进行丁酸发酵。丁酸有强烈的不快气味，对蔬菜腌制品无保藏作用，还消耗糖分和乳酸。因此，丁酸发酵是一种有害的作用。

4. 腐败菌

蔬菜腌制过程中发生腐烂现象，这是一种腐败性细菌分解蔬菜组织、蛋白质及其他含氮物质的结果。制品腐烂时，生成氨吲哚、硫化氢和氨等，会产生恶臭味，有时还生成一些有害物质。如胺可以和亚硝酸盐生成亚硝胺，它是一种致癌物质。腐败性细菌还可以将蔬菜中的硝酸盐还原成亚硝酸盐，食用过多的亚硝酸盐可引起亚硝酸盐中毒。它又是合成亚硝酸胺的前身物质，所以，腐烂作用的发生可使蔬菜腌制完全失败。

二、酵母菌

酵母菌是一类单细胞微生物，它主要分布在含糖质的原料及蔬菜的表面。在蔬菜腌制中有些酵母菌对腌制有利，有些酵母菌对腌制有害。

1. 正常酵母菌

正常酵母菌能在腌制中将糖发酵生成酒精，这一作用称为酒精发酵。在发酵过程中所产生的酒精与有机酸相作用，生成具有芳香气味的酯类，这就形成了制品的香气。

2. 产膜酵母

主要是醭酵菌和红色酵母的作用。它在蔬菜腌制中的盐液表面，呈现一层粉状并有皱纹的薄膜，这是产膜酵母所形成的菌层。产膜酵母的活动，大量消耗蔬菜组织内的有机物质，还分解乳酸、糖分和酒精。它不但妨害蔬菜的腌制，也是酿造酒和酿造醋的大敌。

3. 霉菌

霉菌中的曲霉、毛菌和根菌为制作酱油食醋所必须能使淀粉糖化产生酒精、醋酸。能分解蛋白质为氨基酸，增加酱油的甜味和鲜味。但蔬菜腌制过程中曲霉、青霉可使制品生霉。其生霉部位一般在盐液表面或菜坛上层，霉菌能分泌出分解果胶物质的酶类使制品变软。同时霉菌也能大量的迅速分解乳酸，

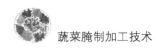

使制品的风味变劣，失去保存价值，引起整个制品的败坏。

第五节　蔬菜腌制中化学成分组成和分解变化

在蔬菜酱腌加工过程中，由于发酵作用和其他一些生物化学作用的结果，使蔬菜的化学组成发生一系列的变化。

一、蛋白质的分解作用

蔬菜中含有一定量的蛋白质，蔬菜在腌渍过程中所含蛋白质，由于微生物和蛋白质水解酶的作用，而逐渐分解成氨基酸。这一变化是蔬菜腌制过程中，和后熟期十分重要的生物化学变化，也是腌制品光泽、香气、鲜味的主要来源。

1. 鲜味的形成

蛋白质水解生成的各种氨基酸都具有一定的鲜味。但是，蔬菜腌制品的鲜味主要来源于谷氨酸与食盐作用生成的谷氨酸钠（味精）。腌制品中含有多种氨基酸，这些氨基酸均可生成相应的钠盐。因此，制品的鲜味远远超过了单纯的谷氨酸钠。

2. 香气的形成

蔬菜腌制品香气的形成是多方面的，也是比较复杂而缓慢的生物化学转化过程。有些氨基酸不但具有鲜味，还具有香气。酒精发酵生成的微量酒精也具有一定的香气。酒精与氨基酸作用生成的脂类物质芳香更浓，而且色泽较深，是腌制品变成黄褐色的因素之一。

此外，一些蔬菜由于含有某些甙类物质，在腌制过程中被分解产生芳香气味的物质。有些蔬菜在腌制过程中加进了一些带香味的调味品，给腌制品增加了多种复杂的香气。

3. 色素的形成

蔬菜腌制品在其发酵的后熟期中，蛋白质水解所生成的酪氨酸，由于微生物细胞或原料组织中所含的酪氨酸酶，经过一系列的氧化作用促其转化，最后生成一种黑色素，称为黑蛋白，是黄褐色或黑褐色。

此外，氨基酸与还原糖作用，也可以生成黑色物质。还有香气与木糖的作用最快。腌制品装坛，后熟时间越长黑色素形成则越快，越多。

蔬菜原料所含的叶绿素在腌制过程中也会逐渐失去鲜绿的色泽。特别是在酸性介质中，叶绿素最易变成黄褐色，泡菜和酸菜的变色就是这样。

二、蔬菜化学组成的变化

1. 糖与酸的相互变化

蔬菜在腌渍过程中经过发酵作用菜体的含糖量大大降低或完全消失，而酸的含量则相应的增大。如鲜黄瓜含糖量为 2%，酸黄瓜为零。鲜黄瓜含酸量为 0.1%，而酸黄瓜为 0.8%。发酵性腌渍品糖分减少的原因，主要是被乳酸发酵所消耗。

非发酵性腌渍品与新鲜原料相比较，其含酸量基本上没有变化，但含糖量则出现两种情况：咸菜（盐渍菜）由于部分糖分扩散到盐水中含糖量降低；酱菜与糖醋的渍菜，由于在腌制过程中从辅料中吸收了大量的糖分，使制品含糖量大大增高。

2. 含氮量物质的变化

蔬菜在发酵过程中含氮物质有明显减少。这一方面是由于部分含氮物质被微生物所消耗，另一方面是由于部分含氮物质渗入发酵液中之所致。

非发酵性腌制品蛋白质含量的变化分为两种。咸菜：由于蛋白质在腌制过程中被浸出，蛋白质含量减少。酱菜：由于酱内蛋白质含量渗入蔬菜组织内，蛋白质含量反而增高。

3. 维生素的变化

蔬菜在腌制过程中，其组织处于死亡状态，则在接触微量氧气的情况下，维生素 C 也会被氧化作用所破坏，腌制的时间越长，则维生素 C 的耗损也越大，维生素在酸性环境中较为稳定。如果在腌制中加盐较少，生成的乳酸较多，维生素 C 的损失也就减少。因此，在蔬菜腌制时，加盐多少间接影响维生素 C 的保存。腌渍品露出盐液表面与空气接触，维生素 C 很快被氧化而遭到破坏。蔬菜腌制品的多次冻结和解冻，也会造成维生素 C 的大量耗损。蔬菜中其他维生素含量在腌制过程中都比较稳定，经过腌渍后蔬菜中的维生素 B_1、维生素 B_2、维生素 PP 与胡萝卜素的变化均不大，酱渍品的某些维生素的含量有明显增高。原因是由于酱汁中的维生素随着酱的渗透渗入菜体组织内并将菜体内的游离水排除出来的结果。

4. 水分含量的变化

鲜菜在腌制过程中水分含量的变化，随着加工工艺的不同而异。在湿态发酵性腌渍品中其含水量基本没有改变。在半干态发酵性腌渍品中，含水量有明显的减少。在咸菜盐渍品和酱菜的腌渍，酱渍过程中含水量介于上述两种之间。但与鲜菜原料比较，有少量的降低，其含水量在 70%~80%。在糖醋渍品的含水量变化，与湿态发酵性腌渍品相同，如鲜大蒜与糖醋蒜的含水量一般都在 77%~79%。

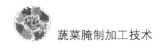

5. 矿物质含量的变化

在腌制过程中加入食盐的各种腌渍品，由于盐分的大量渗入，因此，矿物质含量均比新鲜原料有明显的提高。非盐渍品的泡菜，则因为矿物质外渗，其矿物质含量有所降低。各种盐渍品，由于盐内所含钙的渗入，其含钙量一般高于新鲜的原料，而磷、铁的含量恰好相反。酱渍品因酱内食盐与有关化合物的大量渗入，与原料比较，其含钙量与其他矿物质含量均有明显增高。

第六节　如何控制酱腌菜的温度变化

咸菜加工过程所需的温度不宜过高，一般在 5～20℃为宜。泡菜温度最好控制在 0～10℃为好。温度高，微生物就会生长快，使咸菜腐烂变质。温度过低，咸菜易受冻，改变了体内的组织状态，也会变质变味。

咸菜加工过程中要注意阴凉、通风、避免阳光暴晒。所以，盐渍蔬菜无论池子和缸都应放在棚下和屋内为好。按咸菜不同品种的不同工艺，加强管理，进行倒池、翻缸。

酱菜的加工过程，所需的温度和酱制场所和咸菜相反。温度高，酱菜成熟快，菜质好。酱菜加工场所选择在阳光充足的 6 月、7 月、8 月、9 月这 4 个月。酱菜缸在烈日下暴晒使酱黄糖化发酵，分解蛋白质，产生各种氨基酸，酱菜才能达到理想的标准。

第七节　蔬菜腌制过程中产生白醭的解决方法

在腌菜过程中有时腌菜液面上生出白醭，如不及时处理去掉，会使腌菜变味、变质、腐烂。

一、防止腌菜时产生白醭的方法

在腌菜时，用盐量要掌握好。要根据蔬菜量的比例用盐，一般腌菜时的盐含量为 20%左右。

腌菜时根据蔬菜的要求，及时倒缸或翻菜，使腌菜液完全淹没菜，使菜与空气隔绝。

腌菜过程中不能进生水。

不能使用不清洁的容器或带有油污的容器腌菜、翻菜。

在腌菜时，在腌液中放一些大蒜、白酒或防腐剂。

二、腌菜产生白醭的处置方法

腌菜时一旦产生白醭，首先要把已变质的菜清除掉。然后，用干净的勺子捞出液面的白醭，再把腌液倒出用火烧开，再加些食盐，晾凉后再把菜放回容器内。腌菜坛要放在干燥通风的地方。

第八节 酱腌菜如何保色的方法

腌蔬菜要尽可能保持原有的色泽，保色的办法如下。

一、用沸水烫漂

可增强叶绿素在菜体内的稳定作用达到保色。但是，要注意掌握好烫漂的时间，烫漂时间过长，使菜质变软。过短达不到保色的目的。因此，按菜的品种不同决定漂烫时间的长短。

二、重盐腌制蔬菜

对叶绿素含量较多的如黄瓜、青辣椒等，可以采取加大盐的用量。高浓度食盐可抑制乳酸发酵，防止菜中的叶绿素在酸性条件下失去绿色。在实际腌菜中，一般采用25%的盐卤腌菜，可以达到保色的目的。

三、及时降低腌蔬菜过程中的温度

蔬菜在腌制过程中要释放出很多的热量，菜中叶绿素在高温条件下，增强呼吸强度变黑、发黄。解决的办法是在腌菜过程中及时进行翻缸，倒缸散发菜体的热量达到保色的目的。

四、避免腌菜的菜坯和空气、阳光接触

对需要保色腌的蔬菜，应在室内加工。在腌菜过程中，要注意封缸口或将菜坯完全浸泡在盐卤中。均可避免与阳光和空气接触，达到保色的目的。

五、在渍液中加碱性物质

蔬菜在腌制过程中，渗出的菜汁一般呈酸性。叶绿素在酸性介质中呈不稳定状态。会使蔬菜逐渐失去鲜艳的色泽。在渍液中加碱性物质，如石灰水、碳酸钠等，就会及时中和腌制渗出的酸性菜汁，从而保持叶绿素的稳定，使本色得以保留。

在实际腌制蔬菜时，要根据当时的具体情况选用各种保色的办法。同时，还要考虑影响腌制品质量的其他因素，通常把各种保色措施结合起来综合使用。

第九节 酱腌菜如何保鲜的方法

腌制酱咸菜如何保鲜既要达到理想的色、香、味、形目的，又要保存蔬菜

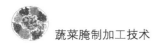

的一定营养成分，主要方法如下。

选料要根据当地蔬菜的来源、食用口味、销售对象来选择腌制的蔬菜。

一是根菜类。选择个头大小均匀，无虫蛀伤疤，无干缩糠心、黑斑，肉质坚实新鲜，老嫩适宜的根菜进行加工腌制。

二是叶菜类。要选择新鲜菜，棵、叶完整，无虫咬、无腐烂的菜进行加工腌制。

三是茎菜类。要选择棵大、茎粗的蔬菜进行加工腌制

四是瓜菜类。要选择个条均匀、无伤疤、无虫蛀的六七成熟的瓜进行腌制。

以上蔬菜要选择当天采收的新鲜蔬菜，进厂后放在阴凉通风的地方。防止日晒，菜要当天腌制，不要过夜，防止脱水。

第十节　酱腌菜生产如何保脆的方法

酱腌菜的脆嫩是成品一项重要的质量指标，如何使酱腌菜保脆有以下几种方法。

一、要腌的蔬菜必须保证新鲜

蔬菜采收后，呼吸作用仍在不断进行。必然消耗蔬菜的营养物质，造成品质的下降。所以，腌菜必须是新鲜的蔬菜。要当天进菜，当天腌制，来不及腌制的要放在阴凉通风处，严禁日晒。

二、要正确控制腌菜的配方和生产环境

腌菜用的食盐不能过少，pH 值（酸碱度）不能过大（指碱度），温度不能过高。要严格抑制有害微生物的生长，从而保持腌菜的脆性。

三、注意腌制蔬菜、配料、制作容器、工具的清洁卫生

腌制蔬菜中配料一定要干净，蔬菜一定要清洗干净，场地要清理干净，消毒，不留卫生死角。防止有害微生物的生长和繁殖，造成腌菜脆度的下降。

第十一节　酱腌菜如何增脆的方法

在蔬菜腌制过程中为防止蔬菜变软，应采取具有硬化作用的物质来补救。

一是把蔬菜放在钙盐或钠盐的水溶液内进行短时间的浸泡。也可以在微碱水中浸泡。

二是可用明矾或石灰水进行浸泡保脆。一般用量在菜重的万分之五为宜。

明矾属于酸性，不能用于绿叶蔬菜。

第十二节　酱腌菜的储存方法

酱腌菜加工成品后，如何贮存防止变质是一个关键问题。一定要采用科学的方法进行贮存。如何使成品保鲜不变质，科学的保存方法如下。

一、咸菜

将腌制好的成品实行密封保存。放在阴凉通风处，销售或食用时启封即可。

二、酱菜

酱菜含盐量较少，含糖和蛋白质较高。因此，在温度适宜的条件下，细菌的生长繁殖很快，易发酸变质。酱菜的贮存特别重要，其方法如下。

加入适量的防腐剂千分之一，可以延长酱菜的保存时间。

采用密封贮存的方法，将所用容器洗净，控干水分。用酱料把酱菜封严，隔绝空气。销售和食用时随取随用，取后封严。

泡菜是利用乳酸发酵的原理防腐，泡菜的销售和食用严禁用带有油污或不洁净的用具捞取。取菜后封严容器。

第十三节　酱腌菜制作过程中光线和温度的要求

蔬菜是一种有生命的植物，存在呼吸功能。由于呼吸作用，会散发出大量水分和热量。时间一长，造成蔬菜的产品质量下降。因此，对蔬菜的腌制有严格的控制和要求。控制温度的办法如下。

倒缸：把刚加盐的蔬菜8~10小时后从甲缸倒入乙缸。把蔬菜的呼吸热量尽快散发出去，也可除去由于乳酸的发酵而产生的不良气体。可以加速食盐的溶化，使蔬菜受盐均匀。加速腌菜成熟，使腌菜不发生霉烂变质。

把甲缸的菜倒入乙缸内进行散热，控制温度。也可以直接倒缸，先把空缸清洗干净后，再倒入甲缸上层的菜，然后，把缸下边的菜倒在上面。

把缸下层的菜直接翻倒上层，就是贴缸边一侧用手往下按，使缸内上边的菜下沉，让下边的菜翻上来。

对于腌菜容量大的池子，可以用水泵循环淋浇的方法进行调节盐水、蔬菜的温度及盐水浓度。

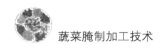
第十四节　蔬菜腌制与亚硝酸盐的关系及预防

蔬菜中都含有硝酸盐，不新鲜的蔬菜硝酸盐较高。当人们的消化道机能不够健康时，肠道细菌就会把硝酸盐还原成亚硝酸盐。如果亚硝酸盐长期进入血液中，人就会四肢无力。因为亚硝酸盐会使血液中低铁血红蛋白氧化为高铁血红蛋白。高铁血红蛋白与氧结合得十分牢固，从而使血红蛋白失去输送氧的功能，可使各脏器缺氧，使人头晕、恶心，严重时嘴唇、指甲发乌，全身发紫，甚至窒息死亡。这种现象称为亚硝酸盐中毒，亚硝酸盐除直接造成亚硝酸盐中毒外，它可形成亚硝胺。亚硝胺是一种致癌物质。

怎样预防亚硝酸盐的产生有两种方法。一是腌渍时选择的菜体要新鲜和卫生，二是掌握足够的腌渍食用的时间。刚腌制的蔬菜，亚硝酸盐含量上升，一般腌制 5~10 天硝酸盐和亚硝酸盐上升达到高峰，15 天后，逐渐下降，21 天后即可无害。所以，腌制的蔬菜一般应在 20 天后食用。但在酸辣菜中，亚硝酸盐不显著，因为这类腌制蔬菜中含有杀菌素，能抑制亚硝酸盐的形成。

第十五节　蔬菜腌制过程中的卫生管理

酱腌菜是直接食用的佐餐食品。卫生管理的好坏，直接影响人体的健康，因此，必须注意酱腌菜的清洁卫生。

一、蔬菜腌制前要处理干净

蔬菜在种植生长过程中，不可避免的粘染一些细菌和农药。腌制前一定要清洗干净，摘掉老帮烂叶，削去虫咬伤斑，对不同的品种，采取不同的加工处理。

二、严格控制食品添加剂的用量

食品添加剂是食品生产、加工、保存等过程中加入使用的。例如，防腐剂、色素、甜味素和香辛料等。它能防止食品变质腐烂，增强食品感觉性，提高食品风味的作用。这些物质分天然和人工合成两类，天然的一般无毒害。人工合成的化学添加剂，这些食品添加剂有微量毒素，用多有害，必须按国家规定的标准使用。

1. 色素

分天然色素和人工合成色素两类。天然色素是用天然植物做成的，例如，红曲米、叶绿素、糖色等一般是无毒的。人工合成色素很多，允许在食品中使用的有苋菜红、胭脂红、柠檬黄、靛蓝。国家使用标准规定：苋菜红、胭脂红用量每千克食品不得超过 0.05 克，柠檬黄每千克食品不得超过 0.1 克，靛蓝每千克食品不得超过 0.01 克。

2. 糖精

是人工合成的甜味剂，它在人体内不被利用，24 小时后即被大小便排出。国家规定用量为每千克食品用量不得超过 0.5 克。

3. 防腐剂

防腐剂具有抑制微生物生长繁殖的作用。可以防止食品腐败变质，延长存放期。国家规定使用的防腐剂有苯甲酸钠、苯甲酸、山梨酸。用量在酱咸菜中每千克不得超过 0.1 克。

三、酱腌菜的器具要干净

酱腌菜的器具要清洗消毒干净，防止细菌的繁殖，影响腌渍品的质量。

第四章 酱腌菜品种分类

第一节 蔬菜使用品种分类

一、瓜果类

黄瓜、菜瓜、妞瓜、冬瓜、南瓜、木瓜、香瓜、辣椒、番茄、茄子。

二、根菜类

青萝卜、红萝卜、白萝卜、胡萝卜、黄萝卜、杞县萝卜、土豆、地瓜、芥疙瘩、白疙瘩、竹笋。

三、根块类

洋姜、生姜、甘露（宝塔菜）。

四、茎叶类

大蒜、蒜薹、莴笋、藕、苤蓝。

五、叶菜类

芹菜、大白菜、圆包菜、雪里蕻、青菜、韭菜、香椿、香菜、茴香。

六、花菜类

花菜、黄花菜、韭菜花。

七、豆角类

长豆角、四季梅、豇豆角、扁豆角、刀豆角、蚕豆角、云豆角。

八、果仁类

花生仁、核桃仁、杏仁、瓜子仁。

九、其他菜类

石花菜、荆芥、海带、蘑菇。

第二节 酱腌菜的渍菜分类

一、腌菜类渍菜

盐水渍菜、盐渍菜、清水渍菜、糖醋渍菜。

二、酱菜类渍菜

酱曲渍菜、甜酱渍菜、黄酱渍菜、甜酱黄酱渍菜、甜酱酱油渍菜、黄酱酱油渍菜、酱汁渍菜、酱油渍菜。

三、其他渍菜

虾油渍菜、糟渍菜、糠渍菜、菜脯类、菜酱类。

第三节 酱制品的分类加工技术

一、豆酱类的加工技术

黄豆酱加工技术、蚕豆酱加工技术、黑豆豉加工技术。

二、面酱类的加工技术

甜面酱加工技术、黄酱加工技术。

三、辣椒类的加工技术

辣椒（粉酱、颗粒酱）加工技术。

四、其他酱类的加工技术

番茄酱加工技术、韭菜花酱加工技术、玫瑰酱加工技术、蒜茸酱加工技术、甜瓜酱加工技术、茄子酱加工技术、苹果酱加工技术、西瓜皮酱加工技术、南瓜酱加工技术、胡萝卜酱加工技术、香菇酱加工技术。

第五章 蔬菜腌制酱制加工技术

第一节 瓜果类

一、黄瓜

原料的选择：挑选个条均匀、老嫩适中、顶花带刺、无虫蛀、无伤疤的鲜瓜，瓜长20厘米左右，重量150~200克为宜。要求随摘随收随腌制，确保黄瓜鲜嫩。

（一）咸黄瓜

1. 配料比例

鲜黄瓜50千克，盐10千克。

2. 工艺流程

选瓜—清水浸泡—头遍盐渍—二遍盐渍—翻缸—澄卤—挑捡—成品。

3. 制作规程

（1）头遍盐渍。把刚收的鲜黄瓜用清水浸泡5~10分钟，捞出控水后，用细盐2千克腌制，首先，在缸底撒一层盐，再顺排一层瓜撒一层盐，按此方法，一层瓜一层盐装满缸为止。12小时后捞出沥干盐卤，准备入另缸盐渍。

（2）二遍盐渍。把沥干盐卤后的黄瓜，按一层盐一层瓜进行腌制。腌制时，把剩余的8千克盐留出10%用作封顶盐外。按下少上多进行逐层加大撒盐量，腌满缸后用盐封顶。

（3）翻缸。瓜坯要每天翻缸1次，3天后，翻缸时要把盐卤澄清，除去杂质，然后把澄清的盐水倒入瓜坯中。盐水要淹没瓜坯10厘米左右。以后，每3天翻缸1次，20天后即成成品。

4. 质量标准

色泽翠绿，味鲜适口，质地脆嫩。出品率：30%左右。

（二）虾油黄瓜

1. 配料比例

鲜嫩黄瓜50千克，盐10千克，虾油35千克（小满前虾卤晒的油）。

2. 工艺流程

选鲜黄瓜—盐腌—倒缸—咸坯—脱盐—加虾油—成品。

3. 制作规程

（1）用 6 月收的鲜黄瓜进行腌制。腌制方法和腌咸黄瓜工艺相同。

（2）腌制好的咸黄瓜，要进行避光保存，不能暴晒。黄瓜坯应完全浸没在盐水中，要使盐水高出黄瓜 10 厘米左右，使黄瓜与空气完全隔绝。

（3）9 月开始生产，将黄瓜坯用清水浸泡脱盐。使黄瓜坯的盐度达到 8～10 度时捞出。然后，把捞出的黄瓜坯控水或压榨进行脱水，使黄瓜内的水分排出 30% 后开始二次腌制。腌制时，把黄瓜和虾油倒入缸内翻匀，3 天后倒缸 1 次，7 天后制成虾油黄瓜。

4. 质量标准

色泽青绿，质地嫩脆，虾油香气厚长，体型长短整齐均匀。出品率：70% 左右。

（三）糖醋黄瓜片（条）

1. 配料比例

鲜黄瓜 50 千克，盐 10 千克，一级香醋 25 千克，白糖 50 千克，苯甲酸钠 50 克。

2. 工艺流程

鲜黄瓜—腌制—脱盐—压榨—醋渍—糖渍—成品。

3. 制作规程

（1）选鲜黄瓜用清水洗净后进行腌制，先在缸底撒一层盐，然后铺一层瓜撒一层盐直至缸满。第一次腌瓜用盐 3 千克，放盐时要下少上多，要留出 10% 做封顶盐。装满缸后，腌制 8～10 小时，浸出大量水分，每 50 千克黄瓜损耗 20%。然后，捞出黄瓜沥干水分。

（2）二次腌制。把沥干水分的黄瓜加盐 7 千克。逐层下盐，下少上多，留出 10% 的封顶盐。腌至离缸口 10 厘米左右用盐封顶。然后，盖上竹片，压上石块进行腌制。头 3 天每天翻缸 1 次，以后每 7 天翻缸 1 次，20 天后即成咸黄瓜坯。二次腌制的黄瓜，瓜身瘦软，黄瓜水分损耗 60%，50 千克鲜黄瓜腌成咸瓜坯 20 千克左右。

（3）咸瓜坯加工。把腌好的咸黄瓜坯用清水洗净，沥干水分，然后，切片片厚 0.3～0.5 厘米或切条长 3.5 厘米，宽 1 厘米，厚 1 厘米。加工后，剔除不合格的产品，在把合格的放入清水缸内浸泡 10～12 小时。浸泡时水面要高出菜面 5～10 厘米，浸泡使菜的盐度达到 8～10 度后捞出进行压榨。压榨时，要平稳加压，把菜内的水分榨出 60% 左右备用。

（4）醋渍。把压榨好的瓜片（条）装入缸内，菜面要离缸口 15~20 厘米。然后，加入菜重 50% 的一级香醋，醋要超出菜面 5~8 厘米为宜。加上竹盖，压上石块，浸渍 12 小时后捞出，沥去菜上的醋液备用。醋液以备下次再用。

（5）糖渍。把醋渍好的瓜片（条）装入缸内撒入与菜同等重量的白糖，加入 0.1% 的苯甲酸钠后把菜拌匀。然后，在菜上面蒙盖麻布，加盖缸罩，连续糖渍 7~10 天，使瓜片（条）充分吸收糖分并析出部分水分，瓜片（条）变成黄绿色。然后捞出沥净糖液备用。

（6）二次糖渍。把沥出的糖液煮沸澄清，冷却到常温后，把沥净糖液的瓜片（条）倒入缸内冷却后的糖液中，继续糖渍，糖渍 2~3 天后即成成品。

4. 质量标准

色泽鲜亮，口味清爽。出品率：30% 左右。

5. 保存方法

本产品应避光保存。

（四）油辣黄瓜条（片）

1. 配料比例

咸黄瓜坯 50 千克，白糖 2.5 千克，一级香醋 1.5 千克，辣椒粉 250 克，色拉油 1 千克，苯甲酸钠 50 克。

2. 工艺流程

鲜黄瓜—腌制—咸黄瓜坯—加工—脱盐—压榨—拌料—泼油—成品。

3. 制作规程

（1）把鲜黄瓜按照腌黄瓜的方法腌制成咸黄瓜坯。

（2）把咸黄瓜坯用清水洗净沥干水分。然后，切成条（片）要求条长 3.5 厘米，宽 1 厘米，厚 1 厘米（片厚 0.3~0.5 厘米）。加工时，剔除不合格的产品。然后放入缸内用清水浸泡 10~12 小时，浸泡时水要高出瓜面 8~10 厘米。浸泡时瓜条（片）盐度达到 8~10 度后捞出压榨，榨出水分，使瓜条（片）的水分榨出 60% 左右。

（3）把白糖、香醋、苯甲酸钠拌匀后掺入瓜条（片）中拌匀压实，加缸盖，焖缸 24 小时。

（4）把辣椒粉和色拉油混合后进行加热至沸，然后，冷却至 20℃ 再泼入拌好的黄瓜条（片）中。在掺拌均匀后，放入缸内压实加盖，3~5 天即为成品。

4. 质量标准

色泽脆绿，油光发亮，甜咸适口，略带酸辣味。出品率：30% 左右。

5. 保存方法

宜避光保存。

（五）糟咸黄瓜

1. 配料比例

鲜黄瓜 50 千克，盐 10 千克，糯米甜酒糟 30 千克。

2. 工艺流程

鲜黄瓜—腌制—咸黄瓜坯—脱水—压榨—加工—成品。

3. 制作规程

（1）把鲜黄瓜按照腌咸黄瓜的方法腌制成咸黄瓜坯。

（2）把咸黄瓜坯用清水洗净沥干水分，放入清水缸中浸泡 10～12 小时。浸泡时，水要高出菜面 8～10 厘米，使瓜的盐度浸泡后达到 8～10 度。然后捞出压榨，把瓜的水分榨出 60% 左右。把压榨后的瓜坯晾晒两天备用。

（3）用 750 克食盐同糯米甜酒糟掺在一起拌匀。首先在缸底撒一层酒糟，在酒糟上面摆一层瓜。按一层瓜一层酒糟进行摆放，直至离缸口 10 厘米为止。最后用酒糟封顶加盖，15 天后即成成品。

4. 质量标准

色呈深绿，质地脆嫩，味咸糟香，别具风味。出品率：25% 左右。

（六）咸韭菜花黄瓜

1. 配料比例

小秋黄瓜 50 千克，韭菜花 25 千克，盐 10 千克。

2. 工艺流程

鲜黄瓜—腌制—咸黄瓜坯—脱水—压榨—加工—成品。

3. 制作规程

（1）选立秋后的小嫩黄瓜，腌制方法和腌咸黄瓜的方法相同。

（2）咸黄瓜坯用清水洗净沥干水分。然后，把瓜坯放入清水缸中浸泡 10～12 小时，使瓜坯的盐度达到 8～10 度时捞出压榨脱水，使瓜坯的水分脱出 50% 左右。

（3）把瓜坯去蒂后顺瓜切为两半再切成菱形块。把韭菜花洗净，控干水分。剁碎后，加盐 2 千克拌匀。

（4）把加工好的黄瓜和韭菜花拌匀放入缸内按实加盖，每天翻缸 1 次，连续 3 天，10 天后即成成品。

4. 质量标准

色泽深绿，鲜嫩清香。出品率：40% 左右。

（七）糖醋乳黄瓜

1. 配料比例

乳黄瓜 50 千克，盐 10 千克，白糖 20 千克，香醋 25 千克，苯甲酸钠 50 克。

2. 工艺流程

鲜乳黄瓜—腌制—咸瓜坯—脱水—醋渍—糖渍—成品。

3. 制作规程

（1）把鲜乳黄瓜用清水洗净沥干水分，腌制方法和腌制咸黄瓜相同。

（2）把腌成的瓜坯清洗干净后，放入清水缸内浸泡 10~12 小时。浸泡时，水要高出菜面 8~10 厘米，使菜的盐度达到 8~10 度时捞出。然后进行压榨脱水，使菜坯脱水 60% 左右备用。

（3）醋渍。把菜坯放入缸内，离缸口 10~12 厘米。然后加醋浸泡，醋以超出菜面 5~8 厘米为宜。加放竹盖，压上石块。浸泡 12 小时后捞出沥干醋液。此时的菜坯色泽鲜绿。

（4）糖渍。把醋渍好的菜坯加入同等重量的白糖和 0.1% 的苯甲酸钠拌匀压实。在菜面蒙上麻布，盖上缸罩，连续糖渍 5~7 天。让瓜坯充分吸收糖分，并析出一部分水分，然后捞出沥净糖液备用。沥出的糖液或醋液可以重复利用。

（5）二次糖渍。把沥出的糖液加温煮沸，澄清后冷却放凉。然后，把沥净糖液的菜坯重新放入糖液中浸泡，3~5 天后即成成品。

4. 质量标准

色泽鲜亮，呈青绿色，口味清爽，略带酸味。出品率：35% 左右。

（八）香辣黄瓜条

1. 配料比例

咸黄瓜坯 50 千克，干红辣椒 350 克，生姜 350 克，芝麻 450 克，酱油 25 千克，味精 40 克，糖精（甜味素）适量。

2. 工艺流程

鲜黄瓜—清洗—腌制—咸黄瓜坯—加工—脱盐—制作—成品。

3. 制作规程

（1）把鲜黄瓜按腌咸黄瓜的方法腌制成咸黄瓜坯备用。

（2）把咸瓜坯每个一切两半，挖去瓜瓤。然后再切成长 3.5 厘米、宽 0.7 厘米、厚 0.5 厘米的黄瓜条。再把黄瓜条放入清水中浸泡 3~5 小时，中间换水 2 次，然后捞出控干水分，晾干备用。

（3）把酱油烧开后再冷却到 70℃ 时加入干红辣椒丝、姜丝、味精、糖精

（甜蜜素）。拌匀即成料汁，把料汁放凉后备用。

（4）把放凉后的料汁倒入黄瓜条内拌匀，每天翻 1 次，5~7 天后捞出和炒熟的芝麻拌匀即成成品。

4. 质量标准

色泽红褐，质地嫩脆，咸甜辣香，开胃爽口，风味独特。出品率：40% 左右。

（九）咸鱼露黄瓜

1. 配料比例

鲜黄瓜 50 千克，食盐 5 千克，鱼露油 1.5 千克，味精 400 克，鲜姜 300 克，八角 150 克，花椒 150 克，清水适量。

2. 工艺流程

鲜黄瓜—清洗—腌制—加工—成品。

3. 制作规程

（1）把黄瓜清洗干净，控干水分，取盐 1.5 千克与黄瓜拌匀，腌制 10~12 小时后取出控干水分。

（2）把黄瓜在加盐 1.5 千克拌匀，再腌制 1~2 天，然后捞出控干水分。

（3）把黄瓜晾干后再加入盐 2 千克拌匀腌制，5~7 天后捞出控干水分，把黄瓜晾干后备用。

（4）把锅内加适量清水，放入八角、花椒、姜丝，烧开后加入味精、鱼露油。完全冷却后和黄瓜拌匀，密封缸口，30 天后即成成品。

4. 质量标准

色泽鲜亮，脆嫩可口，呈鱼香味。出品率：40% 左右。

（十）多味黄瓜

1. 配料比例

咸黄瓜坯 50 千克，白糖（红糖）5 千克，一级香醋 2.5 千克，虾油 2.5 千克，红辣椒丝 1 千克，姜丝 2 千克，蒜末 1 千克，味精 40 克，五香粉 20 克。

2. 工艺流程

咸黄瓜坯—清洗—加工—脱盐—制作—成品。

3. 制作规程

（1）把黄瓜坯用清水洗净晾干备用。

（2）把黄瓜先直刀切深度 2/3，然后，翻过来斜刀切 2/3，开口要错开呈弹簧状，再放入清水中浸泡 8~10 小时，使盐度降到 8~10 度后捞出沥干水分，晾干备用。

（3）用大盆放入香醋、虾油、红辣椒丝、姜丝、蒜末、五香粉，最后加入白糖拌匀。在缸内撒一层作料铺一层瓜，按此方法铺放到离缸口 10 厘米为止。每天翻缸 1 次，连续 3 天，然后把缸封严，腌制 7~10 天即成成品。

4. 质量标准

色泽碧绿，外形美观，青脆可口，风味独特。出品率：30% 左右。

（十一）醋香黄瓜

1. 配料比例

鲜黄瓜 50 千克，香醋 5 千克，盐 1 千克，白糖 5 千克，青辣椒 500 克，红辣椒 500 克，香叶 40 克，香菜 2 千克。

2. 工艺流程

鲜黄瓜—洗净加工—原料加工—腌制—制作—成品。

3. 制作规程

（1）选鲜黄瓜用清水洗净控干水分，把黄瓜顺切两瓣，然后，切成柳枝状长条。青辣椒、红辣椒洗净，去籽切成条，香菜择洗干净，把香叶洗净晾干后备用。

（2）取一个干净大盆先放入香醋，香叶，然后放入白糖拌匀，待白糖完全溶化，香叶的香味浸出即可备用。

（3）另取一个干净大缸，先在缸底撒一层盐再将黄瓜放入，青红辣椒丝各放在黄瓜两边。按此方法，装至离缸口 10 厘米为止。然后撒一层封口盐盖好缸盖，腌 4~6 小时后取出黄瓜，轻轻压出水分备用。

（4）把腌好的黄瓜放入缸内，每放一层黄瓜，再放一层香菜，青红辣椒条放在香菜两边。直至离缸口 10 厘米为止。然后，浇上配好的卤汁，要使卤汁超出瓜面 3~5 厘米，使菜完全浸泡在卤汁中，浸泡 4~6 小时即成成品。

4. 质量标准

色泽鲜美，清爽解腻，酸甜利口。出品率：40% 左右。

（十二）培酱黄瓜

1. 选料

鲜黄瓜。要求：顶花带刺，条直，25 厘米左右，无虫斑。

2. 配料比例

鲜黄瓜 50 千克，精盐 300 克，粗盐 10 千克，干酱曲黄按咸黄瓜重量的 65%。

3. 工艺流程

鲜黄瓜—清水浸泡—头遍盐渍—二遍盐渍—翻缸—澄卤—压榨脱水—酱渍—翻缸—成品。

4. 制作规程

（1）挑选条直均匀的鲜黄瓜，顶花带刺，无虫斑，无裂疤，瓜长 25 厘米左右，重量 3~4 个 0.5 千克，乳黄瓜 10~13 个 0.5 千克，用清水洗净备用。

（2）头遍盐渍。先在缸底撒一层盐，然后再放一层瓜，按此方法盐至缸满，瓜上面放一层封顶盐，腌制 10~12 小时后，捞出沥去水分备用。

（3）二遍盐渍。在缸底撒一层粗盐，然后排放一层瓜。每层瓜 10 厘米左右，一层瓜一层盐，下少上多，逐层增加直至缸满，瓜面加封顶盐。腌制 24 小时后，每天翻缸 1 次，连翻 3 天后把瓜捞出控水，再把缸内盐卤捞净杂质，澄清后倒入黄瓜缸内继续盐渍。以后，3~5 天翻缸 1 次，促使瓜盐均匀，散发热量。20 天后，腌制成成品。

（4）酱渍。

第一步：先把咸瓜坯捞出压榨脱水，压榨出 50% 水分后开始酱黄培瓜。按每 50 千克咸瓜坯加入 65% 的酱曲黄酱制。

第二步：把缸清洗干净后在缸底撒一层酱曲黄，然后，在上面排一层黄瓜。按一层酱曲黄一层瓜放至离缸口 10 厘米处用 5 厘米厚酱曲黄封顶。

第三步：瓜缸培满后，每天检查 1 次，用手把酱曲黄往下按一按，使酱曲黄和瓜坯充分接触，吸收瓜坯内的水分。加速酱曲黄的糊化。待缸里的酱曲黄基本糊化后，如果还有酱曲黄没有糊化完，可以撒一些清盐水帮助其糊化。酱渍期间，只要不刮风下雨不要盖缸，让太阳暴晒 7~10 天。当酱缸里酱曲黄完全糊化后，开始翻缸 1 次。15 天后，再翻缸 1 次，以后每 10 天翻缸 1 次。但是，刮风下雨天一定要盖缸，防尘，防雨。经过 70~90 天的日晒夜露，酱曲黄晒成甜酱时即成酱菜成品。

5. 质量标准

黄瓜皮呈褐绿色，瓜内呈金黄色，油光透亮，酱香浓郁，质地脆嫩，咸甜适口，味道鲜美。出品率：鲜黄瓜的 25% 左右。

（十三）甜酱黄瓜

1. 选料

选个条均匀、鲜嫩无籽、顶花带刺、无虫疤的黄瓜，大黄瓜 2~3 条 0.5 千克，小黄瓜 10~12 条 0.5 千克。

2. 配料比例

鲜黄瓜 50 千克，10 度盐水 50 千克，甜面酱 50 千克，回笼酱 50 千克。

3. 工艺流程

鲜黄瓜—清洗—盐水浸泡—翻缸—头遍酱渍—二遍酱渍—成品。

4. 制作规程

(1) 把黄瓜洗净，控干水分入缸，加入 10 度盐水 50 千克腌制，盐水要高出瓜面 5~8 厘米。每天翻缸 1 次，连续翻缸 3 天，使黄瓜均匀腌制，散热。腌制 15 天左右捞出控水 4~6 小时，然后装入酱袋扎口备用。

(2) 把酱袋整齐的放入回笼酱缸中酱渍，3 天翻缸 1 次。每次要调整酱袋上下的位置，挤压酱袋，排出袋内气体。10 天后捞出酱袋，沥去酱液备用。

(3) 二次酱渍。把沥去酱液的酱袋放入甜面酱缸内进行二次酱渍。3 天翻缸 1 次，上下调整酱袋位置使瓜酱渍均匀。要挤压酱袋排出袋内气体，散发热量。每天日晒夜露，刮风下雨要盖缸，防尘，防雨。酱渍 20 天后即成成品。

5. 质量标准

色泽翠绿，质地脆嫩，甜咸可口。出品率：25% 左右。

(十四) 白糖乳黄瓜

1. 配料比例

咸乳黄瓜坯 50 千克，白糖 15 千克，糖精 8 克，回笼酱 30 千克，甘草粉 250 克，甜面酱 30 千克，苯甲酸钠 50 克。

2. 工艺流程

咸黄瓜坯—清洗—脱盐—晒坯——次酱渍—晒坯—二次酱渍—晒坯—三次酱渍—糖渍—成品。

3. 制作规程

(1) 把咸黄瓜坯用清水洗净倒入缸内，用清水浸泡脱盐，要超出瓜面 5~8 厘米，浸泡 8~10 小时。使瓜坯盐度降至 8~10 度后捞出，控干水分，进行晒瓜坯。晒到瓜面发白后，把瓜翻过来再晒到瓜发白，这样瓜坯可以起到浓缩卤汁的作用。每天傍晚收好，防止雨淋，第二天再晒，直到晒出 50% 的水分后收起备用。

(2) 一次酱渍。把晒好的瓜放入回笼酱缸内，一层酱一层瓜酱至离缸口 10 厘米，加封口酱，酱缸不要太满，便于翻缸。酱渍 7~10 天后捞出，利用腌瓜的盐水把捞出的瓜洗净。控干水分上晒架，继续晒瓜，晒的方法同上次一样。

(3) 二次酱渍。把晒好的瓜坯放入新回笼酱内继续酱渍，方法同第一次。酱渍 7~10 天后捞出，用盐水把瓜坯洗净。控干水分上晒架晒瓜，方法同上次一样。

(4) 三次酱渍。把晒好的瓜坯放入甜面酱缸内进行酱渍。酱渍方法与前两次酱渍方法相同。

(5) 白糖腌制。把甜面酱酱好的瓜坯捞出控干酱液。换干净缸，在缸底撒一层白糖，然后，在糖上面铺一层瓜。按此方法腌制离缸口 10 厘米处。腌制要求：先留出 10% 的白糖作为封顶使用，剩余的白糖按下少上多逐层增加，最后用白糖封顶把缸口封严。然后，把缸放在阳光下晒，刮风下雨要及时盖缸，防尘，防雨，防露水。瓜坯进行糖渍后，瓜内的卤水被排出，瓜身逐渐缩小。5 天后，糖液开始进入瓜坯使瓜坯缓慢增大。糖渍 15 天后，把糖精和苯甲酸钠用温水化开后拌入糖卤内。然后，和瓜坯掺匀再腌制 5~7 天即成成品。如遇连阴雨天，苯甲酸钠可以提前加入。腌制乳瓜糖浆的浓度掌握在 31~35 度为宜。

（6）用压榨脱盐加工白糖乳瓜。用榨床直接把咸瓜坯压榨出 50% 的水分后，再用清水浸泡脱盐，然后，再进行日晒、酱渍、糖渍。这样榨出的卤汁可以回收利用，节约成本。

4. 质量标准

瓜色透明，味鲜甜美，有酱香味，质地脆嫩。出品率：35% 左右。

二、菜瓜

原料选择：初伏的嫩菜瓜，肉厚，皮薄，水分少，无虫斑、无伤疤的鲜菜瓜。

（一）咸菜瓜

1. 配料比例

鲜菜瓜 50 千克，食盐 10 千克。

2. 工艺流程

鲜菜瓜—打眼——次腌渍—翻缸—二次腌渍—翻缸—成品。

3. 制作规程

（1）用竹针在菜瓜周围打眼，大菜瓜打三面眼，小菜瓜打两面眼，每面打 2~3 个，每个眼的间距 1 厘米，在瓜两头的两边各打一个眼。

（2）把加工好的菜瓜洗净后晾干备用。

（3）一次腌渍。先在干净缸底撒一层盐，按 50 千克瓜 3 千克盐的标准进行腌制，一层瓜一层盐下少上多，腌至缸满为止。

（4）翻缸。菜瓜腌制 6~8 小时后开始翻缸。把瓜捞出后，把腌瓜出的水全部倒掉，不准再用。

（5）二次腌渍。在干净缸底撒一层盐把捞出的瓜铺一层。把剩余的 7 千克盐留出 10% 后，按下少上多的方法腌至离缸口 10 厘米。然后，用留出的盐封顶。第二天开始翻缸，连续翻 3 天。使瓜充分腌渍并散发热量，腌渍 30 天即成成品。

4. 质量标准

质地脆嫩，味鲜可口。出品率：30%左右。

（二）甜酱菜瓜

1. 配料比例

鲜菜瓜 50 千克，食盐 10 千克，甜面酱 25 千克。

2. 工艺流程

鲜菜瓜—咸瓜坯—脱盐—酱制—翻缸—成品。

3. 制作规程

（1）把鲜菜瓜腌制成咸瓜坯备用

（2）把菜瓜坯用清水洗净后，再放入清水缸内浸泡脱盐。水要超出瓜面 8~10 厘米，浸泡 10~12 小时，使瓜坯盐度降至 8~10 度后捞出控干水分。然后，进行压榨，榨出 50% 的水分后进行晾晒，晒至瓜坯两边发白时收起备用。

（3）酱渍。把晾晒好的瓜坯，按一层酱一层瓜的方法酱渍到离缸口 15 厘米处，再用甜面酱封顶进行酱渍。第二天翻缸 1 次，以后 4~6 天翻缸 1 次。要日晒夜露，刮风下雨天要盖缸，防尘，防雨。酱渍 90 天即为成品。

4. 质量标准

瓜身劲挺，瓜肉紫红，肥嫩鲜美。出品率：30%左右。

（三）培酱菜瓜

1. 原料选择

选伏天和秋天的菜瓜均可，初伏的菜瓜最好。菜瓜必须鲜嫩，条直均匀，无虫蛀，无斑疤，当天采摘的鲜菜瓜。

2. 配料比例

腌制：鲜菜瓜 50 千克，食盐 10 千克。

酱制：咸瓜坯 50 千克，酱曲黄 32.5 千克。

3. 工艺流程

鲜菜瓜—加工——次腌渍—二次腌渍—翻缸—咸瓜坯—脱盐—晒坯—酱渍—翻缸—成品。

4. 制作规程

（1）把菜瓜顺切成两半，挖去籽瓤，用清水洗净，控干水分备用。

（2）一次腌渍。先在缸底撒一层盐，然后，在上面铺一层瓜，不要超过 10 厘米。按一层盐一层瓜腌制，盐要下少上多，腌至缸满后，加封口盐。第一次腌渍按菜瓜 50 千克用盐 3 千克。腌渍 8~10 小时捞出，控干水分备用。

（3）二次腌渍。把腌渍好的瓜坯加入 7 千克盐，还按一层盐一层瓜的方法腌制。盐要留出 10%，剩余的盐按下少上多的方法，把瓜腌制离缸口 5 厘米后加入封口盐。第二天开始翻缸1次，连续翻3天，使盐与瓜充分接触并散发瓜内热量。以后，每5~7天翻缸1次。每次都要把缸内盐水澄清除去杂质后，重新加入瓜坯中进行腌制。盐水必须超出瓜面5厘米以上，使瓜坯与空气隔绝防止变质。腌制20天后即成成品。瓜坯质量要求：色泽黄亮，瓜皮紧脆，菜条平直，瓜身肉厚肥嫩。

（4）酱渍。在干净缸底撒一层酱曲黄，在放一层晾干水分的瓜坯，瓜坯要口朝上摆放。按此方法，一层酱曲黄一层瓜摆放至离缸口10厘米，然后，在瓜上面放5厘米厚的酱曲黄铺平。要日晒7天，每天要用手把酱曲黄往下按1~2次。使酱曲黄和瓜坯充分接触，吸取瓜坯的水分溶化。如果酱曲黄溶化不完，可以用12度清盐水喷洒，使酱曲黄完全溶化。要每天日晒夜露，把缸口的酱曲黄溶化后，晒得发红时开始翻缸。以后，每10~15天翻缸1次。使瓜坯上下受热均匀，色泽一致。刮风，下雨要盖缸，防尘，防雨。酱渍60~80天，酱曲黄晒成酱红色，瓜坯发酵成熟即为成品。

5. 质量标准

鲜甜脆嫩，色泽金黄透亮，酱香浓郁。出品率：20%左右。

（四）酱甜菜瓜

1. 配料比例

鲜菜瓜50千克，食盐10千克，酱油20千克，甜面酱40千克，白糖4千克，苯甲酸钠50克。

2. 工艺流程

鲜菜瓜—加工—腌制—脱盐—压榨—酱渍—成品。

3. 制作规程

（1）把鲜菜瓜按腌制咸菜瓜的方法腌成瓜坯备用。

（2）把瓜坯捞出用清水洗净，然后，把瓜坯放入清水缸中浸泡脱盐。浸泡时，清水要超出瓜面8~10厘米。浸泡10~12小时，使瓜坯盐度降至8~10度后捞出控水。然后，进行压榨脱水50%晾干备用。

（3）酱渍。把晾干的瓜坯放入酱油缸中拌匀，浸泡2~3天捞出。然后，把白糖、甜面酱、苯甲酸钠放入酱油中拌匀，再放入用酱油浸泡过的瓜坯。酱液要超出瓜面3~5厘米，进行日晒夜露。每天翻动1次，刮风，下雨要盖缸防尘，防雨。酱渍10~15天即成成品。

4. 质量标准

甜脆鲜嫩，美味可口。出品率：30%左右。

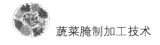

（五）酱糖醋菜瓜

1. 配料比例

咸菜瓜坯 50 千克，甜面酱 20 千克，一级香醋 5 千克，白糖 5 千克，大蒜，五香粉，糖精各适量。

2. 工艺流程

菜瓜坯—脱盐—压榨—酱渍—成品。

3. 制作规程

（1）把瓜坯捞出用清水洗净，放入清水中浸泡 10~12 小时，水要超出瓜面 8~10 厘米，瓜坯盐度降至 8~10 度时捞出控水，然后，把瓜坯压榨出 50% 的水分，晾干外表水分备用。

（2）酱渍。把甜面酱、白糖、香醋、大蒜、五香粉、糖精加凉开水搅拌均匀，然后，把瓜坯放入酱渍。每天翻缸 1 次，连翻 3 天，使瓜坯酱渍均匀。酱渍 10~15 天即成成品。

4. 质量标准

甜酸脆嫩，酱香浓郁。出品率：35% 左右。

（六）酱菜瓜丁

1. 配料比例

咸菜瓜坯 50 千克，甜面酱 20 千克，酱油 10 千克，味精 40 克，苯甲酸钠 50 克。

2. 工艺流程

咸瓜坯—脱盐—加工—压榨—酱渍—成品。

3. 制作规程

（1）把咸瓜坯用清水洗净，放入清水缸内浸泡 8~10 小时。水要超出瓜面 5~8 厘米，使盐度降至 8~10 度后捞出控干水分。

（2）把控干水分的瓜坯加工成瓜丁，然后，上榨榨出 40% 的水分，再装入酱袋备用。

（3）把白糖、味精、酱油、苯甲酸钠与甜面酱混合拌匀。然后，把装好的酱袋整齐的排放在酱缸内，倒入拌好的酱液进行酱渍。每天要翻缸 1 次，连翻 3 天。以后，5~7 天翻缸 1 次，15~20 天即成成品。

4. 质量标准

鲜嫩脆甜，色泽亮丽。出品率：35% 左右。

三、冬瓜

（一）咸冬瓜

原料选择：新鲜带霜的嫩冬瓜，无虫斑，无疤裂，大小均匀。

1. 配料比例

冬瓜 50 千克，食盐 10 千克，八角 5 克，花椒 3 克，苯甲酸钠 50 克。

2. 工艺流程

鲜冬瓜—加工—腌制—翻缸—成品。

3. 制作规程

（1）把鲜冬瓜去蒂洗净。然后，顺切成两瓣去瓤，清洗干净备用。

（2）把八角、花椒放入清水锅中烧开 5 分钟后放凉。然后，拌入苯甲酸钠搅匀。

（3）把冬瓜切成 4~8 瓣。先在缸底撒一层盐，然后放一层冬瓜。按一层盐一层瓜腌制离缸口 10 厘米处，放盐要下少上多，瓜面要多放盐。最后把调配好的料汁倒入瓜缸中浸泡 1 天后，翻缸 1 次。缸口放入竹片压上石块，使瓜坯完全浸没在盐水中。4~5 天后，瓜坯有水渗出，水面出现少量白醭。这时，要先把白醭清除后接着翻缸。然后，再放入竹片，压上石块，盖好缸盖。腌制 20 天左右即成成品。

4. 质量标准

色泽白亮，鲜咸适中。出品率：30%左右。

（二）糖冬瓜

1. 原料选择

选有白霜、大小均匀、个重 10~15 千克的鲜冬瓜。要求：无虫蛀，不烂，无疤裂。

2. 配料比例

冬瓜 50 千克，白糖 30 千克，浓度 0.6%的石灰水适量。

3. 工艺流程

鲜冬瓜—清洗—刮皮—加工—浸泡—制作—成品。

4. 制作规程

（1）用清水把瓜洗净。把外面的绿皮刮净。切开后挖净瓜瓤，再把瓜切成长 7~8 厘米、宽 1~1.5 厘米、厚 1~1.5 厘米的瓜条备用。

（2）用生石灰加水配成 0.6%的石灰水溶液，把冬瓜条放入浸泡 10~12 小时。然后，用清水把瓜条漂洗干净后放入 100℃的开水中煮 10~15 分钟。再取出晾干冷却后备用。

（3）取清水 10 千克，加入白糖 5 千克放入锅内煮开，然后，放入瓜坯煮 10~15 分钟。再加入白糖 5 千克，溶化后，再加白糖 5 千克溶化后，再加白糖 5 千克熬至糖浓缩。待瓜条变韧时立即捞出拌入剩余的白糖。拌匀后晾晒 1 天即成成品。

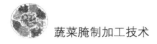
5. 质量标准

甜爽鲜脆。出品率：30%左右。

（三）醋蒜冬瓜

1. 配料比例

鲜冬瓜 50 千克，食盐 5 千克，大蒜 5 千克，香醋 12 千克，白矾 200 克。石灰 80 克

2. 工艺流程

鲜冬瓜—清洗—加工—制作—成品。

3. 制作规程

（1）把冬瓜清洗干净，刮去外边绿皮，切成两半，挖去瓜瓤，再把瓜切成长 5~6 厘米、宽 1~1.5 厘米、厚 1~1.5 厘米的瓜条。把大蒜去皮洗净捣成蒜泥备用。

（2）白矾，石灰放入清水中拌匀澄清，然后，放入锅内烧开。把瓜条放入开水中焯 2~3 分钟后捞出洗净，控干水分，放凉备用。

（3）把瓜条，蒜泥和食盐拌匀后放入缸内，要离缸口 10 厘米。然后，把醋烧开 2~3 分钟后，冷却 24 小时再倒入瓜条缸内把缸口封严，浸泡 10 天左右即成成品。

4. 质量标准

酸辣，爽嫩，清香。出品率：30%左右。

（四）甜冬瓜

1. 配料比例

鲜冬瓜 50 千克，食盐 10 千克，甜面酱 25 千克，白糖 5 千克。

2. 工艺流程

鲜冬瓜—清洗—腌制—咸瓜坯—清洗—脱盐—酱渍—糖渍—成品。

3. 制作规程

（1）把鲜冬瓜按腌咸冬瓜的方法腌制成咸瓜坯备用。

（2）把咸冬瓜坯用清水洗净控干水分，切成长 3 厘米、宽 1.5 厘米、厚 1 厘米的瓜条。然后，放入清水缸内浸泡，水要超出瓜面 5~10 厘米。浸泡 8~10 小时，使瓜条盐度降到 8~10 度后捞出上榨。榨出 40%的水分后，装入酱袋，整齐的放入甜面酱缸内酱渍。每天要翻动酱袋 1 次，挤压酱袋排出酱袋气体，连续翻动 3 天。以后，每 3 天翻动 1 次。酱渍 20 天后倒出和白糖拌匀，再糖渍 5~7 天即成成品。

4. 质量标准

色泽金黄，鲜脆适口。出品率：30%左右。

（五）酱冬瓜

1. 配料比例

鲜冬瓜 50 千克，食盐 10 千克，甜面酱 30 千克。

2. 工艺流程

鲜冬瓜—清洗—加工—腌制—脱盐—压榨—酱渍—成品。

3. 制作规程

（1）把鲜冬瓜洗净后刮去绿皮，切成两半挖去瓜瓤，按腌咸冬瓜的方法腌成咸冬瓜坯备用。

（2）把瓜坯用清水洗净，切成长 3.5 厘米、宽 2 厘米、厚 1 厘米的瓜条。然后，放入清水缸内浸泡。水要超出瓜面 5~8 厘米，浸泡 10~12 小时，使瓜条盐度降至 8~10 度后捞出日晒或上榨。让瓜条脱水 30% 后装入酱袋，整齐的放入甜面酱缸内酱渍。每天要翻动一次酱袋，挤压出袋内气体，连续 3 天。以后，每 3 天翻动 1 次，10 天后即成成品。

4. 质量标准

酱香浓郁，质地柔软，口味适中。出品率：30% 左右。

（六）酱五香冬瓜

1. 配料比例

鲜冬瓜 50 千克，食盐 10 千克，甜面酱 35 千克，甜蜜素 500 克，五香粉 200 克。

2. 工艺流程

鲜冬瓜—清洗—加工—腌制—脱盐—压榨—酱渍—成品。

3. 制作规程

（1）把鲜冬瓜洗净，按腌制咸冬瓜的方法腌成咸瓜坯。

（2）把瓜坯清洗后加工成长 3.5 厘米、宽 2 厘米、厚 1 厘米的瓜条。然后，放入清水缸内浸泡脱盐。水要超出瓜面 5~8 厘米，浸泡 10~12 小时，使瓜坯盐度降至 8~10 度捞出控水，然后晾晒或上榨。榨出 40% 的水分后晾干装入酱袋。

（3）把甜面酱、甜蜜素、五香粉在酱缸中搅拌均匀，再把酱袋整齐的排放在酱缸中进行酱渍，每天翻缸 1 次，按压酱袋排出酱袋内的空气，连续翻缸 3 天。以后，每 3 天翻缸 1 次，20 天后即成成品。

4. 质量标准

瓜条酱红色，香甜适口。出品率：30% 左右。

四、香瓜

原料选择：鲜嫩的、无虫蛀、无变质的鲜香瓜。

（一）咸香瓜

1. 配料比例

香瓜 50 千克，食盐 10 千克。

2. 工艺流程

鲜香瓜—清洗—加工——一次盐渍—二次盐渍—翻缸—成品。

3. 制作规程

（1）把鲜香瓜洗净切成两半，挖去瓜瓤进行腌渍。

（2）第一次用盐 3 千克，腌渍时，先在缸底撒一层盐，然后，铺一层瓜，按下少上多撒盐铺瓜。腌至缸满后，再加一层封顶盐。腌渍 10~12 小时捞出控水。

（3）然后，再把 7 千克盐化成 16 度盐水进行二次腌渍。每天翻缸 1 次，连翻 3 天，以后，3 天翻缸 1 次，10 天后即成成品。

4. 质量标准

色泽鲜亮，咸脆味美。出品率：30%左右。

（二）酱香瓜

1. 配料比例

鲜香瓜 50 千克，食盐 10 千克，酱油 10 千克，甜面酱 20 千克，苯甲酸钠 50 克。

2. 工艺流程

鲜香瓜—加工—清洗—腌制—咸瓜坯—脱盐—压榨—酱渍—成品。

3. 制作规程

（1）选鲜香瓜切成两半挖去瓜瓤，用清水洗净控干水分。

（2）第一次腌渍用盐 3 千克，先在缸底撒一层盐，然后铺一层瓜。撒盐按下少上多的方法，腌至缸满后加一层封顶盐。腌渍 10~12 小时后捞出控水晾干。

（3）把 7 千克盐化成 16 度盐水，然后，把瓜坯倒入盐水中浸泡，盐水要超出瓜面 5~8 厘米。每天翻缸 1 次，连翻 3 天，以后 3 天翻缸 1 次，10 天后即成咸瓜坯。

（4）把瓜坯捞出放入清水缸中浸泡脱盐。浸泡 10~12 小时，使瓜坯盐度降至 8~10 度后捞出上榨脱水，压榨出 50%的水分后备用。

（5）把甜面酱，酱油，苯甲酸钠混合均匀，把压榨好的瓜坯放入混合液中酱渍。每天翻动 1 次，连翻 3 天，15~20 天即成成品。

4. 质量标准

色泽金黄，鲜香脆嫩。出品率：30%左右。

（三）酱杏仁香瓜

1. 配料比例

鲜香瓜 50 千克，食盐 10 千克，杏仁 5 千克，石花菜 3 千克，生姜 1 千克，甜面酱 30 千克。

2. 工艺流程

鲜香瓜—腌渍—咸瓜坯—脱盐—压榨—加工—酱渍—成品。

3. 制作规程

（1）把鲜香瓜按腌制咸香瓜的方法腌制成咸瓜坯备用。

（2）把瓜坯放入清水缸中浸泡脱盐，水要超出瓜面 5～8 厘米，浸泡 10～12 小时。使瓜坯盐度降至 8～10 度时捞出上榨脱水，榨出 50% 的水分后晾干备用。

（3）把瓜坯切成 1 厘米见方的瓜丁。把杏仁、石花菜用温水泡开，杏仁要泡出苦味，捞取杂质，姜切细丝。然后混合拌匀装入酱袋，再整齐的排放在甜面酱缸内进行酱渍。要日晒夜露，刮风下雨天要盖缸，防尘，防雨。每天要上下翻动调整酱袋 1 次，连续 3 天。以后，每 7 天翻动 1 次，每次翻动时要挤压酱袋，排出袋内的气体。酱渍 60 天即成成品。

4. 质量标准

瓜丁红褐发亮，味道鲜美，质地脆嫩。出品率：35% 左右。

（四）酱八宝香瓜（什锦香瓜）

1. 配料比例

香瓜 50 千克，食盐 10 千克，白糖 10 千克，花生米 5 千克，核桃仁 2 千克，瓜子仁 300 克，杏仁 2 千克，松子仁 1 千克，青红丝 100 克，藕丁 500 克，葡萄干 500 克，胡萝卜丁 500 克，苤蓝丁 500 克，姜丝 2 千克，甜面酱 30 千克，苯甲酸钠 50 克。

2. 工艺流程

鲜香瓜—加工—腌渍—瓜坯—脱盐—压榨—加工—酱渍—成品。

3. 制作规程

（1）选择 200～300 克的鲜嫩香瓜。从瓜的根部 1/5 处带把切去瓜盖，挖出瓜瓤，用清水洗净，控干水分备用。

（2）把加工好的香瓜用细盐 3 千克在缸内腌渍，先在缸底撒一层盐，然后，放一层瓜，按此方法，腌至缸满后，在瓜面上撒一层封顶盐。腌渍 10～12 小时捞出控干水分。

（3）把剩余的盐加工成 16 度盐水后，放入加工好的瓜坯腌渍。每天翻缸 1 次，连翻 3 天。以后，每 7 天翻缸 1 次，腌渍期间要盖缸，防尘，防雨。腌

渍 30 天即成咸瓜罐坯。

（4）把瓜坯捞出控干水分，放入清水缸中浸泡脱盐 10~12 小时。水要超出瓜面 5~8 厘米，使瓜坯的盐度降至 8~10 度时捞出上榨，榨出 40%的水分后晾干备用。

（5）把花生米浸泡 4~6 小时后用沸水煮至八成熟。把核桃仁，松子仁炒熟。把杏仁泡出苦味。然后，和其他配料拌匀装入咸瓜罐中，盖上瓜盖，再用细线把瓜捆成十字花形，放入甜面酱缸内酱渍。

（6）酱渍要每天打耙 1 次，连续打耙 3 天。以后，每 3 天打耙 1 次，酱渍 15~20 天即成成品。

4. 质量标准

色泽鲜亮，清香可口，质地鲜嫩。出品率：50%左右。

（五）酱姜丝香瓜

1. 配料比例

鲜香瓜 50 千克，食盐 10 千克，姜丝 6 千克，咸胡萝卜丝 5 千克，苤蓝丝 5 千克，杏仁 150 克，甜面酱 25 千克。

2. 工艺流程

鲜香瓜—腌渍—咸瓜坯—脱盐—压榨—加工—酱渍—成品。

3. 制作规程

（1）选 300~350 克的鲜嫩香瓜，把瓜顺切成两半挖去瓜瓤，按腌渍咸香瓜的方法腌制成咸瓜坯备用。

（2）把瓜坯捞出控干水分，放入清水缸中浸泡 10~12 小时脱盐。水要超出瓜面 5~8 厘米，使瓜的盐度降至 8~10 度时捞出控干水分，然后，上榨，压榨出 20%的水分后晾干。

（3）把晾干的瓜坯切成瓜丁。然后，和姜丝、咸胡萝卜丝、苤蓝丝、杏仁混合均匀装入酱袋备用。

（4）把酱袋整齐的放入甜面酱缸内酱渍，每天翻缸 1 次，连翻 3 天。以后，每 3 天翻缸 1 次，每次翻缸时，要用手按压酱袋排出袋内气体。酱渍 10~15 天即成成品。

4. 质量标准

酱味浓厚，色泽鲜亮，质地脆嫩。出品率：60%左右。

（六）糖醋香瓜条

1. 配料比例

鲜香瓜 50 千克，食盐 10 千克，白糖 15 千克，香醋 15 千克，苯甲酸钠 50 克。

2．工艺流程

鲜香瓜—腌制—咸瓜坯—脱盐—压榨—加工—酱渍—成品。

3．制作规程

（1）把鲜香瓜按腌渍咸香瓜的方法腌制成咸瓜坯备用。

（2）把瓜坯洗净后晾干，切成长3.5厘米、宽1.5厘米、厚1厘米的瓜条放入清水缸中脱盐，水要超出瓜面5~8厘米，浸泡10~12小时，使瓜条盐度降至8~10度时捞出控水压榨，榨出60%的水分后晾干。

（3）把白糖，香醋和苯甲酸钠拌匀，然后，加热烧开，冷却24小时后倒入瓜条缸内浸泡。每天翻缸1次，连翻3天。以后，每3天翻缸1次，每次翻缸后要盖缸。防晒，防尘，防雨。腌制15~20天即成成品。

4．质量标准

甜酸香脆。出品率：35%左右。

五、妞瓜

妞瓜是河南省商丘地区的特产。妞瓜和甜瓜相似，瓜皮青绿，熟后不甜，只能腌菜。此瓜历代皆为御用贡品。曾被评为部优产品，深受人民喜爱，是馈赠亲朋好友之佳品。

原料选择：7—9月的鲜嫩妞瓜。要求：瓜皮要浅绿色，五六成熟，个重250克以上，无伤疤，无虫蛀，无黑斑，无腐烂。

（一）培酱妞瓜

1．配料比例

鲜妞瓜50千克，食盐10千克，腌成咸妞瓜坯50千克，酱曲黄32.5千克。

2．工艺流程

鲜妞瓜—加工—清洗——次腌渍—二次腌渍—酱渍—翻缸—成品。

3．制作规程

（1）妞瓜收购后要放在阴凉通风的地方。及时加工腌渍，不要过夜。先切掉瓜蒂，然后，顺切成两半，挖去瓜瓤。用清水洗净后晾干备用。

（2）按50千克鲜瓜3千克细盐进行第1次腌渍。先在干净缸底撒一层盐，在盐上面把妞瓜瓜皮朝下口朝上摆放一层。按此方法一层盐一层瓜腌至缸满。放盐要下少上多，缸满后撒一层封口盐。腌渍10~12小时捞出控水备用。

（3）二次腌渍。把第一次腌渍的瓜坯加7千克食盐进行二次腌渍。首先留出1千克盐作封顶盐，剩余的盐按一层盐一层瓜进行腌渍。用盐要下少上多，腌至离缸口10厘米后，加封顶盐。

（4）第二天开始翻缸，每天翻缸1次，连翻3天。以后，3天翻缸1次，每次翻缸都要把缸内的盐水澄清后在倒入瓜坯缸内。盐水要超出瓜面 5~8 厘米，如果盐水少，可以配制 20 度盐水加入。腌渍 20 天后即成咸瓜坯。瓜坯成熟后，呈金黄色。这时，要用竹片封住瓜面压上石块，使盐水高出瓜面 5~8 厘米，瓜坯与空气隔绝可以长期存放。

（5）酱渍。先把瓜坯捞出压榨，榨出 30% 的水分。然后，按 50 千克咸瓜坯加入 32.5 千克酱曲黄进行酱渍。要先留出 1.5 千克酱曲黄作为封顶用。然后，在干净缸底撒一层酱曲黄，铺一层瓜。按一层酱曲黄一层瓜，摆放至离缸口 10 厘米时，加入封顶的酱曲黄。第二天开始用手下按酱曲黄，促使酱曲黄和瓜坯充分接触糊化。日晒夜露 10 天，如果还有酱曲黄没有糊化，撒 16 度清盐水把酱曲黄湿透帮助糊化。酱曲黄完全糊化后开始翻缸 1 次。继续日晒夜露，15 天后再翻缸 1 次，以后，10 天翻缸 1 次，经过 60~80 天的日晒夜露即成成品。在整个酱渍过程中，刮风下雨要及时盖缸，要防尘，防雨。

4. 质量标准

色泽金黄透亮，酱香浓郁，质地脆嫩，咸甜适口，味道鲜美。出品率：25% 左右。

5. 保存方法

酱妞瓜成熟后，要原缸保存，把缸口用原缸的酱封严，使瓜与空气隔绝。可以防蚊蝇，要加缸盖防尘，防雨。取菜后要恢复原样。

（二）甜酱妞瓜

1. 配料比例

鲜妞瓜 50 千克，食盐 10 千克，甜面酱 30 千克。

2. 工艺流程

鲜妞瓜—加工—腌制—咸瓜坯—脱盐—上榨—酱渍—翻缸—成品。

3. 制作规程

（1）把鲜瓜按腌咸妞瓜的方法腌制成咸瓜坯备用。

（2）把咸瓜坯捞出洗净后放入清水缸中浸泡脱盐。水要超出瓜面 5~8 厘米，浸泡 8~12 小时，使盐度降至 8~10 度后捞出控净水分。

（3）把瓜坯上榨，榨出 40% 的水分后晾干备用。

（4）在干净缸底放一层甜面酱，然后，铺一层瓜坯。按此方法一直腌制离缸口 10 厘米处。第二天开始翻缸 1 次，连续翻缸 3 天。使甜面酱和瓜坯充分结合，缸要加盖，防尘防雨。以后，5~7 天翻缸 1 次。20 天后即成成品。

4. 质量标准

瓜肉紫红，肥嫩鲜美。出品率：25% 左右。

（三）酱油妞瓜

1. 配料比例

鲜妞瓜 50 千克，食盐 10 千克，一级酱油 30 千克，白糖 10 千克，苯甲酸钠 50 克。

2. 工艺流程

鲜瓜—加工—腌渍—脱盐—上榨—酱油渍—翻缸—成品。

3. 制作规程

（1）把鲜瓜按腌渍咸妞瓜的方法腌制成咸瓜坯备用。

（2）把瓜坯捞出洗净后放入清水缸内浸泡脱盐。水要超出瓜面 5~8 厘米，浸泡 10~12 小时，使瓜坯盐度降至 8~10 度后捞出控净水分。

（3）把瓜坯上榨，榨出 60% 的水分后晾干放入干净缸内。

（4）把酱油和白糖混合后用锅烧开，冷却至 50℃ 时加入苯甲酸钠拌匀。次日，把酱油混合液倒入瓜坯缸内浸泡瓜坯。第二天开始翻缸 1 次，连续翻缸 3 天。以后，5 天翻缸 1 次。使瓜坯完全浸泡复原。20 天后即成成品。

4. 质量标准

瓜肉红亮，肥嫩鲜美，甜咸可口。出品率：30% 左右。

（四）酱包瓜

1. 原料选择

选鲜嫩妞瓜。要求：个重 200~300 克，不烂，不弯，无虫蛀，无斑点，大小均匀。

2. 配料比例

鲜瓜 50 千克，食盐 10 千克，酱曲黄 32.5 千克，瓜馅配料：按 25 千克瓜坯配 50 千克馅料。其中酱苤蓝丝 15 千克，酱胡萝卜丝 7.5 千克，酱黄萝卜丝 7.5 千克，酱黄瓜丁 2.5 千克，酱妞瓜丁 2.5 千克，酱莴笋丁 2.5 千克酱花生米 5 千克，酱杏仁 2.5 千克，酱核桃仁 1 千克，酱石花菜 1.5 千克，瓜子仁 500 克，酱豆角 1 千克，青辣椒丝 500 克，红辣椒丝 500 克，陈皮 500 克，姜丝 1 千克，甜面酱 30 千克。

3. 工艺流程

选瓜—加工——次腌渍—二次腌渍—咸瓜坯—酱渍—酱瓜坯—馅料配制—装瓜馅—酱渍成品。

4. 制作规程

（1）把选好的妞瓜，在瓜蒂上面 1/5 处切掉做瓜盖。挖净瓜瓤用清水洗净后晾干水分备用。

（2）一次腌渍。在瓜的里外用精盐抹匀，把瓜盖抹匀盐装入瓜内。然后，放入缸内腌渍 10~12 小时后捞出控净水分晾干。

（3）二次腌渍。把盐留出 2 千克作封顶盐。剩余的盐和晾干的瓜坯按一层盐一层瓜进行腌渍。撒盐要下少上多腌至离缸口 5 厘米加入封顶盐进行腌制。

（4）第二天开始翻缸，每天翻缸 1 次，连续翻缸 3 天。使缸内的盐充分溶化，瓜坯的热量充分散发。以后，每 5 天翻缸 1 次。腌渍期间要盖好缸防尘，防晒，防雨。避免瓜坯变色，影响美观，20 天后，瓜坯腌渍成金黄色即为成品。

（5）酱渍。把腌成的瓜坯捞出控水，然后，压榨出 20% 的水分。再把酱曲黄留出 2 千克作为封顶用。剩余的酱曲黄和瓜坯按一层酱曲黄一层瓜坯摆放。酱曲黄要下少上多，腌至离缸口 5 厘米加入酱曲黄封顶按实。

（6）培制后的瓜坯，每天要用手按缸口的酱曲黄。促使酱曲黄和瓜坯充分接触，吸收瓜坯内的水分，在太阳的暴晒下早日糊化。每天要日晒夜露，10 天以后，酱曲黄和瓜坯糊化基本结束。如果还有干酱曲黄，可以用 16 度清盐水撒湿透帮助糊化。次日开始翻缸 1 次，以后，每当缸口的酱液晒得发红时就翻缸 1 次，阴天下雨要盖缸防雨。酱渍 60~70 天即成成品。

（7）配装馅料。把各种配料拌匀，瓜坯晾干后开始装馅。装满盖上瓜盖用线捆成十字扎紧。然后，放入甜面酱缸内酱渍 10 天即成成品。酱渍时要盖缸防尘，防雨，防蝇。随用随取不脱酱，不变质。

5. 质量标准

造型美观，油光发亮，酱香浓郁，脆嫩爽口。食用时，"十"字形切开。皮似花瓣，馅似菊花，加入少许香油，更是香气怡人。出品率：60% 左右。

（五）糖醋妞瓜条

1. 配料比例

咸妞瓜坯 50 千克，一级香醋 30 千克，白糖 50 千克，苯甲酸钠 50 克。

2. 工艺流程

咸瓜坯—清洗—脱盐—上榨—加工—醋渍—糖渍—成品。

3. 制作规程

（1）把咸瓜坯洗净后放入清水缸中浸泡脱盐。水要超出瓜面 5~8 厘米，浸泡 10~12 小时。把瓜坯盐度降至 8~10 度时捞出控净水分晾干备用。

（2）把瓜坯切成长 3.5 厘米、宽 1.5 厘米、厚 1 厘米的瓜条后上榨，榨出 40% 的水分后晾干放入干净缸内。按 50 千克瓜条、30 千克香醋进行浸泡。醋要超出瓜面 5~8 厘米，然后，盖上竹片，压上石块。浸泡 12 小时后捞出控净醋液。

（3）把醋渍后的瓜条，按 50 千克瓜条、50 千克白糖，进行糖渍。先把白糖留出 2 千克作为封顶糖。然后，把一层糖一层瓜条腌至离缸口 10 厘米时加入封顶糖。盖好缸盖，连续糖渍 5～7 天，使瓜条充分吸收糖分并析出一部分水分。然后，捞出瓜条，沥干瓜条上糖液备用。

（4）把沥出的糖液加热煮沸。然后，澄清冷却到常温时加入苯甲酸钠搅拌均匀。次日，把瓜条泡入糖液中，继续浸泡 3～5 天即成成品。

4. 质量标准

色泽鲜亮，口味清爽。出品率：70% 左右。

六、南瓜

原料选择：半老的南瓜。要求：个重 3～4 千克，不烂，无虫蛀，无斑疤。

（一）咸南瓜

1. 配料比例

南瓜 50 千克，食盐 10 千克，生石灰 1 千克，清水 100 千克。

2. 工艺流程

南瓜—加工—腌渍—翻缸—成品。

3. 制作规程

（1）把南瓜洗净，切开挖去瓜瓤切成四半，把生石灰放入清水中溶化成石灰水溶液，然后，用澄清的溶液浸泡南瓜 10～12 小时捞出控净水分。再用清水把南瓜冲洗干净后晾干。

（2）把南瓜放入沸水锅里，水开后，捞出用清水冲洗 2～3 遍，控净水分备用。

（3）把盐化成 20 度盐水，澄清后，放入南瓜浸泡腌渍，20 天后即成成品。

4. 质量标准

脆嫩爽口。出品率：40% 左右。

（二）糖醋南瓜片

1. 配料比例

南瓜 50 千克，食盐 5 千克，白糖 10 千克，一级香醋 5 千克，白酒 1 千克。

2. 工艺流程

鲜嫩南瓜—加工—腌渍—上榨—醋渍—糖渍—成品。

3. 制作规程

（1）把南瓜洗净，刮去外皮，切开后挖去瓜瓤，再切成薄片备用。

（2）把瓜片用盐拌匀，腌渍 24 小时后捞出，沥干水分后上榨，榨出 50% 的水分晾干备用。

（3）把瓜片放入醋缸内浸泡 24 小时后捞出沥干水分。

（4）把醋渍好的瓜片用糖拌匀，糖渍 24 小时后捞出控净糖液。然后，把醋液、糖液和白酒混合均匀加热至沸，冷却 24 小时后倒入瓜片缸内，封严缸口浸泡 24 小时即成成品。

4. 质量标准

色泽亮丽，甜酸适口。出品率：40% 左右。

（三）酱南瓜条

1. 配料比例

南瓜 50 千克，食盐 8 千克，甜面酱 30 千克。

2. 工艺流程

南瓜—加工—腌渍—酱渍—成品。

3. 制作规程

（1）把南瓜去皮洗净切开挖去瓜瓤。然后，每个瓜切成 4~8 块进行腌渍。

（2）在缸底撒一层盐，然后，摆放一层瓜。按一层盐一层瓜腌至缸满，再缸口撒一层封口盐进行腌渍。次日开始翻缸 1 次，连续翻缸 3 天。使盐和瓜充分接触融化，散发热量。5 天后，进行倒缸，把缸内的盐水澄清后，倒入瓜缸继续腌渍。5~7 天后捞出控净水分。

（3）把瓜切成长 3.5 厘米、宽 2 厘米、厚 1 厘米的瓜条。放入清水缸中浸泡 10~12 小时，水要超出瓜面 5~8 厘米。使瓜条的盐度降至 8~10 度时捞出控水上榨，榨出 50% 的水分后晾干备用。

（4）把瓜条装入酱袋，整齐的放入甜面酱缸内酱渍。酱袋离缸口要 10~15 厘米，方便翻缸。每天要翻缸 1 次，连续翻缸 3 天。每次翻缸要用手按压酱袋，排出酱袋内的空气。以后，3 天翻缸 1 次。每次都要盖好缸，防尘，防晒，防雨。酱渍 10 天后即成成品。

4. 质量标准

色泽酱红，酱香可口。出品率：35% 左右。

（四）五香南瓜丝

1. 配料比例

鲜南瓜 50 千克，食盐 5 千克，一级酱油 30 千克，五香粉 1 千克，辣椒粉 200 克，苯甲酸钠 50 克。

2. 工艺流程

鲜南瓜—清洗—加工—晾晒—腌渍—酱油渍—成品。

3. 制作规程

（1）把鲜南瓜洗净切成两半，挖去瓜瓤。然后，刨成细丝，晒成七成干后备用。

（2）把南瓜丝加盐拌匀，腌渍 24 小时后晾干备用。

（3）把南瓜丝装入酱袋，放入酱油缸内浸泡 24 小时捞出晾干。然后，晒至五成干拌入五香粉、辣椒粉。混合均匀放入缸内，用石块压住，盖好缸 3 天后即成成品。

4. 质量标准

甜咸可口，微辣。出品率：30%左右。

（五）酱油南瓜条

1. 配料比例

鲜南瓜 50 千克，食盐 5 千克，酱油 10 千克，白糖 5 千克。

2. 工艺流程

鲜南瓜—清洗—加工—盐渍—酱油渍—翻缸—成品。

3. 制作规程

（1）把鲜南瓜洗净切开挖去瓜瓤，然后，切成 3.5 厘米、宽 2 厘米、厚 1 厘米的瓜条。

（2）把瓜条和盐拌匀，放入缸内腌渍 24 小时捞出，控净盐水后晾干备用。

（3）把白糖放入酱油中加热熬沸，冷却至 50℃时加入苯甲酸钠拌匀。次日，倒入瓜条浸泡，封好缸口，10 天即成成品。

4. 质量标准

瓜色深红，酱香微甜。出品率：35%左右。

（六）咸辣南瓜丝

1. 配料比例

鲜南瓜 50 千克，食盐 4.5 千克，生石灰 1 千克，清水 100 千克，辣椒丝 2 千克，五香粉 50 克，苯甲酸钠 50 克。

2. 工艺流程

鲜南瓜—洗净—加工—石灰水浸泡—腌渍—成品。

3. 制作规程

（1）把鲜南瓜洗净，切成两半，挖去瓜瓤后切成细丝。把鲜红辣椒去蒂，去籽切成细丝。

（2）把石灰放入清水中浸泡溶化后澄清。然后，用清石灰水浸泡南瓜丝 10~12 小时捞出。用清水冲洗 2~3 遍，晾干后放入清水锅中煮沸。再上榨压

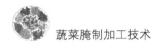

榨出 70% 的水分晾干。

（3）按 50 千克瓜条加 5 千克食盐拌匀。然后，再加入辣椒丝、五香粉、苯甲酸钠拌匀。放入缸内按实后封严缸口，腌制 15 天后即成成品。

4. 质量标准

色泽鲜亮，咸辣可口。出品率：30% 左右。

（七）甜辣南瓜条

1. 配料比例

鲜南瓜 50 千克，食盐 5 千克，白糖 10 千克，甜面酱 10 千克，一级酱油 10 千克，姜丝 500 克，辣椒粉 50 克，苯甲酸钠 50 克。

2. 工艺流程

鲜南瓜—清洗—加工—腌渍—酱渍成品。

3. 制作规程

（1）把南瓜洗净切开挖去瓜瓤，切成 6~8 瓣备用。

（2）先在干净的缸底撒一层盐，再把切好的南瓜摆放一层。按一层盐一层瓜摆放至缸满，在瓜上面撒一层封口盐。次日，开始翻缸 1 次，连续翻缸 3 天，使瓜和盐充分接触，散发热量。腌渍 7 天后，捞出控干水分，用清水洗净后晾干备用。

（3）把晾干的南瓜放入甜面酱缸内进行酱渍，每天翻缸 1 次使酱和瓜充分接触，使酱汁渗入瓜内，酱渍 7~10 天后捞出，沥干水分。然后，用清水洗净后晾干。

（4）把酱好的瓜切成长 3.5 厘米、宽 2 厘米、厚 1 厘米的瓜条。然后，晒至五成干或上榨榨出 50% 的水分后晾干。

（5）把白糖、甜面酱和酱油混合均匀加热烧沸冷却至 50℃。再加入苯甲酸钠拌匀，次日使用。

（6）把瓜条加入辣椒粉、姜丝拌匀。然后，装入酱袋，放入冷却后的混合液中进行酱渍。每天打耙 1 次，酱渍 10 天后即成成品。

4. 质量标准

色泽鲜亮，酱香微辣。出品率：35% 左右。

七、木瓜

原料选择：鲜木瓜。要求：无虫蛀，无斑，不烂，不裂。

（一）咸甜木瓜

1. 配料比例

木瓜 50 千克，盐 8 千克，白糖 5 千克。

2. 工艺流程

鲜木瓜—洗净—加工—腌渍—咸坯—加工—糖渍—成品。

3. 制作规程

（1）把木瓜洗净切成两半，挖去瓜瓤。然后把盐化成 16 度盐水放入木瓜进行腌渍。每天要翻缸 1 次散发热量，降低瓜的温度。要连续翻缸 3 天。以后，每 7～10 天翻缸 1 次。缸要加盖，防晒，防雨。腌制 3 个月后即成咸木瓜坯。

（2）把腌好的木瓜捞出晾干水分后切成细丝。然后，用凉开水浸泡 24 小时，使瓜丝盐度达到 8 度时捞出上榨，榨出 50％的水分后晾干。把晾干的瓜丝与白糖拌匀，可适量加一些酱汁。封严缸口糖渍 24 小时后即成成品。

4. 质量标准

色泽光亮，咸甜适口。出品率：35％左右。

（二）酱木瓜

1. 配料比例

木瓜 50 千克，食盐 10 千克，甜面酱 30 千克。

2. 工艺流程

木瓜—洗净—加工—腌渍—瓜坯—脱盐—上榨—酱渍—翻缸—成品。

3. 制作规程

（1）把木瓜洗净切成两半放入缸内。把盐化成 20 度盐水加入瓜缸内进行盐渍。次日开始翻缸 1 次，连翻 3 天。散发热量，降低瓜的温度。以后，每 10 天翻缸 1 次。腌制 3 个月即成咸木瓜坯。

（2）把咸瓜坯捞出控净水分，放入清水缸中浸泡。水要超出瓜面 5～8 厘米，浸泡 10～12 小时，使瓜坯的盐度降至 8～10 时捞出，控净水分晾干。

（3）把晾干的瓜坯放入甜面酱缸内进行酱渍。每天翻缸 1 次，连翻 3 天。使瓜坯和酱充分接触，排出瓜坯的水分。以后，7 天翻缸 1 次。刮风下雨要盖缸，防尘，防雨。2 个月后即成成品。

4. 质量标准

酱香浓郁，味道鲜美。出品率：30％左右。

（三）辣木瓜

1. 配料比例

鲜木瓜 50 千克，食盐 10 千克，甜面酱 10 千克，一级酱油 5 千克，辣椒粉 1 千克，姜丝 1 千克，白糖 1 千克，味精 50 克，胡萝卜丝 5 千克，苤蓝丝 5 千克，青辣椒丝 2 千克。

2. 工艺流程

鲜木瓜—洗净—加工—腌渍—酱渍—加工—成品。

3. 制作规程

（1）把鲜木瓜洗净，削去外皮，切成两半，挖去瓜瓤。把盐化成16度盐水倒入瓜缸内进行盐渍。每天翻缸1次，连翻3天，散发缸内热量，降低瓜坯温度。以后5天翻缸1次，腌渍20天后捞出控干水分晾干备用。

（2）把晾干后的瓜坯，放入甜面酱和酱油的混合液中进行酱渍。每天打耙1次，连续打耙3天。以后，5天打耙1次。酱渍30天即成酱木瓜。

（3）把酱木瓜捞出沥干酱汁，用清水洗净后晾干。然后，加工成细丝，和胡萝卜丝、苤蓝丝、青辣椒丝、姜丝、辣椒粉拌匀后装入酱袋放入酱缸内。

（4）把酱油、白糖、味精混合后加热烧沸，冷却24小时加入酱缸内浸泡酱袋，酱渍期间，要每天打耙1次后盖缸，防尘，防雨，防晒。连续酱渍7天即成成品。

4. 质量标准

香辣鲜美，甜咸爽口。出品率：35%左右。

八、茄子

原料选择：鲜茄子。要求：色泽鲜亮，无伤疤，无虫蛀，不烂，无籽。小茄子40～60克，中茄子60～80克，大茄子80克以上。必须是结籽前的嫩茄子。

（一）咸茄子

1. 配料比例

茄子50千克，食盐10千克，白矾200克。

2. 工艺流程

鲜茄子—加工—洗净——次盐渍—二次盐渍—翻缸—成品。

3. 制作规程

（1）先把茄子去掉茄柄和蒂，洗净后晾干。然后，在茄子周围扎4~5个眼备用。

（2）一次腌渍。先用盐3千克和白矾粉拌匀后，在缸底撒一层盐，再排一层茄子。按一层盐，一层茄子，腌至缸满后，再加一层封口盐。盖上竹片，压上石块，防止茄子出水上浮。次日，翻缸1次，连续翻缸3天。5天后捞出控净水分。

（3）二次腌渍。把控水后的茄子再加7千克盐进行腌制，腌制方法和一次盐渍方法相同。腌制10天后即成成品。

4. 质量标准

色泽褐红，质地柔软。出品率：40% 左右。

（二）咸蒜茄子

1. 配料比例

鲜茄子 50 千克，食盐 10 千克，大蒜 5 千克。

2. 工艺流程

茄子—洗净—加工—腌制—咸坯—加工—脱盐—晾干—蒸茄子—加工—蒜渍—成品。

3. 制作规程

（1）按腌咸茄子的方法把茄子腌成咸茄子备用。

（2）把茄子捞出洗净晾干，切成四片不要切透。放入清水缸中浸泡，水要超出茄片 5~8 厘米。浸泡 8~10 小时，使菜坯盐度降至 8~10 度时捞出控干水分。

（3）把茄子放入笼中蒸至五成熟，取出后放凉。把蒜捣成蒜泥，逐层加在茄子中间。然后，放入缸内，盖上竹片，压上石块。把缸盖好，10 天后即成成品。

4. 质量标准

鲜辣可口。出品率：30% 左右。

（三）酱茄子

1. 配料比例

40~60 克小茄子 50 千克，食盐 5 千克，酱油 15 千克，甜面酱 25 千克。

2. 工艺流程

小茄子—加工—腌渍—酱油渍—酱渍—成品。

3. 制作规程

（1）把小茄子去把去蒂后洗净。在茄子四周扎 4~5 个眼。然后，按腌制咸茄子的方法腌渍成咸茄子。

（2）把咸茄子捞出晾干。然后，放入酱油缸内浸泡，每天翻缸 1 次。3 天后捞出控干酱油，放入甜面酱缸内酱渍。每天要打耙 1 次，使酱和茄子充分接触，把酱汁渗入茄子中间。要盖缸防尘，防晒，防雨。酱渍 10 天即成成品。

4. 质量标准

酱香浓郁，质地柔嫩。出品率：40% 左右。

（四）酱油茄子

1. 配料比例

鲜茄子 50 千克，食盐 10 千克，酱油 20 千克，红糖 5 千克，苯甲酸钠

50 克。

2. 工艺流程

鲜茄子—加工—洗净—腌渍—酱油渍—成品。

3. 制作规程

（1）把鲜茄子按腌制咸茄子的方法腌成咸茄子。然后，捞出控干水分晾干。

（2）把咸茄子晒出 20% 的水分。然后，把酱油、味精、红糖混合均匀加热煮沸，冷却至 50℃ 加入苯甲酸钠拌匀。次日，把冷却好的溶液倒入茄子缸内进行酱油渍。要盖缸防防尘，防雨，防晒。7 天后即成成品。

4. 质量标准

酱香浓郁，咸甜可口。出品率：40% 左右。

（五）五香茄子

1. 配料比例

鲜茄子 50 千克，盐 10 千克，五香粉 100 克，蒜粉 50 克，味精 50 克，苯甲酸钠 10 克。

2. 工艺流程

鲜茄子—加工—清洗—腌渍—晒茄干—加工—成品。

3. 制作规程

（1）选 60~80 克重的茄子去把去蒂洗净。在茄子四周扎 4~5 个眼放入缸内。然后，把盐化成 16 度盐水倒入茄子缸内进行腌渍。每天翻缸散热，7 天后，捞出控水晾干。

（2）把茄子切成长 5 厘米、宽 3 厘米、厚 1 厘米的茄干，在太阳下晒至半干。

（3）把五香粉、蒜粉、味精、苯甲酸钠混合均匀后与茄干拌匀。然后，放入缸内按实后封缸，15 天即成成品。

4. 质量标准

色泽鲜亮，质地柔嫩。出品率：40% 左右。

（六）鲜辣茄子

1. 配料比例

鲜茄子 50 千克，食盐 4 千克，红辣椒 10 千克，豆豉 20 千克。

2. 工艺流程

鲜茄子—加工—洗净—水煮—加工—晾晒—腌渍—晾晒—浸泡—加工—拌料—封缸—成品。

3. 制作规程

（1）选用紫茄子去把去蒂后洗净晾干。

（2）用锅把清水烧开后放入茄子，煮沸后，茄子皮变成深褐色，五成熟时立即捞出冷却至常温。

（3）把茄子顺切成两半，再把每半顺切成 3 条，不要切断，要连在一起。

（4）把茄子削面朝上，摆在晒台上暴晒 1 天，不要翻动，晚上茄子散热至常温时收起。

（5）按 50 千克茄干加盐 2.5 千克进行加工，把盐和茄干掺匀，食盐和茄干充分接触。然后，再把茄干削面朝上一层一层的摆放在缸内直至缸满。腌渍一夜。

（6）第二天，把茄干捞出，每个茄干都要整齐的摆在晒台上暴晒。3 小时翻动一次，翻晒时发现茄子下面有水，要立即用抹布擦干。3 天后，茄干晒至五成干时收入筐中，放在离开地面的地方，防止受潮。存放的地方要空气流通，阴凉干燥。

（7）把晒好的茄干放入清水中浸泡 20 分钟。使茄干充分吸收水分膨胀，变得柔软后捞出控水晾干。

（8）把晾干的茄干加工成长 3.5 厘米、宽 2 厘米的茄条。按 50 千克茄条加盐 1.5 千克，红辣椒切成 1 厘米见方的小块和豆豉一起拌匀。然后，要逐层装菜压实，装满缸后，把缸密封，完全与空气隔绝，20 天后即成成品。

4. 质量标准

色泽褐色，茄条柔软，鲜辣味美。出品率：30% 左右。

（七）虾油茄子

1. 配料比例

40～60 克小茄子 50 千克，食盐 10 千克，虾油 30 千克，苯甲酸钠 50 克。

2. 工艺流程

茄子—加工—洗净—腌渍—虾油浸泡—成品。

3. 制作规程

（1）把茄子去把去蒂后洗净。

（2）把锅加清水烧开，茄子放入开水中烫 3～5 分钟，捞出放入冷水中冷却。冷却后捞出控水晾干。

（3）把盐化成 20 度清盐水，然后，把茄子放入腌渍 24 小时捞出控水晾干。

（4）把晾干的茄子放入虾油缸内浸泡，虾油要超出茄面 5 厘米。使茄子与空气隔绝，封严缸口，15 天后即成成品。

4. 质量标准

鲜美柔嫩，清香可口。出品率：40%左右。

（八）酱蘑茄子

1. 配料比例

鲜茄子50千克，食盐5千克，10度盐水50千克，回笼酱20千克，甜面酱20千克。

2. 工艺流程

鲜茄子—加工—洗净—加工—腌渍—酱渍—成品。

3. 制作规程

（1）把茄子去把去蒂洗净后削去外皮，在茄子四周扎3~4个眼放入干净缸内。

（2）把10度清盐水倒入茄子缸内进行浸泡。盐水要超出茄面5~8厘米，浸泡4~6小时后捞出控净水分。然后，按50千克茄子加盐5千克进行腌渍。10小时后翻缸1次，促使盐的溶化。24小时后捞出上榨，压榨出茄子里边的黑茄水，榨出40%的水分后晾干。

（3）把晾干的茄子放入回笼酱缸内进行酱渍。第二天开始翻缸1次，连翻3天，酱渍7天后，换入甜面酱缸内酱渍。第二天开始翻缸1次，连翻3天，酱渍10天后即成成品。

4. 质量标准

质地柔软，酱香浓郁。出品率：50%左右。

（九）酱芥末茄子

1. 配料比例

鲜茄子50千克，食盐5千克，酱油10千克，香醋10千克，白糖10千克，芥末粉5千克，味精50克。

2. 工艺流程

鲜茄子—洗净—加工—腌渍—酱渍—成品。

3. 制作规程

（1）把茄子去把去蒂洗净晾干。从上向下切两刀。把茄子切成3片，要薄厚一样，但是不要切透。

（2）在干净缸底撒一层盐，然后，摆一层茄子。按此方法腌制缸满后加一层封口盐。腌渍24小时后捞出控水晾干。

（3）把酱油、香醋、白糖混合均匀用火烧开，然后，加入味精化开冷却。24小时后捞出控水晾干。

（4）把晾干的茄子在卤液中浸湿在缸底平摆一层，然后，在茄子上面撒一层芥末粉。按此方法，摆放离缸口 10 厘米再撒一层芥末粉封严缸口。腌制 10 天即成成品。

4. 质量标准

质地鲜嫩，香辣可口。

（十）酱韭菜茄子

1. 配料比例

茄子 50 千克，嫩韭菜 10 千克，蒜 2 千克，食盐 5 千克，酱油 10 千克，甜面酱 5 千克，生姜 500 克，八角 50 克，花椒 50 克，桂皮 50 克。

2. 工艺流程

鲜茄子—加工—清洗—蒸茄子—日晒—酱渍—成品。

3. 制作规程

（1）把茄子去把去蒂洗净晾干，切成两半备用。

（2）把茄子放入蒸笼蒸至五成熟后取出冷却。然后，切成长 5 厘米、宽 3 厘米、厚 2 厘米的长条。晒至六成干收起。

（3）把蒜捣成蒜泥。酱油和甜面酱拌匀。八角、花椒、桂皮三样熬成作料水后加盐，使作料水的盐度达到 8 度。

（4）把韭菜切成 2 厘米的小段，然后，和茄条、蒜泥拌匀入缸。再把料水和酱液混合后倒入缸内进行酱渍。每天翻动 1 次，10 天即成成品。

九、西红柿（番茄）

原料选择：大小均匀的青西红柿。要求：不烂，无虫蛀，无伤疤。

（一）咸青西红柿

1. 配料比例

青西红柿 50 千克，23 度清盐水 50 千克。

2. 工艺流程

青西红柿—加工—清洗—腌渍—成品。

3. 制作规程

（1）把西红柿去蒂洗净晾干。在底部扎 3~4 个小眼，放入缸内，装至离缸口 10 厘米。放上竹片，压上石块。然后，倒入盐水，盐水要超出西红柿 5 厘米。加缸盖，防尘，防雨，防晒。

（2）次日，翻缸 1 次，连翻 3 天，散热，降低温度。15 天即成成品。

4. 质量标准

味道咸酸，鲜嫩。出品率：70%左右。

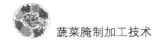

（二）咸西红柿

1. 配料比例

六成熟鲜西红柿 50 千克，23 度咸盐水 50 千克，苯甲酸钠 50 克。

2. 工艺流程

西红柿—加工—腌渍—成品。

3. 制作规程

（1）把西红柿去蒂后，用沸水烫 2~3 分钟，捞出放入冷水中浸泡 3~5 分钟后，再捞出控干水分。

（2）把西红柿放入缸内，装至离缸口 10 厘米后。放上竹片，压上石块，再把盐水倒入缸中腌渍。次日开始翻缸 1 次，连翻 3 天。散发西红柿排出的热量，降低缸内温度。西红柿不再起热时盖缸，防尘，防雨，防晒。腌渍 30 天后即成成品。

4. 质量标准

色泽鲜亮，咸酸可口。出品率：70% 左右。

（三）酱西红柿

1. 配料比例

五成熟鲜西红柿 50 千克，食盐 10 千克，甜面酱 10 千克，一级酱油 10 千克，味精 20 千克，苯甲酸钠 50 克。

2. 工艺流程

鲜西红柿—加工—腌渍—酱渍—成品。

3. 制作规程

（1）鲜西红柿去蒂洗净，用沸水烫 2~3 分钟。捞出放入冷水中浸泡 3~5 分钟，再捞出晾干水分。

（2）把盐化成 20 度盐水，倒入西红柿缸内进行腌渍。每天翻缸 1 次，连翻 3 天。散发热量，降低温度。7 天后捞出，晾干水分。

（3）把甜面酱，酱油，味精混合均匀，加热熬沸 5 分钟。

冷却至 50℃时，加入苯甲酸钠拌匀放凉。然后，把酱液倒入西红柿缸内进行酱渍。酱液要超出西红柿 5 厘米，盖好缸，防尘，防晒，防雨。3 天翻缸 1 次，10 天即成成品。

4. 质量标准

色泽鲜亮，酱香浓郁。出品率：70% 左右。

（四）西红柿果脯

1. 配料比例

八成熟鲜西红柿 50 千克，白糖 25 千克，柠檬酸 10 克，5 度清石灰水 50

千克。

2．工艺流程

西红柿—加工—硬化处理—糖渍—晾晒—成品。

3．制作规程

（1）选择大小均匀的鲜西红柿，去蒂洗净后晾干。在表面划2～3刀，将西红柿压扁成饼状。

（2）把加工好的西红柿，放入清石灰水缸内，浸泡2～3小时进行硬化处理。然后，捞出用清水冲洗3～4遍，洗净石灰液后晾干放入缸内备用。

（3）把白糖用清水溶化后，烧沸冷却至常温。然后倒入西红柿缸内进行糖渍。糖液要超出西红柿5厘米，糖渍24小时。

（4）把西红柿捞出沥净糖液，再把缸内糖液继续加热至沸。然后，冷却至常温。再倒入西红柿缸内糖渍2～3天。

（5）把西红柿捞出沥净糖液，在把糖液继续加热。熬至糖液变浓时，加入柠檬酸搅拌均匀。1分钟后倒出，冷却至50℃时，倒入西红柿缸内糖渍24小时。

（6）把西红柿捞出沥净糖液。然后，放到晒台上晾晒，晒至不粘手即成成品。

4．质量标准

甜酸可口。出品率：30％左右。

（五）美味西红柿

1．配料比例

六成熟鲜西红柿50千克，食盐5千克，香醋12千克，洋葱5千克，料酒3千克，白糖8千克，五香粉50克，咖喱粉500克，苯甲酸钠50克。

2．工艺流程

西红柿—加工—清洗—腌渍—糖醋渍—成品。

3．制作规程

（1）选鲜西红柿去蒂洗净，晾干后切成0.6～0.8厘米的厚片。把洋葱去皮，去根洗净切成小块。然后，把西红柿和洋葱拌匀。

（2）先在缸底撒一层盐，按一层菜一层盐的方法腌至缸满，再撒一层封口盐。3小时后，翻缸1次，再腌渍2小时捞出控净水分。

（3）把香醋10千克，白糖、料酒、五香粉混合拌匀加热煮沸。冷却24小时后，倒入拌好的菜缸内进行浸泡。然后，把咖喱粉、醋2千克，加15千克清水拌匀后烧开。冷却至50℃放入苯甲酸钠拌匀，次日，倒入菜缸内和菜拌匀。混合液要超出菜面5厘米，12小时后翻缸1次。要盖缸防尘，防雨，

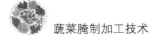
防晒。腌制 7~10 天即成成品。

4. 质量标准

酸甜味美，风味独特。出品率：50% 左右。

（六）桂花西红柿

1. 配料比例

六成熟西红柿 50 千克，桂花 500 克，生抽酱油 15 千克，白糖 1 千克，五香粉 50 克，苯甲酸钠 50 克。

2. 工艺流程

鲜西红柿—加工—清洗—浸泡—酱油渍—加工—成品。

3. 制作规程

（1）把西红柿去蒂洗净，切成 1~1.2 厘米的厚片。放入清水缸内浸泡 2 小时，再换清水浸泡 3 小时。然后捞出控水晾干。

（2）把酱油、白糖、五香粉混合均匀加热熬开，冷却至 50℃ 加苯甲酸钠拌匀。次日把混合液倒入西红柿缸内进行酱油渍。每天翻缸 1 次，连翻 3 天。10 天后捞出沥干酱汁晾干。

（3）把晾干的西红柿和桂花拌匀装缸，然后，封严缸口，5 天后即成成品。

4. 质量标准

味道鲜美，甜咸可口，有桂花香味。出品率：50% 左右。

（七）花样西红柿

1. 配料比例

六成熟西红柿 50 千克，食盐 5 千克，白糖 5 千克，五香粉 50 克，青辣椒丝 2 千克，四季豆 2 千克，藕 2 千克，大蒜 2 千克。

2. 工艺流程

鲜西红柿—清洗—加工—腌渍—翻缸—糖渍—成品。

3. 制作规程

（1）把西红柿去蒂洗净，晾干后顺切成四片，青辣椒洗净切丝，四季豆洗净切成 1.5 厘米菱形块，藕洗净切成丁，大蒜去皮洗净切成薄片。然后，加盐拌匀入缸腌渍，3 小时后翻缸 1 次，腌制 10~12 小时后捞出沥干水分。

（2）把白糖加清水溶化，加热熬开后冷却 10 小时备用。

（3）把五香粉加入菜中拌匀装入缸内，3 小时后，加入糖液浸泡。糖液要高出菜面 5 厘米，盖好缸，放在阴凉处，要防尘，防雨，防晒。糖渍 7 天后即成成品。

4. 质量标准

菜品美观，风味独特。出品率：70%左右。

（八）什锦西红柿

1. 配料比例

青西红柿 50 千克，食盐 7.5 千克，酱油 20 千克，白糖 5 千克，胡萝卜 5 千克，黄瓜 5 千克，红辣椒 5 千克，藕 5 千克，杏仁 1 千克，花生米 1 千克，姜丝 1 千克，洋姜 5 千克，苯甲酸钠 50 克。

2. 工艺流程

青西红柿—加工—清洗—酱油渍—翻缸—成品。

3. 制作规程

（1）把各种菜去蒂去把洗净，然后，把花生米、杏仁分别用清水浸泡 4~6 小时，再用水煮至七成熟捞出。放入冷水中浸泡去皮。藕削皮切 0.5 厘米的丁放入清水中浸泡 5 分钟后捞出。再用开水焯 2~3 分钟后捞出，放入冷水中冷却。胡萝卜、黄瓜、洋姜都切成 0.5 厘米的丁。红辣椒去籽切成细丝备用。

（2）把所有加工好的菜混合在一起加盐拌匀。然后，放入缸内腌制，每天翻缸 1 次，连翻 3 天。使菜散发热量，降低温度，受盐均匀。10 天后捞出控水晾干。

（3）把酱油和白糖混合均匀加热熬开，冷却至 50℃ 加入苯甲酸钠拌匀。把晾干的菜装入酱袋，放入熬好的酱液缸内进行酱渍。每天打耙 1 次，10 天后即成成品。

4. 质量标准

色泽亮丽，菜味鲜香，微辣带甜。出品率：70%左右。

（九）多味西红柿

1. 配料比例

小西红柿 50 千克，食盐 5.5 千克，香醋 15 千克，生抽酱油 5 千克，白糖 3 千克，味精 25 克，干红辣椒 100 克，芹菜 100 克，香菜 150 克，八角 10 克，花椒 10 克，桂皮 10 克，丁香 2 克，苯甲酸钠 50 克。

2. 工艺流程

西红柿—加工—清洗—腌渍—加工料汁—酱渍—翻缸—成品。

3. 制作规程

（1）选鲜七成熟小西红柿去蒂去把后洗净。先在缸底撒一层盐，然后摆一层西红柿，按此方法腌至缸满。最后，加一层封口盐。次日，翻缸 1 次，连翻 3 天捞出。把缸内盐卤澄清后放入西红柿继续腌渍 7~10 天。腌渍期间，要盖缸，防尘，防雨，防晒。

（2）香醋，酱油混合后放入八角、花椒、桂皮、丁香、干红辣椒加热熬沸5分钟。然后，冷却至50℃加入苯甲酸钠拌匀。再把香菜、芹菜洗净切成小段放入浸泡。3天后捞出所有菜和作料，过滤杂质，澄清酱液。

（3）把西红柿捞出控净盐水后放入酱液中，酱渍3~5天每天翻缸1次。要盖缸，缸要放在阴凉处，5天后即成成品。

4. 质量标准

多种风味，鲜嫩可口。出品率：60%左右。

（十）酱油西红柿

1. 配料比例

五成熟小西红柿50千克，食盐10千克，酱油20千克，甜面酱5千克，白糖2千克，味精20克。

2. 工艺流程

西红柿—加工—洗净—腌渍—酱渍—翻缸—成品。

3. 制作规程

（1）把西红柿去蒂洗净。把盐化成20度盐水，倒入西红柿缸内进行腌渍。每天翻缸1次，连翻3天。以后，每5天翻缸1次，每次翻缸后要盖缸。防尘，防雨，防晒。腌渍20天后捞出沥干水分。

（2）把酱油、甜面酱、白糖混合均匀。加热熬沸后，放入味精拌匀冷却12小时。

（3）把酱液倒入腌制好的西红柿缸内进行酱渍。每天翻缸1次，连翻3天。以后，每5天翻缸1次。酱渍期间缸要放在阴凉处加盖防尘，防雨。20天后即成成品。

4. 质量标准

细腻鲜嫩，酱香浓郁，甜咸可口。出品率：50%左右。

十、辣椒

辣椒品种繁多，大致分为线辣椒、小尖辣椒、杂交辣椒、柿子椒等。青、红辣椒均可加工，加工方法各异。加工成的菜坯可以和多种酱腌菜搭配。也可以加工成各种辣酱。

原料选择：大小均匀、不烂、无虫眼、带把的鲜辣椒。

（一）咸辣椒

1. 配料比例

辣椒（青红均可）50千克，食盐10千克。

2. 工艺流程

辣椒—加工—清洗—腌渍—翻缸—澄卤—腌渍—成品。

3. 制作规程

（1）用竹针把每个辣椒扎 3~4 个眼，然后，用清水洗净晾干。

（2）用 5%的清石灰水浸泡辣椒 30 分钟（或用开水烫 3~5 分钟）。然后捞出，沥净石灰水，再用清水冲洗 2~3 遍，洗净后晾干。

（3）在缸底撒一层盐，摆放一层辣椒。按一层盐一层辣椒的方法腌至缸满，再加一层封口盐。进行腌制。次日开始翻缸 1 次，连翻 3 天。腌制 7 天盐完全溶化后捞出控净水分。

（4）把盐水清除杂质澄清后，倒入辣椒缸内。放上竹片，压上石块。盐水要超出辣椒 5 厘米。如果盐水少，可加入 20 度清盐水，使辣椒与空气隔绝，盖好缸。腌制期间，要防尘，防雨，防晒。连续腌制 20 天即成成品。

4. 质量标准

色泽鲜亮，味道鲜美。出品率：60%左右。

（二）咸柿子椒

1. 原料选择

立秋后的鲜柿子椒。中等，大小均匀，不烂无虫眼，带把，红色，黄色，绿色均可腌制。

2. 配料比例

鲜柿子椒 50 千克，20 度盐水 50 千克，5%石灰水 50 千克。

3. 工艺流程

柿子椒—加工—焯水—浸泡—清洗—腌渍—翻缸—成品。

4. 制作规程

（1）把柿子椒把留 1 厘米，其余的剪掉。然后，用清水洗净晾干。

（2）把晾干的辣椒放入开水中烫 1~2 分钟。立即捞入冷水中浸泡，3 分钟后捞出晾干。

（3）把晾干的辣椒放入清石灰水中浸泡 10 分钟。然后，捞出用清水冲洗 3~5 遍。把石灰水冲洗净后晾干。

（4）把晾干的辣椒用竹针在每个周围扎 3~4 个眼。然后，放入 20 度盐水缸内腌渍。次日翻缸 1 次，连翻 3 天。以后，7 天翻缸 1 次。充分散发热量，降低辣椒的温度。每次都要盖好缸防晒，防尘，防雨。腌制 20 天即成成品。

5. 质量标准

色泽鲜亮，质地嫩脆。出品率：70%左右。

（三）虾油辣椒

1. 配料比例

咸绿柿子椒 50 千克，虾油 20 千克。

2. 工艺流程

咸柿子椒—沥水—脱盐—晾干—虾油浸泡—翻缸—澄卤—浸泡—成品。

3. 制作规程

（1）把咸柿子椒捞出先控干水分。在放入缸内用清水浸泡8~10小时，使辣椒的盐度降低至8~10度后捞出控水晾晒至八成干备用。

（2）把晒好的辣椒放入虾油缸内浸泡，虾油必须超出辣椒3~5厘米。次日，开始翻缸1次，连翻3天。要盖好缸防尘，防雨，防晒。

（3）浸泡3天后捞出辣椒，把虾油清除杂质澄清。然后，放入辣椒继续浸泡15天即成成品。

4. 质量标准

色泽碧绿，口味香脆，虾味浓香。出品率：60%左右。

（四）糟咸辣椒

1. 配料比例

鲜红辣椒50千克，食盐5千克，醪糟汁500克，生姜3千克，味精30克。

2. 工艺流程

辣椒—加工—腌渍—浸泡—成品。

3. 制作规程

（1）用鲜红牛角辣椒。洗净后切成1厘米的辣椒块。生姜洗净后去皮切成细末。醪糟汁用开水泡开，完全溶化后，在用细箩滤去杂质澄清备用。

（2）在缸底撒一层盐，然后，放一层辣椒块。再撒一层姜末，按此方法腌至缸满，最后再撒一层封口盐。

（3）把味精用温水化开倒入醪糟汁中拌匀。然后，倒入辣椒缸内。第二天开始翻缸，使缸内的辣椒和溶液完全溶合在一起，再密封缸口进行发酵。30天后即成成品。

4. 质量标准

味道香辣，质地脆嫩。出品率：70%左右。

（五）甜酒红辣椒

1. 配料比例

鲜红小尖辣椒50千克，食盐10千克，生姜4千克，纯米酒1.5千克，白糖1千克，味精200克。

2. 工艺流程

辣椒—加工—腌渍—酒渍—成品。

3. 制作规程

（1）把辣椒去蒂去把洗净，切成 1 厘米小块。生姜洗净去皮加工成细末。

（2）在缸底撒一层盐，放一层辣椒，再撒一层姜末。按此方法腌至缸满，再加一层封口盐。

（3）把白糖、味精加入米酒中拌匀倒入辣椒缸内。第二天开始翻缸，使酒液和辣椒充分溶和。然后，密封好缸口，30 天后即成成品。

4. 质量标准

味道芳香，甜辣可口。出品率：70% 左右。

（六）咸小辣椒

1. 原料选择

选立秋后带把的鲜小尖辣椒（三樱椒、子弹头椒最好）。

2. 配料比例

辣椒 50 千克，食盐 10 千克，花椒 10 克。

3. 工艺流程

辣椒—加工—清洗—腌渍—翻缸—成品。

4. 制作规程

（1）把辣椒去叶留 0.5 厘米把，洗净晾干。

（2）把盐化成 20 度清盐水，倒入辣椒缸内，放上竹片，压上石块，盐水要超出辣椒 5 厘米进行腌渍。

（3）第二天开始翻缸，连续翻 3 天。散发缸内热量，降低辣椒温度。以后，7 天翻缸 1 次，腌制期间要盖缸，防尘，防雨，防晒。20 天后即成成品。

5. 质量标准

味道鲜辣，质地脆嫩。出品率：75% 左右。

（七）酱大青辣椒

1. 原料选择

选霜降后的大青辣椒。要求：椒皮肥厚，带把，不烂，无虫眼。

2. 配料比例

辣椒 50 千克，食盐 10 千克，酱油 30 千克，甜面酱 2.5 千克，白糖 5 千克。

3. 工艺流程

辣椒—加工—清洗—腌渍—翻缸—酱渍—成品。

4. 制作规程

（1）把辣椒把留 1 厘米后剪掉洗净晾干。然后，在每个辣椒上用竹针扎 3~4 个眼。放入沸水中焯 1 分钟，再捞入冷水中浸泡 3 分钟后捞出控净水分。

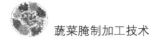

（2）把盐化成20度盐水澄清后倒入辣椒缸内，盐水要超出辣椒5厘米。然后，放上竹片，压上石块进行腌渍。次日，开始翻缸1次，连翻3天。以后7天翻缸1次，20天后捞出控净盐水，放入清水缸中浸泡8~10小时，使辣椒盐度降至8~10度时捞出控水晾干。

（3）把甜面酱、白糖放入酱油中混合均匀，然后倒入辣椒缸内。酱液要超出辣椒5厘米，使辣椒与空气隔绝。在放上竹片，压上石块，酱渍10天即成成品。

5. 质量标准

色泽青绿，酱香浓郁，咸甜可口。出品率：70%左右。

（八）酱红辣椒

1. 原料选择

选霜降后的鲜红大辣椒。要求：带把，不烂，无虫眼。

2. 配料比例

辣椒50千克，食盐10千克，5%清石灰水50千克，酱油30千克，甜面酱2.5千克，蜂蜜1千克。

3. 工艺流程

辣椒—加工—清洗—扎眼—焯水—清水浸泡—石灰水浸泡—清洗—腌渍—酱渍—成品。

4. 制作规程

（1）把辣椒留1厘米把后剪掉，洗净晾干。在每个辣椒周围用竹针扎3~4个眼。放入沸水中烫2~3分钟后捞入冷水中浸泡3~5分钟。再捞出控净水分。

（2）把5%的清石灰水倒入辣椒缸内，浸泡1小时捞出用清水冲洗3~5遍。冲洗干净后，控水晾干。

（3）把盐化成20度盐水。倒入辣椒缸内，放上竹片，压上石块，使盐水超出辣椒5厘米。腌渍20天捞出控净水分晾干。

（4）把蜂蜜、甜面酱加入酱油中混合均匀。然后倒入辣椒缸内继续酱渍。辣椒腌制期间要盖缸，防尘，防雨，防晒。酱渍7天后即成成品。

5. 质量标准

鲜脆爽口，风味独特。出品率：70%左右。

（九）酱包柿子椒

1. 原料选择

选霜降后的鲜柿子椒，带把，大小均匀，不烂，无虫眼。

2. 配料比例

（1）柿子椒 50 千克，食盐 12.5 千克。

（2）咸柿子椒坯 50 千克，包椒馅 75 千克，甜面酱 75 千克。

（3）馅料配制。红辣椒丝 1.5 千克，酱苤蓝丁 25 千克，酱笋丁 10 千克，酱瓜丁 10 千克，姜丝 4 千克，酱黄瓜丁 10 千克，酱核桃仁 1 千克，酱杏仁 2 千克，瓜子仁 0.5 千克，石花菜 2 千克，藕丁 5 千克，酱黄萝卜丝 4 千克。

3. 工艺流程

柿子椒—加工—扎眼—焯水—浸泡—腌渍—咸坯—清洗—脱盐—控水晾干—包馅—酱渍—成品。

4. 制作规程

（1）把柿子椒留 1 厘米把，洗净晾干。然后用竹针在每个辣椒周围扎 3～4 个眼。放入沸水中烫 2～3 分钟，再捞入冷水中浸泡 3～5 分钟后捞出，控水晾干。

（2）把盐化成 25 度清盐水倒入辣椒缸内，盐水要超出辣椒 5 厘米。缸口要放上竹片，压上石块，使辣椒与空气隔绝。次日开始翻缸 1 次，连翻 3 天。以后，每 7 天翻缸 1 次。30 天后腌成咸辣椒坯。

（3）把咸辣椒坯捞出控净水分，放入清水缸内浸泡 8～10 小时，使辣椒坯盐度降至 8～10 度时捞出控水晾干。

（4）把晾干的辣椒坯用刀把顶盖切开。把辣椒的馅料调配好。然后装入辣椒中，装满后把辣椒盖上，再用线把辣椒十字花形捆结实。然后放入甜面酱缸内进行酱渍，放至离缸口 10 厘米，用甜面酱封严缸口。次日开始翻缸 1 次，连翻 3 天。阴雨天要盖缸，连续酱渍 20 天后即成成品。

5. 质量标准

色泽碧绿，椒馅金黄，酱香浓郁，质嫩香甜。食用时，剪断椒线，切成八瓣放在盘内。皮似花瓣，馅似花芯，形似菊花，美观靓丽。再加上点香油更是美味可口。出品率：85% 左右。

（十）酱蜂蜜辣椒

1. 配料比例

鲜红辣椒 50 千克，食盐 5 千克，芝麻 1 千克，花生米 3 千克，白糖 5 千克，蜂蜜 3 千克，甜面酱 3 千克，生抽 3 千克。

2. 工艺流程

鲜辣椒—加工—腌渍—酱渍—成品。

3. 制作规程

（1）把鲜辣椒去把洗净切成 1 厘米的小块。加盐拌匀进行腌渍，次日翻

缸 1 次，连翻 3 天。

（2）把芝麻、花生炒熟，把白糖、蜂蜜、甜面酱、生抽酱油混合均匀。

（3）把腌渍 3 天的辣椒块捞出控干水分拌入芝麻和花生。然后倒入混合的酱液缸内拌匀。密封缸口，酱渍 15 天即成成品。

4. 质量标准

味道鲜美，甜咸可口。出品率：80% 左右。

第二节　根菜类

一、辣萝卜

原料选择：青辣萝卜（上青下白萝卜）、红萝卜、象牙白萝卜均可。要求：500 克以上。萝卜都要齐顶去根，不烂，不糠，不裂，无空心，无黑心，无虫蛀，无斑疤，无开叉，条直，表面光滑的鲜萝卜。

（一）香辣萝卜条

1. 配料比例

萝卜 50 千克，食盐 12.5 千克，糖精 7.5 克，味精 50 克，白糖 5 千克，60 度白酒 250 克，一级酱油 10 千克，酱汁 1 千克，辣椒粉 1 千克，苯甲酸钠 50 克。

2. 工艺流程

萝卜—清洗—腌渍—加工—脱盐—酱渍—成品。

3. 咸萝卜制作规程

萝卜的腌制方法分两种，一种是缸腌，另一种是大池腌制。具体腌制方法如下。

（1）缸腌萝卜的方法。把萝卜清洗干净后放入干净缸内。然后，把盐化成 20 度盐水倒入萝卜缸内进行腌渍。盐水要超出萝卜 5 厘米。次日开始倒缸 1 次，连倒 3 天。使萝卜尽快散发热量，以后 5~7 天倒缸 1 次。60 天后腌成咸萝卜坯。再把缸内的盐水澄清后放入萝卜坯进行密封保存。盐水要超出萝卜 10 厘米，使萝卜与空气隔绝，盖好缸，防尘，防雨，防晒。要定期进行检查，发现盐水低于萝卜要及时添加 20 度盐水，加工萝卜要随用随取，取后密封保存。

（2）大池腌制萝卜的方法。把大池清洗干净，在池外角底部的圆坑内放入高于池面 25~30 厘米的笼子（荆条或竹条编的均可）笼口直径 35~40 厘米，必须能放入潜水泵。要先计算好池子的容量，按萝卜 50 千克，加盐 12.5 千克的标准进行腌制。腌制前，要留出 10% 的盐作为封顶盐。然后，在池底撒一层盐，放一层萝卜。每一层萝卜不要超过 30 厘米，用盐要按下少上多的方法进行腌制。一般把池子分为上、中、下三份。下边 1/3 用盐 20%，中间 1/3 用盐 30%，上边 1/3 用盐 40%，最后用 10% 盐封顶。萝卜腌制离池口 20 厘米即可，3 天后开始翻池。首先把池子上半部的萝卜翻入另池，再把下半池萝卜翻倒上边。然后把池内的盐水和没化完的盐均匀的撒在萝卜上面。5 天后，按此方法再翻 1 次。10 天后，用潜水泵抽池底的盐水回浇在萝卜上面。上下循环，促使盐完全溶化，上下盐水的浓度一样。每次循环盐水要 4 小时以上。池内的盐水始终要超出萝卜 20 厘米。缺少盐水，要及时补充 25 度清盐水。腌制 60 天后即成成品。

（3）咸萝卜坯的储存方法。大批量收购萝卜腌制的咸萝卜坯，必须妥善储存，防止腐烂变质。萝卜腌成后，要把池口的萝卜摊平放上竹笆。然后，在竹笆上面压上 25 千克以上的大石块，防止萝卜浮出水面腐烂变质。盐水必须高出萝卜 20 厘米以上。然后，在池子上面用草袋盖严，四周塞紧，上面用泥土压顶踩实。让萝卜坯与空气完全隔绝，15 天检查 1 次，发现盐水减少要及时添加盐水。使用时，每次要开一个池子，使用后立即盖好。要严防进水，下雨天要加盖防雨设备。这样，可以长期保存不变质。

（4）咸萝卜质量标准。要求脆，嫩，不软，不烂。萝卜盐度在 16 度以上。出品率 70% 左右。

4. 香辣萝卜条制作规程

（1）把咸萝卜捞出洗净晾干，然后切成长 5 厘米、宽 2 厘米、厚 1 厘米的萝卜条。放入清水缸内浸泡脱盐 8～10 小时，使萝卜条的盐度达到 8～10 度时捞出上榨脱水，把萝卜条压榨出 65%～70% 的水分即可。

（2）把脱水后的萝卜条按 50 千克加入配比的配料。先把味精、糖精、辣椒粉、白酒、酱汁、苯甲酸钠，加入酱油中混合均匀。然后，倒入萝卜条缸内拌匀。次日，开始翻缸 1 次，连翻 3 天。第五天把白糖加入萝卜条缸内拌匀。次日，翻缸 1 次，把萝卜条按实存放在阴凉通风处。盖好缸防尘，防雨，防晒，防蝇。不能进生水。3 天后即成成品。

5. 质量标准

色泽淡黄，香辣可口。出品率：40% 左右。

（二）桂花萝卜干

1. 配料比例

咸萝卜坯 50 千克，糖精 70 克，白糖 5 千克，桂花 250 克，黄酒 250 克，一级酱油 50 千克，苯甲酸钠 50 克。

2. 工艺流程

咸萝卜坯—加工—脱盐—上榨—拌辅料—翻缸—成品。

3. 制作规程

（1）把咸萝卜洗净加工成长 5 厘米、宽 2 厘米、厚 1 厘米的萝卜条。放入清水缸内进行浸泡 8~10 小时，使萝卜条的盐度降至 8~10 度时捞出上榨。压榨出 70% 的水分后晾干。

（2）把晾干的萝卜条放入酱油缸内进行浸泡 3 天。每天翻缸 1 次。3 天后捞出晾晒，晒至五成干备用。

（3）把糖精、白糖、桂花、黄酒、苯甲酸钠混合在一起拌入萝卜条中。然后，放入缸内按实。密封缸口存放在阴凉通风处，加缸盖防雨，防晒，7 天后即成成品。

4. 质量标准

色泽淡黄，鲜香脆甜，有桂花香味。出品率：40% 左右。

（三）姜汁萝卜丝

1. 配料比例

鲜白萝卜 50 千克，食盐 4 千克，生姜 1 千克，味精 50 克，白糖 500 克，香菜 100 克，苯甲酸钠 50 克。

2. 工艺流程

白萝卜—清洗—加工—腌渍—酱渍—成品。

3. 制作规程

（1）把萝卜齐顶，去根，洗净后加工成细丝，再加盐拌匀。放入缸内腌渍 6~8 小时后捞出控水晾干。

（2）把生姜去皮洗净榨汁，苯甲酸钠用温水化开，香菜洗净切成 1 厘米的小段和白糖，味精混合均匀。然后，倒入萝卜丝缸内拌匀。把萝卜丝按实盖好缸。存放在阴凉通风处防尘，防雨，防晒，防蝇。1 天后即成成品。随用随取，食用时，加入香油，味道更加鲜美。

4. 质量标准

色泽亮丽，鲜嫩辣脆。出品率：70% 左右。

（四）泡椒咸辣萝卜干

1. 配料比例

鲜辣萝卜（青白均可）50 千克，食盐 4 千克，老抽 500 克，生抽 2.5 千克，香醋 2.5 千克，白醋 2.5 千克，白糖 20 千克，味精 500 克，鸡精 500 克，白酒 500 克，泡椒 5 袋（2 千克装），苯甲酸钠 50 克。

2. 工艺流程

萝卜—清洗—加工—腌渍—浸泡—成品。

3. 制作规程

（1）把萝卜洗净切成长 5 厘米、宽 2 厘米、厚 1 厘米的萝卜干。加盐腌渍 1 小时后控净盐水晾干。

（2）把老抽、生抽、香醋、白醋、白糖、味精、白酒、鸡精、泡椒、苯甲酸钠混合均匀后倒入萝卜干缸内。浸泡 7~10 天即成成品。

4. 质量标准

色泽美观，鲜脆辣甜。出品率：70%左右。

（五）糖醋萝卜条

1. 配料比例

咸白萝卜 50 千克，白糖 3 千克，香醋 15 千克，糖精 8 克，苯甲酸钠 50 克。

2. 工艺流程

咸白萝卜—清洗—加工—脱盐—上榨—糖醋渍—成品。

3. 制作规程

（1）把咸萝卜洗净加工成长 5 厘米、宽 2 厘米、厚 1 厘米的萝卜条。

（2）把萝卜条放入清水缸内浸泡 8~10 小时。使萝卜条的盐度降至 8~10 度时捞出上榨，榨出 70%的水分后晾干。

（3）把食醋放在锅内烧开，放入白糖、糖精化开，冷却至 50℃放入苯甲酸钠化开。次日倒入萝卜条缸内浸泡，要密封缸口存放在阴凉通风处。加缸盖防雨，防晒。10 天后即成成品。

4. 质量标准

色泽红亮，质地脆嫩，酸甜可口。出品率：40%左右。

（六）蜜汁萝卜块

1. 配料比例

咸萝卜坯 50 千克，一级酱油 25 千克，糖精 7.5 克，白糖 2 千克，蜂蜜 1 千克，五香粉 25 克，苯甲酸钠 50 克。

2. 工艺流程

咸萝卜—清洗—加工—脱盐—上榨—混合液浸泡—晾晒—拌料—翻缸—成品。

3. 制作规程

（1）把咸萝卜洗净加工成 2 厘米的菱形小块。挑出不合格的产品，放入清水缸内浸泡 6~8 小时。使萝卜块的盐度达到 8~10 度捞出，然后，上榨压榨

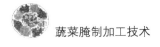

出 30% 的水分晾干备用。

（2）把糖精 3.5 克、白糖 1 千克、蜂蜜 0.5 千克、五香粉 15 克加入酱油中用火熬开。冷却至 50℃加入苯甲酸钠拌匀。次日，倒入萝卜块缸内浸泡 15 天左右。萝卜块完全泡透后捞出。

（3）把萝卜块在晒场摊开晾晒，每天翻 3～4 次，晒的萝卜块皮有皱纹，晒出 20% 的水分即可。

（4）把糖精 4 克、白糖 1 千克、蜂蜜 0.5 千克、五香粉 10 克加入 2.5 千克酱油拌匀后倒入萝卜块缸内。每天翻缸 1 次，盖好缸。存放在阴凉通风处，防尘，防雨，防晒，防蝇。7 天后成成品。

4. 质量标准

色泽鲜亮，脆甜可口。出品率：75% 左右。

（七）咖喱萝卜

1. 配料比例

咸萝卜坯 50 千克，白糖 2 千克，一级酱油 15 千克，咖喱粉 2.5 千克，糖精 7.5 克，苯甲酸钠 50 克。

2. 工艺流程

咸萝卜—清洗—加工—脱盐—上榨—糖渍—翻缸—成品。

3. 制作规程

（1）把萝卜洗净切成桔子瓣形状的萝卜块。然后放入清水缸内浸泡 8～10 小时。使萝卜块的盐度降至 8～10 度时捞出上榨，榨出 30% 的水分后晾干备用。

（2）把白糖、咖喱粉、糖精放入酱油中加热熬沸，冷却至 50℃时放入苯甲酸钠拌匀凉透。

（3）把酱油混合液倒入萝卜块缸内浸泡，每天翻缸 1 次，7 天后即成成品。

4. 质量标准

色泽红亮，风味独特。出品率：70% 左右。

（八）脆香萝卜片

1. 配料比例

咸萝卜坯 50 千克，一级酱油 25 千克，白糖 5 千克，五香粉 25 克，苯甲酸钠 50 克。

2. 工艺流程

咸萝卜坯—清洗—加工—脱盐—上榨—酱液浸泡—晾晒—拌料—腌制—成品。

3. 制作规程

（1）把咸萝卜洗净切成 0.3~0.5 厘米的萝卜片，然后放入清水缸内浸泡 6~8 小时。水要超出萝卜片 5 厘米，使萝卜片盐度酱至 8~10 度时捞出上榨，压榨出 30%的水分晾干备用。

（2）把酱油加热熬开冷却至 50℃加入苯甲酸钠拌匀，倒入萝卜片缸内进行酱渍。次日翻缸 1 次，酱渍 10 天后捞出放在晒台上晾晒。每天翻 3~4 次，萝卜皮晒得起皱纹七成干收起备用。

（3）用酱油 2.5 千克加入白糖加热熬化。完全冷却后，倒入萝卜片中拌匀。次日开始翻缸 1 次，连翻 3 天后把萝卜片按实。盖好缸存放在阴凉通风处，防雨，防晒，防蝇。7 天后即成成品。

4. 质量标准

色泽褐红，口味脆甜。出品率：75%左右。

（九）盘香萝卜

1. 配料比例

咸萝卜 50 千克，一级酱油 20 千克，白糖 10 千克，回笼酱油 15 千克，五香粉 25 克，苯甲酸钠 50 克。

2. 工艺流程

咸萝卜—加工—脱盐—上榨—回笼酱油浸泡——一级酱油酱渍—晾晒—拌料—翻缸—成品。

3. 制作规程

（1）把萝卜洗净后两面切成平面，平放在案板上。上下为平面，两边为半圆形。

（2）首先在萝卜上面用刀切，前刀尖深，后刀根浅。把萝卜上面切完。然后，把萝卜翻过来切下面，刀法与切上面相同。但是，刀要斜着切，萝卜每片要保持 0.5 厘米的距离，上下不能切断。萝卜两边切过后拿起像盘香形状。

（3）把切好的萝卜放入清水缸中，水要超出萝卜 10 厘米，浸泡 6~8 小时。使萝卜的盐度降至 6~8 度时捞出上榨，压榨出 50%的水分。

（4）把榨后的萝卜放入回笼酱缸内浸泡 3 天，捞出控净酱液。把苯甲酸钠放入一级酱油缸内拌匀，然后，把萝卜放入再浸泡 7 天。

（5）把酱渍好的萝卜捞出控净酱液。放到晒台上晾晒，每天翻 3~4 遍。萝卜晒至皮有皱纹五成干时备用。

（6）把酱油 2.5 千克加入白糖，五香粉拌匀，加热熬化。冷却 4~6 小时，倒入萝卜缸内拌匀。次日开始翻缸 1 次，连翻 3 天。每次翻缸后都要把萝卜按实，盖缸，存放在阴凉通风处，防雨，防蝇，防晒。腌制 7 天后即成成品。

4. 质量标准

外形美观，味道香甜。出品率：60% 左右。

（十）兰花萝卜

1. 配料比例

咸圆萝卜 50 千克，一级酱油 20 千克，回笼酱油 20 千克，白糖 2 千克，糖精 8 克，五香粉 25 克，苯甲酸钠 50 克。

2. 工艺流程

萝卜—清洗—加工—脱盐—上榨—回笼酱油浸泡——级酱油浸泡—晾晒—拌料—翻缸—成品。

3. 制作规程

（1）把萝卜洗净，上下错开各切 8 刀。萝卜不能切断，必须连在一起。

（2）把切好的萝卜放入清水缸内浸泡。水要超出萝卜 10 厘米，浸泡 6~8 小时。使萝卜的盐度降至 8~10 度时捞出上榨，压榨出 50% 的水分。

（3）把压榨好的萝卜放入回笼酱缸内浸泡 3 天捞出控干酱液。

（4）把苯甲酸钠加入一级酱油中拌匀，然后倒入萝卜缸内继续浸泡。10 天后，捞出沥干酱液放在竹帘晾晒。晒至萝卜皮有皱纹五成干即可。

（5）把酱油 1.5 千克、糖精 8 克、白糖 2 千克、五香粉 25 克拌匀加热烧开。冷却 4~6 小时后倒入萝卜缸内。次日翻缸 1 次，连翻 3 天。每次翻缸后要把萝卜按实，盖好缸存放在阴凉通风处，防雨，防晒，防尘，防蝇。7 天即成成品。

4. 质量标准

外形美观，口味脆甜。出品率：60% 左右。

（十一）扇形萝卜

1. 配料比例

中等大小的咸圆形萝卜 50 千克，一级酱油 25 千克，回笼酱油 25 千克，白糖 5 千克，十三香 25 克，苯甲酸钠 50 克。

2. 工艺流程

萝卜—清洗—加工—脱盐—上榨—回笼酱浸泡——级酱油浸泡—晾晒—拌料—翻缸—成品。

3. 制作规程

（1）把萝卜切成两半，然后再切成 0.5 厘米厚的片，每片切 3 刀，留住圆形不要切断成扇形。

（2）把切好的萝卜放入清水中浸泡，水要超出萝卜 10 厘米。浸泡 8~10 小时，使萝卜的盐度降至 8~10 度时捞出上榨，压榨出 50% 的水分后晾干。

（3）把回笼酱油倒入晾干的萝卜缸内进行浸泡。3 天后捞出，沥干酱液晾干。

（4）把苯甲酸钠加入一级酱油缸内拌匀。然后倒入晾干的萝卜缸内继续浸泡。次日翻缸 1 次，连翻 3 天。每次翻缸后要盖缸。连续酱渍 10 天后捞出沥干酱液。

（5）把沥干酱液的萝卜放到晒台上晾晒。晒至萝卜皮有皱纹五成干收起备用。

（6）用酱油 1.5 千克加入白糖、五香粉拌匀。然后加热烧开，冷却后倒入萝卜缸内拌匀按实。盖好缸存放在阴凉通风处，防雨，防晒，防尘，防蝇。腌制 7 天后即成成品。

4. 质量标准

色泽美观，甜咸可口。出品率：60%左右。

（十二）油辣花萝卜

1. 配料比例

咸萝卜 50 千克，一级酱油 25 千克，香油 2 千克，辣椒粉 1.5 千克，十三香 25 克，苯甲酸钠 50 克。

2. 工艺流程

咸萝卜—清洗—加工—脱盐—上榨—拌料—成品。

3. 制作规程

（1）把萝卜洗净晾干平放在案板上。在萝卜正面按每刀 1.5~2 厘米的距离横切 12~15 刀。然后，把萝卜翻过来斜切 12~15 刀。横切或斜切都不要把萝卜切透。加工好的萝卜拉开比原来长一倍，像花一样美观，漂亮。

（2）把切好的萝卜放入清水缸中浸泡，水要超出萝卜 10 厘米。浸泡 8~10 小时，使萝卜盐度降至 8~10 度捞出沥干水分。

（3）把萝卜上榨，压榨出 40%的水分后晾干。

（4）把酱油 1.5 千克加入辣椒粉、十三香拌匀，然后，倒入萝卜缸内，和萝卜拌匀后压实存放在阴凉通风处，盖好缸，防尘，防雨，防晒，防蝇。7 天后即成成品，在萝卜上面加入香油，可以防腐，又能增加菜的香味。

4. 质量标准

色泽褐红，香辣可口。出品率：70%左右。

（十三）出口萝卜条

1. 配料比例

咸萝卜 50 千克，一级酱油 8 千克，味精 150 克，糖精 25 克，白糖 2 千克，60 度白酒 250 克，苯甲酸钠 50 克。

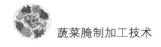

2. 工艺流程

咸萝卜—清洗—加工—脱盐—上榨—拌料—腌制—翻缸—成品

3. 制作规程

（1）挑选外观质量好的咸萝卜，清除表面杂物，然后清洗干净晾干。

（2）把萝卜切成长 6~8 厘米，宽 1~1.2 厘米，厚 1~1.2 厘米。剔出不合格的萝卜条，萝卜条必须保持均匀。

（3）把清水烧开 100℃，冷却凉透后倒入萝卜条缸内。水要超出萝卜条 10 厘米，浸泡 6~8 小时。使萝卜条的盐度降至冬季 9~10 度，春秋季 11 度。浸泡时，根据萝卜条的盐度适当调整浸泡时间。

（4）上榨前，要把缸内的萝卜条撬松动，使萝卜条的盐度保持一致。上榨的萝卜条要固定榨的压力程度，上榨的萝卜条 5 小时要翻榨。把上面的萝卜条翻到下面，下面的萝卜条翻到上面继续压榨。要使萝卜条上下压榨均匀，防止萝卜条出品率不一样。每 50 千克咸萝卜坯榨成 17.5 千克萝卜条为合格标准。

（5）压榨好的萝卜条必须过磅。以 50 千克为标准进行腌制调配。把味精、糖精、苯甲酸钠 45 克放入酱油中调匀，倒入萝卜条缸内，和萝卜条翻拌均匀。腌制 5 小时后翻缸 1 次，把缸底的酱液倒出淋浇在萝卜条上面。每天翻缸两次，连续翻缸 3 天。

（6）把萝卜条缸内的酱液倒出，加入白糖、白酒、苯甲酸钠 5 克拌匀后倒入萝卜条缸内拌匀。次日，再翻缸 1 次。盖好缸，存放在阴凉处，防尘，防雨，防晒，防蝇。腌制 3 天后即成成品。

4. 质量标准

色泽淡黄美观，清脆香甜爽口，有酱香味。出品率：35% 左右。

5. 包装要求

（1）要求箱内的塑料袋必须无毒，干净，不漏气，不破损。袋内萝卜条的重量要一样，必须准确。袋要密封扎紧，保持清洁卫生。

（2）每箱定额装袋，摆放整齐，所有贴商标的袋要方向一致。加封批号，储藏在干燥通风，清洁卫生的仓库里。

（3）操作人员要严格管理，注意卫生。进入包装车间前，先洗手，换工作衣帽，胶鞋，戴口罩。头发要塞入帽子，不准露在外面，严禁掉落在菜里。经过严格消毒后才能进入车间。车间门窗要装有防尘，防蚊蝇设备，严防污染产品。

（十四）风干萝卜丝

1. 原料选择

选春冬季的萝卜最适宜。要求：个重 0.5 千克以上，齐顶去根，不烂不糠，无虫眼，无黑心，无斑点，不裂，不开叉的鲜白萝卜。

2. 工艺流程

萝卜—清洗—刨丝—风干晾晒—装缸—二次晾晒—成品。

3. 制作规程

（1）把萝卜洗净晾干后刨丝。萝卜丝要求直径 0.3 厘米，长 3.5～4.5 厘米。

（2）第一次晾晒。主要靠风力吹干。晾晒时，要将萝卜丝均匀的铺在蓆上迎风晾晒。厚度 1～2 厘米，容易吹干。夜里无雨，可以不收。萝卜晾晒至七成干时，萝卜丝由白色变成淡黄色，表皮没有水分，柔软略带苦味时收起装缸。

（3）把晾干的萝卜丝逐层装入缸内。装缸时要塞紧压实装满。然后密封缸口 2～3 天。萝卜丝变成金黄色，散发出甜香气味，表皮出现一层带糖性的黏液。这时，出缸进行第二次晾晒。

（4）第二次晾晒。把蓆要支架起来，上下通风。萝卜丝要铺 1 厘米厚，把萝卜丝表面的糖液晒干即成成品。

4. 质量标准

萝卜丝要均匀，条长 3 厘米以上。干燥柔软有弹性，捏成一团伸开手约 30 秒，萝卜丝能自动散开。出品率：春季 8%～9%，冬季 6%～7%。

5. 储存方法

萝卜丝用箱或坛装均可。要储存在干燥、通风的仓库。

（十五）五香萝卜叶

1. 配料比例

鲜萝卜叶 50 千克，盐 6.5 千克，五香粉 100 克，味精 25 克。

2. 工艺流程

萝卜叶—加工—清洗—晾晒—揉盐—二次晾晒—装缸—成品。

3. 制作规程

（1）把萝卜叶连萝卜顶皮一起切掉，除去枯黄老叶，病虫叶。然后，用清水洗净，控干水分。

（2）一次晾晒。把萝卜叶分成两杈挂在晒架上，晒到叶梗萎缩，水分减少 50%～60% 时即可下架。晾晒时，只要不下雨昼夜可以不收，下霜可以使萝卜叶味道更好。但是，严禁淋雨。萝卜叶淋雨会发黑，腐烂变质。

（3）把晾晒的萝卜叶平放在案板上，按50千克萝卜叶用盐1.5千克的比例进行加工。把盐均匀的撒在萝卜叶上，双手用力反复揉搓。一直搓到萝卜叶全部柔软，盐全部溶化，萝卜叶的颜色由微黄变成深绿即可。

（4）二次晾晒。把加工好的萝卜叶一束一束挂在晒架上。晾晒2~3天，使萝卜叶由深绿色变成黄绿色。晒至12.5~15千克即可。晾晒期间，不下雨可以不收。如果下雨要收回屋内，但要一束一束挂在竹杆架上。开窗通风晾干，防止腐烂变质。

（5）装缸。把晒好的萝卜叶收回屋里存放，让萝卜叶回潮发软。再把盐和五香粉拌匀，把味精化成水。然后，把萝卜叶扭成一把一把的圆团，再用一根萝卜叶把圆团捆起来装入缸内。放一层萝卜叶，撒一层拌好的盐、五香粉和味精水，按此方法把缸装满塞紧。

（6）把缸密封，使缸内的萝卜叶与空气完全隔绝。盖好缸，存放在干燥通风处，防晒，防雨，防尘，防蝇。腌制60天即成成品。

4. 质量标准

色泽深绿，口味清香，菜叶柔软。出品率：25%左右。

5. 储存方法

萝卜叶用坛或缸储存均可。每3~5天要检查1次。如果15天没有香气，萝卜叶已经开始发热，要立即取出加盐揉搓后，再晒1~2天重新装坛或缸，防止萝卜叶腐烂。

（十六）油辣萝卜块

1. 配料比例

咸萝卜50千克，咸辣椒坯6千克，香油2千克，味精25克，一级酱油25千克，苯甲酸钠50克。

2. 工艺流程

萝卜—清洗—加工—脱盐—上榨—酱油渍—拌料—腌制—成品。

3. 制作规程

（1）把咸萝卜清洗干净晾干。加工成2~2.5厘米的菱形块，挑出不合格的萝卜块。

（2）把加工好的萝卜块放入清水缸内浸泡8~10小时，水要超出萝卜块10厘米。天热要勤换水，使萝卜块的盐度降至8~10度时捞出控净水分。把萝卜块上榨，压榨出40%的水分。

（3）把萝卜块放入酱油缸内浸泡，每天翻缸1次，3天后捞出沥干酱液备用。

（4）把辣椒坯切碎加入味精、苯甲酸钠，再加入香油与萝卜块一起拌匀灌入辣椒坯水按实。然后密封缸口盖好缸，存放在阴凉通风处，防尘，防雨，防晒，防蝇。3 天后即成成品。

4. 质量标准

色泽鲜亮，香辣可口。出品率：60%左右。

（十七）五香萝卜片

1. 配料比例

咸萝卜 50 千克，精制五香粉 250 克，一级酱油 500 克，苯甲酸钠 50 克。

2. 工艺流程

萝卜—清洗—加工—脱盐—上榨—拌料—腌渍—晾晒—装缸—成品。

3. 制作规程

（1）把萝卜洗净切成桔瓣形的片，放入清水缸内浸泡 6~8 小时，使盐度降至 8~10 时捞出控净水分。

（2）把萝卜片上榨，压榨出 70%的水分后晾干。然后，把五香粉、苯甲酸钠加入酱油中混合均匀，倒入榨好的萝卜片缸内拌匀。腌制 1 天后捞出晾晒，晒至五成干装缸压实。密封缸口，盖好缸，3 天后即成成品。

4. 质量标准

色泽鲜亮，质脆咸香。出品率：30%左右。

（十八）蓑衣萝卜

1. 配料比例

咸萝卜 50 千克，白糖 25 千克，凉开水 15 千克，苯甲酸钠 50 克。

2. 工艺流程

咸萝卜—清洗—加工—脱盐—上榨—糖渍—翻缸—成品。

3. 制作规程

（1）把萝卜洗净放入清水缸内浸泡，2 小时换水 1 次，使萝卜盐度降至 8~10 度时捞出控水晾干。

（2）把萝卜平放在案板上，在萝卜表面用梳子花刀锲一遍，然后翻过来用直刀锲一遍，刀纹与正面刀纹呈十字交叉刀纹。萝卜两边的刀线深度均为 4/5，提起来呈蓑衣状。

（3）把切好的萝卜晾干表面的水分，加入 10 千克白糖拌匀糖渍 8~10 小时。然后捞入另缸，再把 15 千克白糖用凉开水化成糖卤加入苯甲酸钠拌匀倒入萝卜缸内。按实后盖好缸，放在阴凉通风处。糖渍 3 天后翻动缸内萝卜，使萝卜上下糖渍均匀。

（4）糖渍期间密封缸口盖好缸防尘，防雨，防晒，防蝇。在连续糖渍两天后即成成品。

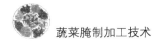

4. 质量标准

外形美观，脆甜可口。出品率：70%左右。

（十九）酸辣萝卜条

1. 配料比例

咸萝卜50千克，老抽2.5千克，生抽2.5千克，香醋2.5千克，白醋2.5千克，白糖10千克，味精500克，鸡精500克，60°白酒500克，咸尖椒10千克，苯甲酸钠50克。

2. 工艺流程

咸萝卜—清洗—加工—脱盐—上榨—浸泡—翻缸—成品。

3. 制作规程

（1）把咸萝卜洗净晾干水分。切成长6~8厘米、宽2厘米、厚1厘米的萝卜条。然后放入清水缸中浸泡8~10小时，水要超出萝卜条10厘米，使萝卜条的盐度降至8~10度时捞出控净水分。

（2）把萝卜条上榨，压榨出70%的水分后晾干。然后把老抽、生抽、香醋、白醋、白糖、味精、鸡精、白酒，混合均匀，加入用盐水化开的苯甲酸钠，再和咸尖椒一起倒入萝卜条缸内拌匀。

（3）把萝卜条缸盖好腌制3天后，倒缸1次，使萝卜条浸泡均匀，萝卜条腌制期间，要把缸放在阴凉通风处，防雨，防晒，防尘，防蝇。再浸泡3天即成成品。

4. 质量标准

色泽美观，咸鲜甜辣。出品率：35%左右。

（二十）酱萝卜条

1. 配料比例

咸萝卜50千克，一级酱油10千克，甜面酱2千克，苯甲酸钠50克。

2. 工艺流程

咸萝卜—洗净—加工—脱盐—上榨—酱渍—翻缸—成品。

3. 制作规程

（1）把咸萝卜洗净晾干，从中间上下一切两半，每半再切成3~4个长条。然后，放入清水缸内浸泡8~10小时。水要超出萝卜10厘米，使萝卜盐度降至5~6度时捞出沥干水分晾干。

（2）把萝卜上榨，压榨出70%的水分，再把萝卜条放在晒台上晾晒1~2天，晒至萝卜表面有皱纹时备用。

（3）把酱油，甜面酱混合均匀后加入用温水化开的苯甲酸钠。然后倒入萝卜条缸内，放上竹片，压上石块盖好缸。存放在阴凉通风处，防尘，防雨，防晒，防蝇。酱渍 40 天即成成品。

4. 质量标准

色泽黄亮，酱香脆嫩。出品率：35%左右。

（二十一）酱萝卜块

1. 配料比例

咸萝卜 50 千克，回笼酱油 30 千克，一级酱油 30 千克，甜面酱 5 千克，苯甲酸钠 50 克。

2. 工艺流程

咸萝卜—清洗—加工—脱盐—上榨——次酱渍—晾晒—二次酱渍—成品。

3. 制作规程

（1）把萝卜洗净晾干，加工成 1 厘米见方的萝卜块。然后放入清水缸内浸泡 8~10 小时，水要超出萝卜块 10 厘米，使萝卜块的盐度降至 8~10 度时捞出晾干。

（2）把萝卜块上榨，压榨出 70% 的水分后晾干。再把回笼酱油加热烧开，冷却至 20℃时加入苯甲酸钠拌匀。倒入萝卜块缸内浸泡 1~2 天后捞出沥干酱液。然后，把萝卜块放在晒台上晾晒 1~2 天，晒至萝卜块有皱纹时收起备用。

（3）把酱油，甜面酱混合均匀后倒入萝卜块缸内，继续酱渍 5~7 天即成成品。

4. 质量标准

色泽鲜亮，酱香浓郁。出品率：35%左右。

（二十二）酱咖喱萝卜块

1. 配料比例

咸萝卜 50 千克，一级酱油 10 千克，甜面酱 2 千克，白糖 1 千克，咖喱粉 100 克，苯甲酸钠 50 克。

2. 工艺流程

咸萝卜—清洗—加工—脱盐—上榨—拌料—倒缸—成品。

3. 制作规程

（1）把萝卜洗净晾干，切成橘瓣形萝卜块。放入清水缸中浸泡 8~10 小时，水要超出萝卜块 10 厘米，使萝卜块的盐度降至 8~10 度时捞出沥干水分晾干。

（2）把萝卜块上榨，压榨出 50% 的水分后晾干。把酱油，甜面酱，白糖和用温水化开的苯甲酸钠一起混合均匀。倒入萝卜块缸内拌匀，次日，翻缸 1 次。使酱液超出萝卜块 5 厘米，放上竹片，压上石块，盖好缸。酱渍 7 天后捞出，沥干酱液后晾干。

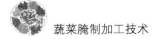

（3）把晾干的萝卜块拌入咖喱粉，装缸按实，密封缸口。存放在阴凉通风处。盖好缸，要防尘，防雨，防晒，防蝇。腌制 3 天后即成成品。

4. 质量标准

色泽鲜美，质脆甜香。出品率：50%左右。

（二十三）香辣萝卜条

1. 配料比例

咸萝卜 50 千克，酱油 30 千克，甜面酱 5 千克，白糖 200 克，辣椒粉 500 克，十三香 50 克，苯甲酸钠 50 克。

2. 工艺流程

咸萝卜—清洗—加工—上榨—酱渍—晾晒—拌料—腌制—翻缸—成品。

3. 制作规程

（1）把咸萝卜洗净晾干，加工成长 5~6 厘米、宽 2 厘米、厚 1 厘米的萝卜条。

（2）把萝卜条放入清水缸中浸泡 8~10 小时，水要超出萝卜 10 厘米。使萝卜盐度降至 8~10 度后捞出，控净水分上榨，榨出 60%的水分后晾干。

（3）把酱油，甜面酱混合后，加入用温水化开的苯甲酸钠拌匀。然后倒入萝卜条缸内，酱液要超出萝卜条 5 厘米。放上竹片，压上石块，盖好缸。腌制 7 天捞出沥干酱液。

（4）把萝卜条放到晒台上晾晒 1~2 天。晒至萝卜条有皱纹时收起备用。

（5）把白糖、辣椒粉、十三香、味精拌匀，按一层萝卜条一层调料腌至离缸口 10 厘米。用手按实，盖好缸。腌制 24 小时开始翻缸，使萝卜条腌制均匀。然后，把萝卜条按实，密封缸口。存放在阴凉通风处，盖好缸，防尘，防雨，防晒，防蝇。腌制 7 天即成成品。

4. 质量标准

质韧微脆，咸香辣甜。出品率：45%左右。

（二十四）酱辣香萝卜丝

1. 配料比例

咸白萝卜 50 千克，一级酱油 15 千克，姜丝 300 克，辣椒粉 500 克，十三香 50 克，味精 100 克，炒熟的芝麻 200 克，苯甲酸钠 50 克。

2. 工艺流程

咸萝卜—清洗—加工—脱盐—上榨—晾晒—酱渍—晾晒—翻缸—成品。

3. 制作规程

（1）把咸萝卜洗净晾干，加工成 0.3 厘米的细丝。放入清水缸中浸泡 3~5 小时，水要超出萝卜丝 5 厘米。使萝卜丝的盐度降至 8~10 度时捞出，控净水分。

（2）把萝卜丝上榨，榨出 60% 的水分。放在席上晾晒 1 天，晾干萝卜丝表面的水分。再把苯甲酸钠用温水化开，加入酱油中拌匀。然后，倒入萝卜丝缸内按实后盖好缸。两天后捞出晾晒，晒至六成干备用。

（3）把姜丝、辣椒粉、十三香、味精、芝麻拌匀。按一层萝卜丝一层调料，腌至离缸口 10 厘米。在萝卜丝上面撒一层调料封口，把萝卜丝按实。盖好缸。24 小时后，开始翻缸把萝卜丝和调料拌匀，盖好缸，存放在阴凉通风处，防尘、防雨、防晒、防蝇。7 天后即成成品。

4. 出品率

色泽褐红，香辣爽口。出品率：40% 左右。

二、胡萝卜

原料选择：胡萝卜分红胡萝卜、黄胡萝卜、杞县胡萝卜三种。要求：100 克以上，齐顶去根，不烂，不糠，不裂，不开叉，无虫眼，无斑疤，无黑心，表面光滑的胡萝卜。

（一）咸胡萝卜

1. 配料比例

胡萝卜 50 千克，食盐 10 千克。

2. 工艺流程

胡萝卜—洗净—盐渍—翻缸—成品。

3. 制作规程

（1）把萝卜洗净放入干净缸内。萝卜放到离缸口 10 厘米。放上竹片，压上石块。

（2）把盐化成 20 度清盐水，倒入萝卜缸内。盐水要超出萝卜 10 厘米。进行盐渍 24 小时后翻缸。把萝卜翻入另缸，散发热量，降低萝卜温度。连续 3 天，每天翻缸 1 次。以后 5 天翻缸 1 次，30 天即成成品。

4. 质量标准

色泽鲜红，质脆爽口。出品率：70% 左右。

5. 储存方法

把萝卜捞入另缸。把盐水进行沉淀 24 小时再把清盐水加入萝卜缸内。盐水要超出萝卜 10 厘米，使萝卜与空气完全隔绝，防止变质。要盖好缸，存放在阴凉通风处防尘，防雨，防晒，防蝇。这样，可以长期保存。

（二）蜜汁胡萝卜

1. 配料比例

鲜胡萝卜 50 千克，一级酱油 15 千克，香醋 1 千克，蜂蜜 8 千克，红糖 3

千克。

2. 工艺流程

胡萝卜—洗净—加工—酱渍—晾晒—蜜糖渍—翻缸—成品。

3. 制作规程

（1）把胡萝卜洗净切成 1 厘米见方的萝卜块。再把酱油，醋混合加热烧开。然后，放入萝卜块煮三成熟捞出。控净水分，晾凉后备用。

（2）把红糖和蜂蜜拌匀后再加入萝卜块中拌匀。然后放入缸内压实，盖好缸。次日，翻缸 1 次，使萝卜块糖渍均匀。然后，把萝卜块压实，密封缸口，存放在阴凉通风处。要盖好缸，防尘，防雨，防晒，防蝇。30 天即成成品。

4. 质量标准

色泽鲜红，脆甜爽口。出品率：70%左右。

（三）酱胡萝卜

1. 配料比例

鲜胡萝卜 50 千克，食盐 5 千克，甜面酱 10 千克，一级酱油 10 千克。

2. 工艺流程

胡萝卜—清洗—盐渍—翻缸—咸萝卜坯—清洗—晾晒—酱渍—翻缸—成品。

3. 制作规程

（1）把萝卜洗净，下缸腌渍。按一层萝卜一层盐进行腌制。下盐要下少上多，腌至缸满后，撒一层封口盐。次日开始翻缸，每天 1 次，腌渍 5 天后捞出沥干盐水。

（2）用麻线把萝卜从头部串起来，挂在晒架上晾晒晾晒至四成干（50 千克萝卜晒成 12.5 千克）收起备用。

（3）把甜面酱，酱油混合均匀倒入胡萝卜缸内。酱汁要超出萝卜 5 厘米。使萝卜与空气隔绝。次日，翻缸 1 次。盖好缸，存放在阴凉通风处。防雨，防晒，防尘，防蝇。30 天即成成品。

4. 质量标准

色泽褐红，酱香浓郁。出品率：30%左右。

（四）什锦胡萝卜

1. 配料比例

咸胡萝卜 50 千克，花生米 10 千克，杏仁 2 千克，咸苤蓝 5 千克，生姜 300 克，味精 40 克，白糖 10 千克，甜面酱 10 千克，一级酱油 20 千克，苯甲酸钠 50 克。

2．工艺流程

咸胡萝卜—清洗—加工—脱盐—上榨—晾晒—酱渍—拌料—翻缸—成品。

3．制作规程

（1）把咸胡萝卜洗净晾干。然后用刀切成 0.3～0.4 厘米的粗丝，放入清水缸内浸泡 4～6 小时。水要超出萝卜丝 5 厘米，使萝卜丝盐度降至 8～10 度时捞出沥干盐水。

（2）把萝卜丝放在席上晾晒至表皮没水时收起，放入干净缸内备用。

（3）把苯甲酸钠用温水化开，倒入甜面酱和酱油的混合液中拌匀。然后，倒入萝卜丝缸内，酱液要超出萝卜丝 5 厘米。酱渍 7 天后捞出沥干酱液，晾干备用。

（4）把花生米、杏仁分别放入清水中浸泡 3～4 小时。使杏仁没有苦味，花生米能去掉红皮。然后，用沸水煮至八成熟捞入冷水中浸泡。把咸苤蓝加工成细丝，用清水浸泡脱盐。使盐度降至 8～10 度沥干盐水。把生姜洗净去皮切成细丝。把味精、苯甲酸钠分别用温水化开备用。

（5）把花生米、杏仁、苤蓝、生姜加入化开的味精和苯甲酸钠。然后，倒入萝卜丝缸内拌匀。用手按实，盖好缸。次日开始翻缸，使各种配料和萝卜丝充分溶合。5 天后，再翻缸 1 次，把缸内的菜按实。密封缸口，盖好缸。存放在阴凉通风处。防雨，防晒，防尘，防蝇。3 天后即成成品。

4．质量标准

色泽美观。味鲜爽口。出品率：45%左右。

（五）酱甜胡萝卜

1．配料比例

咸胡萝卜 50 千克，白糖 500 克，甜面酱 5 千克，一级酱油 20 千克，味精 40 克，糖精 10 克，苯甲酸钠 50 克。

2．工艺流程

咸胡萝卜—清洗—加工—脱盐—上榨—酱渍—晾晒—酱渍—翻缸—成品。

3．制作规程

（1）把咸胡萝卜洗净晾干，上下切成两半，每半再切成 2～3 条。然后，放入清水缸内浸泡 6～8 小时，水要超出萝卜 10 厘米。使萝卜盐度降至 8～10 度时捞出上榨。榨出 30%的水分后晾干。

（2）把苯甲酸钠用温水化开，倒入甜面酱和酱油的混合液中拌匀。然后，倒入萝卜条缸内酱渍。酱液要超出萝卜条 5 厘米，次日翻缸 1 次。酱渍 7 天后捞出，沥干酱液。再放到晒台上，晾晒 2～3 天收起备用。

（3）把味精和糖精分别用温水化开。然后和白糖同时加入酱液中拌匀，再倒入萝卜条缸内进行酱渍。次日翻缸 1 次。3 天后，再翻缸 1 次，盖好缸。存放在阴凉通风处防尘，防雨，防晒，防蝇。10 天后即成成品。

4. 质量标准

色泽褐红，酱香浓郁。出品率：70%左右。

（六）酱杞县萝卜

1. 配料比例

杞县萝卜 50 千克，食盐 5 千克，甜面酱 30 千克，回笼酱 30 千克，三遍酱 30 千克。

2. 工艺流程

杞县萝卜—清洗—刮皮—腌渍—3 遍酱渍—回笼酱渍—甜面酱酱渍—成品。

3. 制作规程

（1）选大小粗细均匀的穿心红萝卜。洗净后刮皮，再洗净晾干备用。

（2）把盐放在锅内用大火炒 20 分钟。取出粉碎后和萝卜一起入缸腌渍。先在缸底撒一层盐，按一层萝卜一层盐进行腌制。腌至缸满后，在萝卜上面撒一层封口盐。次日开始翻缸 1 次，连翻 3 天。散发热量，降低缸内温度，促使萝卜腌渍均匀。10 天后捞出沥干盐水晾干。腌制期间要盖缸，防雨防晒。

（3）把萝卜放入 3 遍酱缸内酱渍。每天要翻缸 1 次，要日晒夜露。刮风下雨要盖缸防尘，防雨。7 天后捞出，沥干酱液。

（4）把沥干酱液的萝卜放入回笼酱缸内酱渍。每天翻缸 1 次，使萝卜酱渍均匀。要日晒夜露，刮风下雨要盖缸防尘，防雨。经过酱渍挤压出萝卜内的盐分。7 天后，捞出沥干酱液，放入甜面酱缸内继续酱渍。

（5）萝卜在甜面酱缸内酱渍，每天翻缸 1 次。要日晒夜露，刮风下雨要盖缸防尘，防雨。连续酱渍 10 天后即成成品。

4. 质量标准

色泽紫红，里外透亮，酱香浓郁，脆甜爽口。出品率：70%左右。

5. 储存方法

要存放在通风干燥的室内，萝卜不要脱酱，随用随取。用后及时盖缸，防尘，防蝇。

三、风干萝卜

原料选择：青萝卜、白萝卜、红萝卜、黄萝卜、胡萝卜均可制作风干萝卜。要求：鲜萝卜，成熟适度，含水量低，含糖量高，大小均匀，表面光滑，不抽薹，不烂，不裂，不糠，不开叉，无虫眼，无黑心，无空心。

风干萝卜制作方法分为三种，介绍如下。

（一）生晒脱水萝卜干（条、块）

1. 配料比例

鲜萝卜 50 千克，食盐 1.5 千克，白酒 100 克，五香粉 100 克，苯甲酸钠 15 克。

2. 工艺流程

鲜萝卜—清洗—加工—晾晒—拌料—翻缸—成品。

3. 制作规程

（1）把萝卜洗净晾干，加工成橘子瓣形萝卜干。要求每块大小均匀都带皮。

（2）把萝卜块放在席上晾晒。两天翻 1 次，50 千克萝卜块晒成 15 千克（三成干）。

（3）把晒好的萝卜干加入食盐 1.5 千克、白酒 100 克、五香粉 100 克、苯甲酸钠 15 克。拌匀后装缸按实。两天翻缸 1 次，10 天即成成品。喜爱吃辣椒的，拌料时，可根据口味加入适量辣椒粉。

4. 质量标准

色泽淡黄，咸香可口，有韧性。出品率：30%左右。

5. 储存方法

把成品萝卜干装缸，用木棒捣实。萝卜干要离缸口 5 厘米，撒一层封口盐。用咸干菜叶把缸口塞紧。再用熟石膏密封缸口，可以长期保存不变质。

（二）压榨脱水萝卜干

1. 配料比例

鲜萝卜 50 千克，食盐 4~12.5 千克，白酒 100 克，五香粉 100 克，苯甲酸钠 15 克。

2. 工艺流程

鲜萝卜—清洗—加工—腌制—压榨—拌料—成品。

3. 压榨脱水萝卜干的种类

（1）先腌后切压榨萝卜干。

（2）先腌后切围压萝卜干。

（3）先切后盐围压萝卜干。

4. 先腌后切压榨萝卜干制作规程

萝卜腌制大致分为两种，缸腌或池腌。腌制方法相同。现以池腌为例介绍。

（1）先把池子清洗干净，再把荆条编的长筒立在外池底角的圆坑内。然后开始腌制，萝卜要过磅。按 50 千克萝卜加盐 12.5 千克的标准进行腌制。先在池底撒一层盐，再按一层萝卜一层盐进行腌制。用盐下少上多。下部 1/3 用盐 20%，中部 1/3 用盐 30%，上部 1/3 用盐 40%，把池腌满，加封口盐 10% 封顶。

（2）萝卜腌制 3 天后，用水泵抽池底的盐水回浇在萝卜上面使萝卜腌制上下均匀。每次回浇不少于 4 小时。每 3 天回浇 1 次。盐水要超出萝卜 5~10 厘米。如果盐水少，要立即补充 20 度盐水。60 天即成咸萝卜。

（3）用原池盐水把萝卜洗净，切成长 3~5 厘米、宽 1 厘米、厚 1 厘米的萝卜条。然后放入清水缸内浸泡 6~8 小时，水要超出萝卜条 5 厘米，使萝卜条的盐度降至 8~10 度时捞出晾干

（4）把晾干的萝卜干上榨，榨出 65%~70% 的水分后晾干。然后，按 50 千克萝卜干加入辣椒粉 500 克、白酒 100 克、五香粉 100 克、苯甲酸钠 50 克拌匀。入缸按实，密封缸口，放入室内。5 天后即成成品。

5. 先腌后切围压脱水萝卜干制作规程

（1）把萝卜洗净晾干。

（2）用竹摺围囤，把萝卜放入围囤中，每层 30 厘米。按 50 千克萝卜加 3 千克盐进行腌制，中间少加盐，围边多加盐。然后，人穿胶鞋把每层萝卜踩 3~5 遍，把萝卜踩实。按此方法把囤腌满。3 天转囤 1 次，共转囤两次。每次都要把萝卜踩实。10~15 天使萝卜条脱水 65%~70%。每 50 千克萝卜脱水后为 15~17.5 千克为宜。

（3）把萝卜切成长 5~6 厘米、宽 1 厘米、厚 1 厘米的萝卜条按 50 千克加入辣椒粉 500 克、白酒 100 克、五香粉 100 克、苯甲酸钠 50 克。白糖根据个人需求添加。拌料后，放入缸内压实，密封缸口，放入室内。5 天后即成成品。

6. 先切后腌围压脱水萝卜干制作规程

（1）把萝卜洗净晾干切成长 5~6 厘米、宽 1 厘米、厚 1 厘米的萝卜条。

（2）按 50 千克萝卜条加盐 2 千克的标准用缸腌制。次日翻缸 1 次，连翻 3 天。7 天后捞出控水晾干。

（3）把晾干的萝卜条放入围囤中，按 50 千克萝卜条加 2 千克盐的标准进行腌制。腌制方法与囤腌萝卜相同。围压 10~15 天，每 50 千克脱水后的萝卜条，以 15~17.5 千克萝卜条为宜。

（4）把白酒 100 克、五香粉 100 克、苯甲酸钠 50 克、辣椒粉、白糖根据需要添加。加入萝卜条中拌匀后装缸按实。然后，密封缸口存放在室内。7 天后即成成品。

7. 质量标准

三种压榨脱水萝卜干均是色泽鲜亮，质地柔韧，风味适口。出品率：35%左右。

（三）热风脱水萝卜干

1. 配料比例

鲜萝卜数量根据生产需要。

2. 工艺流程

鲜萝卜—洗净—加工—烘干—成品。

3. 制作规程

（1）把萝卜洗净，根据需要加工成条、片、丝、块均可。

（2）脱水方式。选用热风蒸发脱水工艺。使用逆流式隧道风干机进行脱水。隧道长约12米，分上下两层。上层设置散热片，用鼓风机送热风进入下层蒸发水分。下层铺设轨道，烘车在轨道上行驶。烘车左右两档，每档15层。每层放有网眼筛盘，把鲜萝卜加工好放在筛盘上。烘车逆热风前进，风温在60~70℃。每次烘烤时间为30分钟，每50千克萝卜干脱水后以15~17.5千克为宜。

（3）萝卜干的用途。主要用于方便面及其他食品的料包。

（4）好处和缺点。时间短，干净，卫生。需要大量蒸气，耗电量大，成本高。

4. 质量标准

色泽不变，干净卫生。出品率：30%左右。

四、芥菜头

芥菜头分青芥菜头和白芥菜头。青芥菜头适合加工半干菜。白芥菜头适合加工一般腌菜。

原料选择：青芥菜头200克以上。白芥菜头500克以上。齐顶，去根，不烂，不裂，不糠，无黑心，无空心。表面光滑的鲜芥菜头。

（一）咸芥菜头

1. 配料比例

鲜芥菜头50千克，食盐12.5千克。

2. 工艺流程

芥菜头—洗净—腌渍—翻缸—成品。

3. 制作规程

大池腌制技术如下。

（1）初腌。把菜洗净。按50千克菜、12.5千克食盐的比例进行腌制。先在池底撒一层盐，然后，按一层菜一层盐进行腌制。每层菜不要超过30厘米，把菜推平后再撒盐。用盐要下少上多。下面1/3用盐20%，中间1/3用盐30%，上面1/3用盐40%，大池腌满后，菜上面用10%的盐封顶。菜入池3天后，开始翻池。先把上半池菜翻入另池推平，再把下半池菜翻到上面推平。然后，把池内的盐水均匀的撒在菜上面。5天后，再翻1次。方法同上。最后，在菜上面放上竹笆，压上50千克左右的大石块，加入20度的清盐水，使盐水超出菜面10厘米。

（2）复腌。初腌10天后，在另池外底角放入荆条编的长笼。笼要高于池面20厘米。把菜翻入另池。再把池内盐水澄清，调配成20度清盐水。加入菜池内，盐水要超出菜面10厘米，使菜与空气隔绝。放上竹笆，压上石块。每7天用水泵抽池底盐水回浇菜4小时，防止菜变质。腌制90天即成成品。

（3）储存方法。芥菜头每年收购1次，需要使用1年，必须妥善储存。池面要用麻袋铺严，放上竹笆，压上石块。池四边加盖防雨布用土压实，使菜与空气完全隔绝。通过荆笼定期检查池内盐水，发现盐水减少，要及时添加盐水。大池四周要干净卫生，防止杂菌感染和雨水进入。确保菜不变质。菜要用一池开一池。取菜后，立即盖好。

大缸腌制技术如下。

（1）把菜洗净晾干，削去外皮。根据菜的需求切成2~8瓣。放在晒台上晾晒，晒至外皮起皱纹五成干入缸腌制。也可以削皮后腌制。

（2）腌制方法有两种。一是按50千克菜加入10千克盐进行腌制。先在缸底撒一层盐，然后放一层菜按一层盐一层菜腌至缸满，再加一层封顶盐进行腌制。二是把盐化成20度盐水进行腌制。菜要每天翻缸1次，连翻3天。使缸内盐水完全溶化，散发缸内菜的热量，降低菜的温度。90天后即成成品。

（3）质量标准。色泽米黄色，有清香味。出品率80%左右。

（4）储存方法。把缸内的菜捞入另缸，再把盐水澄清后加入菜缸内。菜离缸口10厘米，盐水要超出菜面5厘米，使菜与空气隔绝。盖好缸，存放在室内。防尘。防蝇。防进生水。要定期检查盐水，发现盐水减少要立即添加。

4. 质量标准

色泽米黄色，有清香味，菜的盐度保持16~18度。出品率：80%左右。

（二）龙须菜

1. 配料比例

咸芥菜头50千克，一级酱油25千克，糖精10克，辣椒坯2.5千克，芝麻200克，白糖1.5千克，白酒400克，橘子精10克，苯甲酸钠50克。

2. 工艺流程

咸芥菜头—洗净—加工—脱盐—上榨—拌料—酱油浸泡—成品。

3. 制作规程

（1）把咸芥菜头洗净晾干，加工成细丝。放入清水中浸泡 3~4 小时，水要超出菜丝 10 厘米。使菜丝盐度降至 8~10 度时捞出，控净水分上榨。榨出 30% 的水分后晾干。

（2）把糖精、辣椒坯、白糖、白酒、橘子精、苯甲酸钠加入酱油中拌匀。加热烧开后冷却凉透。然后，倒入菜丝缸内浸泡菜丝 3~5 天。把菜丝浸泡的微红透亮时捞出，拌入炒熟的芝麻即成成品。

4. 质量标准

色泽金黄，脆甜爽口。出品率：70% 左右。

（三）紫香大头菜

1. 配料比例

咸芥菜头 50 千克，二级酱油 30 千克，花椒 50 克，八角 50 克，茴香 50 克，桂皮 50 克，良姜 50 克。

2. 工艺流程

咸芥菜头—洗净—加工—脱盐—酱油浸泡—成品。

3. 制作规程

（1）把咸芥菜头洗净，切成 200~300 克重橘瓣状的块。放入清水中浸泡 10~12 小时。水要超出菜面 10 厘米，使菜坯盐度降至 8~10 度时捞出晾干。

（2）把花椒、八角、茴香、桂皮、良姜装入小布袋内。扎紧口，放入酱油中熬开 3~5 分钟。然后，冷却凉透倒入菜缸内进行浸泡。

（3）把菜缸放在室内，盖好缸，防尘，防蝇。不能进入生水。20 天后，菜坯完全腌透即成成品。

4. 质量标准

色泽红褐色，脆香可口。出品率：95% 左右。

（四）辣菜丝

1. 配料比例

咸芥菜头 50 千克，糖精 8 克，味精 80 克，辣椒粉 100 克，苯甲酸钠 50 克。

2. 工艺流程

咸芥菜头—清洗—加工—脱盐—上榨—拌料—腌制—成品。

3. 制作规程

（1）把咸芥菜头洗净晾干，加工成细丝。

（2）放入清水缸中浸泡 4~6 小时，水要超出菜丝 5 厘米。使菜丝盐度降至 8~10 度时捞出控干水分。

（3）把菜丝上榨，压榨出 30% 的水分。如果没有榨床，可以把 3 个筐装菜上下压在一起。两个小时调换一次筐的上下位置。24 小时即可停止压水。然后，晾干表皮水分。放入干净缸内。

（4）把糖精，味精，苯甲酸钠用温水化开和辣椒粉拌匀。然后，拌入菜丝内搅拌均匀，放入缸内压实。每天翻缸 1 次。连翻 3 天。要把菜缸放在室内，每次翻缸后都要盖好缸。防尘，防蝇，防止进生水。3~5 天即成成品。

4. 质量标准

色泽金黄，脆辣可口。出品率：80% 左右。

（五）五香大头菜

1. 配料比例

鲜青芥菜头 50 千克，黄酱 4 千克，甜面酱汁 1 千克，回笼酱 15 千克，甜面酱 15 千克，回笼糖浆 7.5 千克。二级酱油 7 千克，16 度盐水 40 千克，白糖 1.5 千克，红糖 200 克，糖精 5 克，甘草粉 150 克，五香粉 50 克，茴香 25 克，花椒 3 克，沙姜 5 克，三奈 5 克（炒干），苯甲酸钠 50 克。

2. 工艺流程

鲜青芥菜头—洗净—加工——晒—初腌—二晒—初酱—三晒—复酱—四晒—初酱浸泡—五晒—复酱浸泡—六晒—拌料—七晒—焖缸—成品。

3. 制作规程

（1）把鲜芥菜头洗净晾干。削去外皮，每个芥菜头切成 4~8 瓣。放在晒台上晾晒 2~3 天，晒至菜发软，变轻八成干。

（2）把晒好的菜以 50 千克为标准，定量下缸，分批操作。以便更准确的掌握配料。可以把 250 克一块菜坯做上标记，以便在每道工序中计算产品的折扣率。

（3）初腌。把 16 度盐水倒入晒好的菜坯缸内。然后，在菜上面撒菜的 2% 的封口盐。盐水要超出菜面 5 厘米，2 小时翻动 1 次。24 小时后，盐水的盐度下降到 10~12 度时，用缸内的盐水把菜洗净放入另缸。再把 16 度盐水倒入菜缸内继续浸泡 24 小时，每 2 小时翻动 1 次，使缸内盐水的盐度降至 13 度，菜坯的盐度达到 8 度时捞出进行晾晒。

（4）二次晾晒菜坯。菜坯晾晒时要每小时翻动 1 次，晒 3~4 天。晒出 30% 的水分七成干收入缸内。

（5）初酱三晒菜坯。把用过一次的甜面酱，糖浆做回笼酱使用。按一层酱一层菜入缸初酱。如果没有回笼酱，则用同等数量的成品酱进行初酱。酱要和菜拌匀，缸口用酱封严，不能漏菜。要日晒夜露，下雨要盖缸防雨。酱渍25~28 天后捞出，用回笼酱油洗净菜坯进行三晒。下雨要把菜坯放入回笼酱缸内保养，天晴后继续晾晒。晾晒 3~5 天，菜坯折扣率为 55%时收入缸内，准备复酱。

（6）复酱四晒菜坯。用甜面酱 8 千克、黄酱 4 千克、甘草粉 150 克、二级酱油 5 千克、甘草水 3 千克（甘草熬的水），混合成 24 度的稀甜酱，倒入菜坯缸内，甜酱要超出菜 5 厘米。要日晒夜露，2 小时翻动 1 次。下雨要盖缸防雨，晒 60~80 天捞出沥干酱液。再把菜坯进行晾晒 3~5 天，使菜坯的折扣率达到 50%时收入缸内，准备初浸糖浆。

（7）初浸糖浆五晒菜坯。用回笼糖浆加入二级酱油 2.5 千克、苯甲酸钠15 克、甘草水适量，配制成 22 度糖浆加热烧开，冷却透以后加入菜坯缸内，浸泡 7~10 天捞出沥干糖液。再把菜坯晾晒 3~5 天，晒至菜坯折扣率 45%时收入缸内，准备复浸糖浆。

（8）复浸糖浆六晒菜坯。把初浸后的糖浆加入白糖 1.5 千克、糖精 5 克、苯甲酸钠 20 克，用甘草水溶化成 36 度糖浆。然后，倒入菜坯缸内，糖浆要超出菜坯 5 厘米。每天要翻动 2~3 次，日晒夜露，下雨要盖缸防雨。浸泡 7~10天捞出沥干糖浆，再把菜坯晾晒 3~5 天晒至菜坯折扣率 40%~45%时收入缸内，准备拌料。

（9）拌料七晒菜坯。把 200 克红糖加 150 克清水炒红后加入酱汁 1 千克、糖精 1 克、苯甲酸钠 3 克拌匀。然后，掺入菜坯中拌匀入缸。次日翻缸，把缸底的糖浆回浇在菜坯上，焖缸 3 天后捞出沥干糖液。再把菜坯晾晒 3~5 天，阴天下雨要把菜坯放回糖液缸内保存。菜坯折扣率为 40%~45%时收入缸内准备拌料焖缸腌制。

（10）把茴香 25 克、花椒 3 克、沙姜 5 克、三奈（炒干）5 克，一起研碎和苯甲酸钠 1 克、糖精 1 克、五香粉 50 克拌匀。然后，在缸底撒一层五香粉，按一层菜一层五香粉进行腌制，每层要压实。腌满缸后，密封缸口，存放在室内。20 天后即成成品。

4. 质量标准

色泽棕红，酱香浓郁，回味鲜甜，菜有韧性。出品率：40%左右。

（六）佛手大芥

1. 配料比例

鲜芥菜头 50 千克，食盐 10 千克，五香粉 500 克，二级酱油 25 千克，苯甲酸钠 50 克。

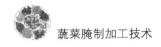

2. 工艺流程

芥菜头—清洗—加工—腌制—晒坯—酱渍—拌料—焖缸—成品。

3. 制作规程

（1）把芥菜头洗净晾干，削皮，切成 1 厘米厚的片。每片在下部切 3~4 刀，呈佛手状。

（2）按 50 千克菜、7 千克盐的标准，一层盐一层菜进行腌制，撒盐要下少上多。留出 1 千克盐封口使用。次日开始翻缸，每天 1 次。直到盐水涨出后捞出晾晒，晒至五成干收入缸内。准备酱渍。

（3）把酱油和苯甲酸钠混合均匀后，倒入菜坯缸内进行酱渍。次日翻动 1 次，连翻 3 天。浸泡 20 天捞出沥干酱液，进行晾晒 3~4 天。再放回酱缸浸泡 5~7 天，直到把菜坯里外泡透捞出。沥干酱液晾晒 2~3 天，使菜的折扣率为 40%~45%。

（4）把盐 3 千克炒熟和五香粉拌匀，搓入菜坯内。然后装缸，密封缸口，存放在室内。要防尘，防蝇，不能进生水。腌制 30 天即成成品。

4. 质量标准

色泽褐红，酱香浓郁。出品率：40% 左右。

（七）玫瑰大头菜

1. 配料比例

鲜芥菜头 50 千克，食盐 7 千克，二级酱油 5 千克，糖色 6 千克，稀糖卤汁 5 千克，味精 25 克，糖精 5 克，60°白酒 500 克，玫瑰香精 12 克，干玫瑰花 12 克，苯甲酸钠 50 克。

2. 工艺流程

芥菜头—清洗—腌渍—加工——晒—酱渍—二晒—酱渍—三晒—酱渍—成品。

3. 制作规程

（1）把芥菜头洗净，按 50 千克菜加 7 千克盐的标准，一层盐一层菜进行腌制。缸满后，在菜上面撒一次封口盐。次日翻缸 1 次，连翻 3 天。以后，7 天翻缸 1 次。60 天后捞出晾干。

（2）把腌好的菜坯去皮削成圆形。在菜的上下两面交叉切成 0.5 厘米的薄片。片要均匀，刀切深度各占菜坯的 60%。形成菜片上下交叉相连，用线绳穿起来不脱不散。

（3）一晒酱渍。把菜坯穿起来放在晒架上，晾晒 2~3 天。晒至 60% 收起放入缸内。然后，把酱油加热烧开，冷却透以后，倒入菜坯缸内酱渍。25 天后捞出沥干酱液。

（4）二晒酱渍。把菜坯进行二次晾晒，晾晒 2~3 天，晒至 50%~55% 时收起放入缸内。加入酱油继续酱渍 15 天，然后捞出沥干酱液。

（5）三晒酱渍。把菜坯进行 3 次晾晒，晾晒 2~3 天，晒至 40% 时收起放入缸内。把糖色、稀糖卤汁、味精、糖精、白酒、玫瑰香精、干玫瑰花、苯甲酸钠加入酱油内拌匀。然后，加热熬开。次日倒入菜坯缸内酱渍，每天翻动 1 次，连续酱渍 10 天即成成品。

（6）注意事项。菜坯晾晒要防雨，酱渍要在室内，盖好缸防尘，防蝇，防止进生水。

4. 质量标准

色泽黑亮，菜心棕红，甜咸适口，有玫瑰香味。出品率：40% 左右。

（八）菊花菜

1. 配料比例

咸芥菜头 50 千克，一级酱油 20 千克，酱汁 10 千克，白糖 5 千克，糖精 7.5 克，八角 50 克，花椒 50 克，桂皮 50 克，良姜 50 克，陈皮 50 克，苯甲酸钠 50 克。

2. 工艺流程

咸芥菜头—清洗—加工—脱盐—压榨—酱渍—成品。

3. 制作规程

（1）把菜坯用清水洗净晾干。把菜坯放在案板上先切出一个平面，再切成 0.5 厘米的薄片，底部留 1 厘米底座不要切透。然后，把菜坯平放横切成 0.3 厘米的细丝，底部留 1 厘米底座不要切透。菜坯切好后放平，用手捺平即成菊花形菜。

（2）把切好的菜坯放入清水缸内浸泡 8~10 小时，水要超出菜坯 10 厘米。使菜坯的盐度降至 8~10 度时捞出控水上榨，榨出 50% 的水分后晾干。

（3）把糖精、苯甲酸钠用温水化开加入酱油、酱汁中。再把八角、花椒、桂皮、良姜、陈皮装入小布袋扎紧口。放入酱液中加热烧开 3 分钟后冷却透备用。

（4）把酱液倒入菜坯缸内酱渍菜坯。次日翻缸 1 次，使菜坯和酱液充分溶合。连续酱渍 7~10 天，使菜坯变成紫红色即可捞出沥干酱液。

（5）把菜坯撒入白糖拌匀，底朝下放入缸内按实。密封缸口，存放于室内，加缸盖，防尘，防蝇，不能进生水。糖渍 24 小时即成成品。

4. 质量标准

形似菊花，色泽紫红，咸甜可口。出品率：50% 左右。

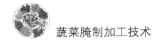

（九）五香芥菜皮

1. 配料比例

鲜芥菜皮 50 千克，食盐 6 千克，二级酱油 5 千克，五香粉 270 克。

2. 工艺流程

芥菜皮—洗净—盐渍—晾晒—酱渍—晾晒—拌料—焖缸—成品。

3. 制作规程

（1）把芥菜皮洗净晾干。按 50 千克菜、5 千克盐的标准进行腌制。腌菜要一层盐一层菜，撒盐要下少上多，缸满要撒一层封口盐。次日，把菜按实后加入 12 度盐水，盐水要超出菜面 5 厘米。5 天后，把菜皮捞入另缸。

（2）把缸内盐水澄清后调配成 15 度清盐水。然后，倒入菜缸内，盐水要超出菜面 5 厘米。连续浸泡 100 天后，捞出沥干水分晾干。

（3）把菜皮放入晒台晾晒 5~7 天，每天翻 3~5 遍，晒至菜皮 13.5~15 千克时收起，存放在干燥通风的地方。菜皮晾晒或保存都要防雨，防潮。避免菜皮发霉。

（4）5 月把菜皮放入干净缸内，加入盐度达到 12 度的二级酱油，连续浸泡 7 天后捞出沥干酱液。晾晒 1 天，收起备用。

（5）把五香粉和菜皮拌匀装缸按实，密封缸口，存放在干燥通风的室内加缸盖。防尘，防进生水。焖缸至 10 月即成成品。

4. 质量标准

色泽棕红，柔脆咸香。出品率：30%左右。

（十）刀花菜

方法一：

1. 配料比例

咸芥菜头 50 千克，二级酱油 25 千克，味精 50 克，糖精 7.5 克，白糖 1.5 千克，辣椒坯 1 千克，五香料 300 克（八角 75 克，桂皮 75 克，花椒 50 克，陈皮 50 克，茴香 50 克），苯甲酸钠 50 克。

2. 工艺流程

咸芥菜头—洗净—加工—脱盐—压榨—酱渍—拌料—焖缸—成品。

3. 制作规程

（1）把咸菜坯洗净晾干。先把菜切成 0.5 厘米的薄片，再用花刀切成刀花菜。

（2）放入清水缸内浸泡 6~8 小时，水要超出菜面 5 厘米。使菜坯盐度降至 8~10 度时捞出沥干水分上榨。榨出 40%的水分后晾干。

（3）把味精、糖精和苯甲酸钠分别用温水化开，把五香料装入小布袋扎紧口都放入酱油中。然后，加热熬开 5 分钟。冷却透以后，捞出香料袋，把酱液倒入菜坯缸内酱渍。次日翻缸 1 次，使菜和酱液完全溶合。连续酱渍 10~12 天，把菜浸泡成棕红色捞出，沥干酱液。

（4）把白糖、辣椒坯和菜坯拌匀入缸。密封缸口存放在室内，加缸盖防尘，防蝇，不能进生水。焖缸 3 天即成成品。

4. 质量标准

色泽棕红，刀花美观，咸甜微辣。出品率：60% 左右。

方法二：

1. 配料比例

咸芥菜头 50 千克，酱汁 1.5 千克，味精 50 克，姜黄 200 克，糖精 7.5 克，白糖 1.5 千克，辣椒坯 1 千克，五香料 250 克（八角 75 克，桂皮 75 克，花椒 40 克，小茴香 40 克，甘草 20 克），苯甲酸钠 50 克。

2. 工艺流程

咸芥菜头—洗净—加工—脱盐—压榨—浸泡—拌料—焖缸—成品。

3. 制作规程

（1）咸芥菜头清洗、加工、脱盐、压榨和方法一相同。

（2）把味精、糖精、苯甲酸钠分别用温水化开。把五香料装入小布袋扎紧口，再和酱汁、姜黄一起放入 25 千克 10 度的清盐水中。然后，加热熬开 5 分钟，冷却透以后，倒入菜坯缸内浸泡菜坯。12 小时后，翻缸 1 次，使菜坯和卤汁完全溶合。连续浸泡 10~15 天，把菜坯浸泡成金黄色捞出沥干卤汁。

（3）把白糖、辣椒粉和菜坯拌匀后入缸按实。密封缸口，存放在室内，盖好缸，防尘，防蝇，不能进生水。焖缸 2~3 天即成成品。

4. 质量标准

色泽金黄，菜品美观，咸甜微辣。出品率：60% 左右。

（十一）酱油大头菜

1. 配料比例

鲜芥菜头 50 千克，食盐 10 千克，一级酱油 20 千克，五香料 250 克（八角 75 克，花椒 40 克，桂皮 75 克，小茴香 40 克，良姜 20 克）。

2. 工艺流程

鲜芥菜头—洗净—加工—盐渍—咸坯—酱渍—成品。

3. 制作规程

（1）把鲜芥菜头洗净晾干。切成 2~8 瓣，放到晒台上暴晒 3~5 天，晒至菜皮有皱纹时收起。

（2）按一层盐一层菜，撒盐要下少上多的方法腌至缸满，加入 10 度清盐水 10 千克进行腌制。3 天后，开始翻缸 1 次，连续翻缸 3 天。使菜坯充分散发热量，降低盐水温度。60 天后腌成咸坯，然后捞出，沥干盐水。

（3）把五香料装入小布袋中扎紧口，放入酱油中加热熬开 5 分钟。冷却至 20℃，加入苯甲酸钠拌匀倒入菜坯缸内。要连续浸泡 25~30 天，3~5 天翻动 1 次菜坯，菜坯里外泡透即成成品。

4. 质量标准

色泽褐红，酱香浓郁。出品率：75% 左右。

（十二）酱大头菜

1. 配料比例

咸芥菜头 50 千克，一级酱油 20 千克，甜酱汁 10 千克，回笼酱油 30 千克，白糖 1 千克，苯甲酸钠 50 克。

2. 工艺流程

咸芥菜头—清洗—加工—脱盐—回笼酱酱渍—酱渍—成品。

3. 制作规程

（1）把咸芥菜头洗净晾干。切成 2~8 瓣，放入清水缸中浸泡 8~10 小时。水要超出菜面 10 厘米，使菜坯盐度降至 8~10 度捞出沥干水分。

（2）把回笼酱油加热熬开 5 分钟，凉透后倒入菜坯缸内浸泡，每天翻动 1 次。浸泡 15 天后捞出沥干酱液。

（3）把酱油、甜酱汁、白糖混合加热烧开 3 分钟。冷却至 20℃ 加入苯甲酸钠拌匀。倒入菜坯缸内，每天翻动 1 次。连续浸泡 10~15 天，菜坯里外泡透即成成品。

4. 质量标准

色泽褐红，咸甜可口。出品率：75% 左右。

（十三）酱甜大头菜

1. 配料比例

鲜芥菜头 50 千克，食盐 10 千克，40 度饴糖溶液 12 千克，红糖 20 千克，甜面酱 20 千克，苯甲酸钠 50 克。

2. 工艺流程

鲜芥菜头—清洗—加工—腌渍—糖渍—酱渍—成品。

3. 制作规程

（1）把芥菜头洗净晾干。切成 2~8 瓣，削去外皮。放入清水缸内浸泡 1~2 小时后捞出，沥干水分。

（2）按 50 千克菜 3 千克盐的标准进行第一次腌渍。在缸底先撒一层盐再放一层菜。按一层盐一层菜的方法腌渍，撒盐要下少上多，缸满后，再撒一层封口盐。次日，翻缸捞出菜坯，用缸内盐水洗净菜坯。

（3）第二次腌渍。用 3 千克盐，把菜坯按一层盐一层菜进行腌渍，撒盐要下少上多，缸满后，再撒一层封口盐。次日开始翻缸 1 次，连翻 3 天后捞出沥干盐水。

（4）第三次腌渍。用盐 4 千克，按前二次的腌渍方法进行腌制。3 天后，加入第二次使用后的盐水，使缸内盐水超出菜坯 10 厘米。腌制 7~10 天，把菜坯完全腌透，菜坯柔软，切开无白心即为合格菜坯。

（5）糖渍。把饴糖溶液加水烧开熬成波美 30 度。然后，把红糖加水加热溶化，使糖液浓度达到波美 40 度时和饴糖溶液混合匀。冷凉后，倒入菜坯缸内进行糖渍。次日翻缸 1 次，连翻 3 天。使糖液与菜坯充分溶合，渗入菜坯中。糖渍 15 天左右捞出沥干糖液。

（6）酱渍。把甜面酱加水熬成酱汁冷却至 20℃加入苯甲酸钠拌匀。再倒入糖液中混合匀。然后，把酱液倒入菜坯缸内进行酱渍。先在缸内四周浇淋一层酱汁，放一层底酱汁。然后，按一层菜一层酱腌至离缸口 10 厘米，再加一层封口酱 10 厘米。使菜坯与空气完全隔绝。酱渍菜坯要日晒夜露，下雨要盖缸，严禁雨水进入。表面酱液变干要及时添加酱液，连续酱渍 90 天即成成品。

4. 质量标准

色泽酱红，酱香浓郁，质地脆嫩，咸甜可口。出品率：70% 左右。

（十四）虾油大头菜

1. 配料比例

咸芥菜头 50 千克，鲜姜 750 克，鲜蒜 1 千克，鲜红辣椒丝 1 千克，味精 100 克，虾油 3 千克。

2. 工艺流程

咸芥菜头—清洗—加工—脱盐—压榨—拌料—焖缸—成品。

3. 制作规程

（1）把咸芥菜头洗净晾干，切成 1 厘米见方的菜丁，放入清水中浸泡，水要超出菜面 5 厘米，使菜坯盐度降至 8~10 度时捞出上榨，压榨出 30% 的水分后晾干。

（2）把大蒜捣成蒜泥，鲜姜切成姜丝，味精用温水化开和辣椒丝、虾油混合匀。然后，入缸按实，密封缸口，存放在室内。要盖好缸防尘，防蝇，不能进生水。焖缸腌制 5~7 天即成成品。

4. 质量标准

色泽美观，脆嫩鲜香。出品率：70% 左右。

（十五）什锦大头菜

1. 配料比例

咸芥菜头 50 千克，花生米 4 千克，生姜 700 克，咸黄瓜 500 克，豇豆 500 克，核桃仁 500 克，石花菜 100 克，青红丝 100 克，甜面酱 20 千克，一级酱油 20 千克，苯甲酸钠 50 克。

2. 工艺流程

咸芥菜头—清洗—加工—脱盐—压榨—拌料—酱渍—成品。

3. 制作规程

（1）把咸芥菜头和咸黄瓜洗净晾干，切成 1 厘米见方的菜丁，分别放入清水中浸泡。芥菜头菜丁浸泡 6~8 小时，黄瓜丁浸泡 3~4 小时。使菜坯盐度降至 8~10 度时捞出上榨，压榨出 30% 的水分后晾干。

（2）把花生米炒熟去皮，核桃仁用开水焯 3 分钟，生姜切成细丝，豇豆切成 1 厘米长的小段，石花菜用温水泡开晾干备用。

（3）把花生米、核桃仁、姜丝、豇豆、石花菜、青红丝、咸黄瓜丁和芥菜头丁拌匀装入酱袋，扎紧袋口，口朝上排立在缸内。

（4）把苯甲酸钠用温水化开，加入酱油，甜面酱的混合液中拌匀。然后，倒入酱袋缸内进行酱渍。每天打耙两次，日晒夜露，下雨要盖缸防雨。连续酱渍 15 天即成成品。

4. 质量标准

色泽美观，质地脆嫩，味美香甜。出品率：75% 左右。

（十六）八宝菜

1. 配料比例

咸芥菜头 50 千克，咸黄瓜 2 千克，咸胡萝卜 2 千克，咸豇豆 2 千克，咸藕 2 千克，花生米 1 千克，石花菜 1 千克，杏仁 1 千克，生姜 1 千克，一级酱油 30 千克，味精 400 克，白糖 5 千克，苯甲酸钠 50 克。

2. 工艺流程

咸菜坯—洗净—加工—脱盐—压榨—拌料—酱渍—成品。

3. 制作规程

（1）把咸芥菜头、咸黄瓜、咸胡萝卜、咸豇豆、咸藕用清水洗净晾干。分别加工成 1 厘米见方的菜丁，放入清水中浸泡。咸芥菜头丁浸泡 4~6 小时，其他菜丁分别浸泡 2~3 小时。使菜丁的盐度降至 8~10 度捞出晾干。

（2）把生姜切成细丝，花生米炒熟去皮，石花菜用温水泡开晾干，杏仁用清水浸泡 2~3 小时，再用开水焯 2~3 分钟，去掉苦味。然后，和其他菜丁拌匀装入酱袋，扎紧袋口，口朝上放入酱缸内。

（3）把酱油加热熬开，冷却至20℃加入味精、白糖、苯甲酸钠混合均匀。次日，倒入酱袋缸内进行酱渍。每天打耙两次，要调整酱袋位置使菜酱渍均匀。连续酱渍7天后即成成品。

4.质量标准

色泽美观，酱香浓郁，质脆香甜。出品率：75%左右。

（十七）五香酱大头菜

1.配料比例

咸芥菜头50千克，回笼酱30千克，三遍酱30千克，甜面酱30千克。

2.工艺流程

咸芥菜头—洗净—加工—脱盐—控水—三遍酱酱渍—回笼酱酱渍—甜面酱酱渍—成品。

3.制作规程

（1）把咸芥菜头洗净，削去外皮，上下切成两半。放入清水缸中浸泡10~12小时，每3小时换水1次。使菜坯盐度降至6~8度捞出，沥干菜坯水分。

（2）把菜坯放入三遍酱缸内酱渍。3天翻动1次菜坯，连续酱渍30天捞出沥干酱液。

（3）把菜坯放入回笼酱缸内进行酱渍。3天翻动1次菜坯，连续酱渍60天捞出沥干酱液。

（4）把菜坯放入甜面酱缸内酱渍。5天翻动1次菜坯，连续酱渍100天。

（5）3次酱渍期间，要日晒夜露，阴雨天要盖缸防雨。直至酱汁把菜坯里外浸透，即成成品。

4.质量标准

色泽褐红，酱香浓郁，质脆爽口。出品率：85%左右。

五、土豆

原料选择：鲜土豆，要100克以上，表面光滑，无虫眼，无斑疤，无黑心。

（一）咸土豆

1.配料比例

土豆50千克，食盐12.5千克。

2.工艺流程

土豆—洗净—腌渍—翻缸—成品。

3.制作规程

（1）把土豆洗净晾干水分。

（2）在缸底先撒一层盐，再放一层土豆，每层土豆20厘米左右。按一层盐一层土豆进行腌制，撒盐要下少上多。腌至离缸口10厘米撒一层封口盐。然后，加入16度清盐水，盐水要超出土豆5厘米。

（3）次日开始翻缸1次，连翻3天。散发热量，降低盐水温度。以后，7天翻缸1次。30天后即成成品。

4. 质量标准

色泽微黄，质脆味咸。出品率：75%左右。

（二）酱土豆

1. 配料比例

50~60克小土豆50千克，食盐6千克，甜面酱30千克。

2. 工艺流程

土豆—洗净—加工—腌渍—酱渍—成品。

3. 制作规程

（1）把土豆洗净放入锅内煮熟不能开花。捞出放入冷水中浸泡1~2分钟，剥去外皮，晾干后装入酱袋。

（2）把盐化成10~12度清盐水倒入土豆缸内。腌渍1~2天，捞出控水晾干。

（3）把土豆口朝上放入甜面酱缸内进行酱渍。要日晒夜露，每天翻动1次。阴天下雨要盖缸防雨。连续酱渍20天即成成品。

4. 质量标准

色泽酱黄，酱味浓香。出品率：60%左右。

（三）酱辣土豆

1. 配料比例

50~60克小土豆50千克，一级酱油30千克，甜面酱3千克，干红辣椒2千克，姜丝100克，味精40克，苯甲酸钠50克。

2. 工艺流程

土豆—洗净—加工—酱渍—成品。

3. 制作规程

（1）把土豆洗净晾干。

（2）把甜面酱，干辣椒放入酱油中拌匀加热熬开3分钟。然后，把土豆放入酱液，酱液要超出土豆3~5厘米。用小火慢煮把土豆煮熟。但是，要保持土豆完整，不能开花破皮。土豆煮熟后，捞出沥干酱液晾干。

（3）把味精、姜丝、苯甲酸钠加入酱液中，完全溶化后倒入土豆缸内酱渍。酱渍期间，酱缸要存放在室内，防尘，防蝇，不能进生水。连续酱渍7天即成成品。

4. 质量标准

色泽酱红，酱香微辣。出品率：60%左右。

（四）酱麻辣土豆

1. 配料比例

50~60 克小土豆 50 千克，酱油 30 千克，干红辣椒 2 千克，花椒 50 克，麻椒 50 克，味精 40 克，生姜丝 100 克，苯甲酸钠 50 克。

2. 工艺流程

土豆—洗净—加工—酱渍—成品。

3. 制作规程

（1）把土豆洗净晾干。

（2）把干红辣椒、花椒、麻椒、姜丝放入酱油中加热烧开。再放入土豆，加热水淹没土豆。用小火把土豆煮熟，要保持土豆完整，不开花破皮。这时，把土豆捞出沥干酱液。

（3）把酱液冷却到 20℃ 时放入味精，苯甲酸钠拌匀。然后，倒入土豆缸内酱渍。酱渍期间，要把酱缸存放在室内，盖好缸，防尘，防蝇，不能进生水。连续酱渍 7 天即成成品。

4. 质量标准

色泽酱红，麻辣酱香。出品率：60%左右。

（五）糖醋土豆

1. 配料比例

50~60 克小土豆 50 千克，食盐 5 千克，香醋 10 千克，白糖 10 千克。海带 50 克，味精 40 克，苯甲酸钠 50 克。

2. 工艺流程

土豆—洗净—加工—腌渍—糖醋渍—成品。

3. 制作规程

（1）把土豆洗净晾干，红辣椒切成细丝，海带泡开切成细丝煮熟捞出，冷凉后备用。

（2）把盐化成 10 度盐水倒入土豆缸内，腌渍 1~2 天捞出沥干盐水。然后，把土豆煮熟，土豆要保持完整，不开花破皮。

（3）把醋、白糖混合后加热熬开后放入辣椒丝、海带丝。再把糖醋液冷凉到 20℃ 加入味精、苯甲酸钠拌匀。

（4）次日，把糖醋液加入土豆缸内进行糖醋渍。糖醋渍期间，要把缸存放在室内，盖好缸，防尘，防蝇，不能进生水。连续糖醋渍 7 天即成成品。

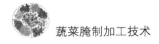

4. 质量标准

色泽鲜亮, 甜酸可口。出品率: 60%左右。

（六）芥末土豆

1. 配料比例

鲜土豆50千克, 食盐3千克, 白糖3千克, 芥末5千克。

2. 工艺流程

土豆—洗净—加工—腌渍—拌料—糖渍—成品。

3. 制作规程

（1）把土豆洗净削去外皮, 切成0.3厘米的薄片。放入清水中浸泡1小时捞出沥干水分。

（2）先在缸底撒一层盐, 放一层土豆片。土豆片不能超过10厘米, 按一层盐一层土豆片进行腌制。撒盐要下少上多, 腌满缸后, 撒一层封口盐。次日开始翻缸, 每日翻缸1次。直到缸内的盐化完后捞出。沥干水分。

（3）把白糖、芥末拌入土豆片中。每天翻动1次。连翻3天。然后, 把缸放在室内, 盖好缸。防尘, 防蝇, 不能进生水。连续腌制10天即成成品。

4. 质量标准

色泽微黄, 质地脆嫩, 甜辣爽口。出品率: 50%左右。

六、地瓜（红薯）

原料选择: 鲜地瓜, 200克以上, 表面光滑, 无虫眼, 无斑疤, 无黑心。

（一）咸地瓜

1. 配料比例

鲜地瓜50千克, 食盐10千克。

2. 工艺流程

地瓜—洗净—加工—腌渍—成品。

3. 制作规程

（1）选七成熟鲜地瓜, 洗净切成2~4瓣。

（2）先在缸底撒一层盐, 放一层地瓜。每层地瓜不能超过20厘米。按一层盐一层地瓜进行腌制, 撒盐要下少上多。缸满后撒一层封口盐。次日开始翻缸1次, 连翻3天。促使盐的溶化, 散发缸内热量, 降低缸内温度。3天后捞出, 沥干盐水放入另缸。

（3）把原缸的盐水澄清后倒入地瓜缸内, 盐水要超出地瓜5厘米。如果盐水少, 可以添加20度清盐水。连续腌渍30天即成成品。

4. 质量标准

色泽鲜亮, 质脆咸香。出品率: 75%左右。

（二）酱地瓜

1. 配料比例

咸地瓜 50 千克，黄酱 30 千克，甜面酱 30 千克。

2. 工艺流程

咸地瓜—洗净—脱盐—晾干—黄酱渍—甜面酱渍—成品。

3. 制作规程

（1）把咸地瓜洗净，放入清水中浸泡 10~12 小时。水要超出地瓜 10 厘米。使盐度降至 8~10 度时捞出，沥干水分晾干。

（2）把黄酱加入 1~2 千克清盐水拌匀，倒入晾干的地瓜缸内。酱液要超出地瓜 3~5 厘米，进行日晒夜露，阴雨天要盖缸防雨，防尘。每天翻动 1 次，连翻 3 天。以后 5 天翻动 1 次。连续酱渍 30 天捞出，沥干酱液，放入另缸。

（3）把甜面酱倒入地瓜缸内，酱液要超出地瓜 3~5 厘米。继续日晒夜露，阴雨天要盖缸防雨。每天翻动 1 次，连翻 3 天。以后 7 天翻缸 1 次，连续酱渍 60 天即成成品。

4. 质量标准

色泽酱红，质地脆嫩，酱香浓郁。出品率：80%左右。

七、竹笋

（一）酱竹笋

1. 配料比例

鲜竹笋 50 千克，食盐 4 千克，甜面酱 5 千克，凉开水 50 千克。

2. 工艺流程

竹笋—加工—浸泡—盐渍—酱渍—成品。

3. 制作规程

（1）选老嫩适中的鲜竹笋。切去老根部分，剥去外皮，顺切成 3~4 块。立即放入清水中浸泡，防止竹笋肉质变质。

（2）把盐放入凉开水中化成清盐水，倒入浸泡后的竹笋缸内，盐水要超出竹笋 10 厘米。在缸口放上竹片，压上石块，盖好缸。腌制 7 天后捞出，沥干水分晾干。

（3）把甜面酱加入晾干的竹笋缸内进行酱渍，每天翻动 1 次。酱渍期间，要盖好缸防尘，防雨，防晒，防蝇。不能进生水。连续酱渍 7 天即成成品。

4. 质量标准

色泽美观，清脆爽口。出品率：50%左右。

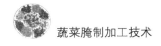

（二）酱甜竹笋

1. 配料比例

竹笋 50 千克，食盐 5 千克，一级酱油 30 千克，白糖 5 千克，

2. 工艺流程

竹笋—加工—清洗—腌渍—酱渍—成品。

3. 制作规程

（1）把竹笋去皮，去壳，用清水清洗干净，沥干水分，晾 1～2 小时。再用花刀加工成 2 厘米的花片。

（2）把竹笋片加盐拌匀，腌渍 3～4 天。然后，捞出沥干水分。用清水浸泡 1～2 小时，使竹笋片盐度降至 6～8 度。捞出沥干水分晾干备用。

（3）把白糖加入酱油中混合均匀，倒入竹笋片缸内进行酱渍。酱渍期间，要盖好缸，防尘，防雨，防蝇，不能进生水。连续酱渍 8～10 天即成成品。

4. 质量标准

色泽褐红，酱香脆甜。出品率：50% 左右。

（三）酱冬笋

1. 配料比例

鲜冬笋 50 千克，食盐 10 千克，回笼酱 30 千克，甜面酱 50 千克。

2. 工艺流程

冬笋—加工—洗净—腌渍—脱盐—回笼酱酱渍—二遍酱渍—三遍酱渍—成品。

3. 制作规程

（1）把冬笋去壳，去皮。用清水洗净后再放入清水缸内浸泡 48 小时，然后捞出沥干水分晾干。

（2）把冬笋上下切成 2～4 瓣。在缸底撒一层盐，放一层冬笋。按此方法腌至缸满，撒一层封口盐，再撒一些凉开水促使盐的溶化。次日翻缸 1 次，连翻 3 天。以后 3 天翻缸 1 次，连续腌渍 15 天即成咸冬笋。

（3）把咸冬笋放入清水缸内浸泡脱盐 8～10 小时。4～5 小时换水 1 次，使冬笋的盐度降至 8～10 度时捞出，沥干水分晾干后放入另缸。

（4）把回笼酱加入冬笋缸内进行酱渍。每天翻动 1 次，连续酱渍 10 天后捞出，用缸内酱液把冬笋洗净放入另缸。

（5）把回笼酱缸内加入 10 千克甜面酱拌匀。然后，倒入冬笋缸内进行二次酱渍。每天翻动 1 次，连续酱渍 10 天捞出。用缸内酱液洗净冬笋放入另缸。

（6）把甜面酱加入冬笋缸内进行第三次酱渍。每天翻动 1 次。在三次酱渍期间，酱要超出冬笋 5 厘米，日晒夜露。刮风下雨要盖缸，防尘，防雨，不能进生水。连续酱渍 10 天即成成品。

4. 质量标准

色泽酱红，鲜脆咸香。出品率：50%左右。

（四）咸辣冬笋

1. 配料比例

鲜冬笋 50 千克，食盐 5 千克，辣椒粉 500 克，60 度白酒 100 克，味精 20 克，蒜末 50 克。

2. 工艺流程

鲜冬笋—加工—洗净—腌渍—加工—成品。

3. 制作规程

（1）把鲜冬笋去根，去皮洗净。放入沸水中焯 4~5 分钟后捞出，沥干水分晾干。

（2）在缸底撒一层盐，放一层冬笋。按此方法腌至缸满，再撒一层封口盐。次日开始翻缸 1 次，连翻 3 天。每次翻缸，都要把缸内的盐水澄清后倒入冬笋缸内。盐水要超出冬笋 5~10 厘米。如果盐水少，可以添加 10 度清盐水。连续腌渍 10 天后捞出，沥干水分晾干。

（3）把冬笋切成长 5 厘米、宽 1.5 厘米、厚 1 厘米的笋条。然后，拌入辣椒粉、味精、白酒、蒜末即成成品。

4. 质量标准

色泽美观，咸辣爽口。出品率：50%左右。

（五）糟冬笋

1. 配料比例

鲜冬笋 50 千克，食盐 3 千克，香糟 25 千克，料酒 50 千克，白糖 25 千克，味精 300 克。

2. 工艺流程

鲜冬笋—加工—洗净—煮笋—糟渍—成品。

3. 制作规程

（1）把冬笋去根，去皮洗净。放入清水中浸泡 1~2 小时，捞出沥干水分晾干。然后，加工成 1 厘米厚的笋片。

（2）把香糟、料酒、白糖混合在一起拌匀，使香糟、白糖完全溶化。然后，装入纱布袋中，过滤出其中的水（香糟水）备用。

（3）把笋片煮熟后捞出，沥干水分晾干。放入香糟水缸内加盐拌匀进行糟渍，每天翻动 1~2 次。糟渍期间，要把缸放在室内，盖好缸，防尘，防蝇，不能进生水。糟渍 5~7 天即成成品。

4. 质量标准

色泽金黄，甜脆糟香。出品率：40%左右。

第三节　根块类

一、洋姜

原料选择：鲜洋姜，50克以上，无泥土，不烂。

（一）咸洋姜

1. 配料比例

鲜洋姜50千克，食盐10千克，凉开水10千克。

2. 工艺流程

洋姜—洗净—腌渍—成品。

3. 制作规程

（1）把洋姜洗净，沥干水分。

（2）先在缸底撒一层盐，放一层洋姜，每层洋姜不能超过5厘米。按此方法进行腌制。撒盐要下少上多，腌至缸满，加一层封口盐。然后加入凉开水，水要超出洋姜5~10厘米。

（3）次日翻缸1次，连翻3天，腌制期间要盖缸，防尘防雨，防晒。连续腌渍30天即成成品。

4. 质量标准

味道咸鲜，香脆爽口。出品率：65%左右。

（二）酱洋姜片

1. 配料比例

咸洋姜50千克，回笼酱30千克，甜面酱30千克，苯甲酸钠50克。

2. 工艺流程

咸洋姜—洗净—脱盐—回笼酱酱渍—甜面酱酱渍—成品。

3. 制作规程

（1）把咸洋姜洗净放入清水缸中浸泡6~8小时，使洋姜盐度降至8~10度，捞出沥干水分，再晾1~2小时。

（2）把回笼酱倒入洋姜缸内进行酱渍。每天翻动1次，连续酱渍10天后捞出。用缸内酱液把洋姜洗净，放入甜面酱缸内进行酱渍。

（3）洋姜在酱渍期间，每天要翻动1次。盖好缸，防尘，防雨，不能进生水，连续酱渍15天即成品。

4. 质量标准

色泽酱红，酱香浓郁，脆嫩可口。出品率：50%左右。

（三）辣洋姜片

1. 配料比例

鲜洋姜 50 千克，食盐 5 千克，十三香 50 克，辣椒粉 5 千克，姜丝 50 克。

2. 工艺流程

洋姜—洗净—加工—晾晒—腌渍—拌料—焖缸—成品。

3. 制作规程

（1）把洋姜洗净晾干，切成 0.3 厘米的片进行晾晒。晒至五成干进行腌制。

（2）先在缸底撒一层盐，放一层洋姜片。洋姜片不要超过 5 厘米。按此方法腌至缸满，撒一层封口盐。次日翻缸 1 次，连翻 3 天。捞出沥干水分。

（3）把姜丝、辣椒粉拌入洋姜片中，拌匀后装缸按实。密封缸口，盖好缸，防尘，防蝇，不能进生水。腌制 30 天即成成品。

4. 质量标准

色泽鲜亮，脆鲜辣香。出品率：50%左右。

（四）糖醋洋姜片

1. 配料比例

鲜洋姜 50 千克，食盐 4 千克，白糖 10 千克，香醋 10 千克，凉开水 5 千克。

2. 工艺流程

洋姜—洗净—加工—晾晒—糖醋渍—成品。

3. 制作规程

（1）把洋姜洗净沥干水分，切成 0.3 厘米的薄片。

（2）先在缸底撒一层盐，放一层洋姜片。洋姜片不要超过 5 厘米。按此方法进行腌制，撒盐要下少上多。腌至缸满，再撒一层封口盐进行腌制。

（3）次日翻缸 1 次，连翻 3 天。腌渍 3 天后捞出，沥干水分进行晾晒，晒至五成干备用。

（4）把白糖、香醋加入凉开水熬开，使白糖完全溶化后冷却 24 小时。然后，倒入洋姜片缸内进行糖醋渍。每天翻动 1 次，连续 3 天。腌制期间，要把缸放在室内，盖好缸，防尘，防蝇，不能进生水。15 天后即成成品。

4. 质量标准

色泽鲜亮，质脆酸甜。出品率：50%左右。

二、生姜

原料选择：鲜生姜 200 克以上，表面光滑，无根须，无泥土，不烂。

（一）咸生姜

1. 配料比例

鲜生姜 50 千克，食盐 8 千克。

2. 工艺流程

生姜—洗净—腌渍—翻缸—成品。

3. 制作规程

（1）把生姜洗净沥干水分。

（2）把盐化成 16 度盐水加入生姜缸内进行腌渍。盐水要超出生姜 5~10 厘米。次日翻缸 1 次，连翻 3 天。散发缸内热量，降低缸内温度。每次翻缸后，都要把缸内盐水澄清后再倒入生姜缸内。然后，在缸口放上竹片，压上石块，防止生姜上浮露出水面变质。要盖好缸，防尘，防雨，防晒。以后 5 天翻缸 1 次，连续腌制 30 天即成成品。

4. 质量标准

色泽金黄，鲜咸脆辣。出品率：70% 左右。

（二）酱姜块

1. 配料比例

咸生姜 50 千克，回笼酱油 30 千克，甜面酱 30 千克，白糖 5 千克，味精 500 克。

2. 工艺流程

咸生姜—洗净—脱盐—加工—回笼酱油酱渍—甜面酱酱渍—成品。

3. 制作规程

（1）把咸生姜洗净，放入清水缸中浸泡。水要超出姜面 5 厘米。用木棒使劲翻捣生姜，使姜皮自然脱落。浸泡 6~8 小时，使姜的盐度降至 8~10 度时捞出，沥干水分晾干。

（2）把姜切成厚 1 厘米大小均匀的姜块，放入清水中浸泡 10 分钟。然后捞出沥干水分晾干。

（3）把回笼酱油倒入姜块缸内进行酱渍。酱油要超出姜块 5 厘米。次日翻缸 1 次，两天后捞出沥干酱液。

（4）把白糖加入甜面酱中拌匀后倒入姜块缸内。每天翻缸 1 次，连翻 3 天。要日晒夜露，刮风下雨要盖缸防尘，防雨。连续酱渍 10 天即成成品。姜块包装前，把味精用温水化开和姜块拌匀，然后进行包装。

4. 质量标准

色泽酱红，咸脆甜辣。出品率：70%左右。

（三）酱油姜片

1. 配料比例

鲜生姜 50 千克，食盐 5 千克，一级酱油 30 千克，味精 50 克，白糖 500 克，十三香 30 克。

2. 工艺流程

鲜生姜—洗净—加工—腌渍—浸泡—压榨—酱油渍—成品。

3. 制作规程

（1）把生姜洗净晾干加工成厚 0.3 厘米的姜片。然后，加盐拌匀。连续腌渍 7 天，捞出沥干盐水。

（2）把姜片放入清水中浸泡 1~2 小时，使姜片盐度降至 6~8 度时捞出上榨，压榨出 50%的水分后晾干。

（3）把白糖、味精、十三香加入酱油中拌匀。然后，倒入姜片缸内进行酱油渍。要每天翻动 1 次，酱渍期间要把缸放在室内，盖好缸，防尘，防蝇，不能进生水。连续酱渍 15~20 天即成成品。

4. 质量标准

色泽褐红，咸辣脆甜。出品率：50%左右。

（四）米汤姜

1. 配料比例

咸生姜 50 千克，3%的小米汤 30 千克，食盐 1.5 千克。

2. 工艺流程

咸生姜—洗净—脱盐—米汤浸渍—成品。

3. 制作规程

（1）把咸生姜洗净，放入清水中浸泡 8~10 小时，使咸生姜的盐度降至 8~10 度时捞出，沥干水分晾干。

（2）把 1.5 千克小米，盐 1.5 千克加入 50 千克清水熬成米汤。冷却 24 小时后，加入晾干的姜缸内进行浸渍。每天翻动 1~2 次。米汤主要是强化乳酸发酵，浸渍期间，要日晒，夜间或刮风下雨要盖缸，防尘，防雨。浸渍到滴干乳汁即成成品。

4. 质量标准

色泽米黄，酸香脆辣。出品率：85%左右。

（五）糖醋姜片

1. 配料比例

咸生姜 50 千克，5°白米醋 10 千克，白糖 15 千克，凉开水 5 千克。

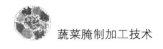

2. 工艺流程

咸生姜—洗净—脱盐—晾晒—糖醋渍—翻缸—成品。

3. 制作规程

（1）挑选大小均匀的嫩姜洗净。放入清水中浸泡 6~8 小时，水要超出姜面 5 厘米。使盐度降至 8~10 度时捞出沥干水分。

（2）把姜放在晒台上晾晒 3~5 天，每天翻动 3~4 次下雨天要收回室内。把姜晒至失去 30% 的水分时收起，放入干净缸内备用。

（3）把白糖放入凉开水中加热熬开。冷凉后加白醋拌匀即成糖醋液。然后，倒入姜缸内进行糖醋渍。次日开始翻动 1 次，连翻 3 天。酱渍期间，要把缸放在室内。盖好缸，防尘，防蝇，不能进生水。连续腌制 10 天即成成品。

4. 质量标准

色泽酱红，脆辣酸甜。出品率：65% 左右。

（六）酱芽姜

1. 配料比例

鲜芽姜 50 千克，食盐 2.5 千克，清盐水 40 千克，味精 50 克，糖精 7 克，白糖 5 千克。回笼酱 30 千克，甜面酱 30 千克，甜酱汁 30 千克，苯甲酸钠 50 克。

2. 工艺流程

鲜芽姜—加工—洗净—盐水浸泡—腌渍—回笼酱酱渍—甜面酱酱渍—甜酱汁酱渍—成品。

3. 制作规程

（1）选带管的伏姜，纤维细，肥嫩，姜味淡，姜汁多。先剪掉姜管，去掉姜皮，选用尖端的嫩芽。然后，把姜切成 3 厘米大小的姜块，每块姜头部切 3~4 刀，深度为姜的 1/2 备用。

（2）把 12 度清盐水倒入姜芽缸内浸泡。盐水要超出姜面 5~10 厘米，6 小时翻动 1 次。连续浸泡 24 小时后捞出，沥干水分晾干。

（3）按 50 千克姜块加盐 2.5 千克的标准进行腌制。先在缸底撒一层盐，再放一层姜块。然后，按一层盐一层姜块腌至缸满。在缸口撒一层封口盐。次日翻缸 1 次，连翻 3 天。以后每 3 天翻缸 1 次，连续腌渍 10 天。使姜块盐度达到 10 度左右时捞出，用缸内盐水把姜块洗净。然后，装成标准酱袋，扎紧口袋，口朝上排放在干净缸内。

（4）把盐度 13 度的回笼酱倒入姜缸内进行酱渍。酱要超出姜面 5 厘米。每天翻动酱袋 2~3 次，3 天后捞出。用缸内酱液洗净酱袋，进行压榨。压榨出 30% 的水分。如果没有榨床，可以把酱袋上下摞五个，进行压榨。每小时调动

1 次酱袋位置。连续压榨 6~8 小时，压出 30% 的酱液后放入另缸。

（5）把甜面酱加入酱袋缸内进行酱渍。酱要超出姜面 5 厘米，每天翻动 1 次酱袋。连续酱渍 7~10 天，捞出沥干酱袋上的酱液放入另缸。

（6）把白糖、糖精、味精、苯甲酸钠加入甜酱汁中拌匀。然后，倒入酱袋缸内进行酱渍。酱渍期间，每天翻动 1~2 次酱袋。白天要日晒，晚上或刮风下雨要盖缸。防尘，防雨，不能进生水。连续酱渍 7~10 天即成成品。

4. 质量标准

色泽酱红，脆嫩甜辣。出品率：65% 左右。

（七）糖醋酥姜

1. 配料比例

鲜生姜 50 千克，食盐 10 千克，一级香醋 40 千克，白糖 35 千克，无毒花红粉 50 克。

2. 工艺流程

生姜—加工—洗净—腌渍—复腌—脱盐—压榨—醋渍—加工—二次醋渍—糖渍—煮姜—二次糖渍—成品。

3. 制作规程

（1）把生姜切去姜芽、老根，刮去姜皮。用清水洗净晾干。然后，加工成 3 厘米大小的姜块备用。

（2）初腌。按 50 千克姜加 4 千克盐的标准进行腌制。先在缸底撒一层盐放一层姜块。按下少上多的方法进行腌制，每层姜块不能超过 10 厘米。腌至缸满再加一层封口盐。4~6 小时翻缸 1 次，腌制 24 小时捞出沥干盐水。

（3）复腌。把初腌的姜再加入 6 千克盐进行复腌。腌制方法和初腌相同。腌制过程中，姜腌出大量的水分和盐溶化成盐水。缸内盐水要超出姜面 5~10 厘米。每次翻缸后，要在缸口放上竹片，压上石块，防止姜浮出水面。两天后捞出沥干盐水。

（4）把复腌后的姜放入清水缸中浸泡 6~8 小时。水要超出姜面 5 厘米。使姜的盐度降至 8~10 度时捞出上榨，压榨出 60% 的水分后晾干。

（5）醋渍。先在缸底放 1 千克醋。然后，把姜放入缸内离缸口 10~15 厘米再加入醋，醋要超出姜面 5 厘米。24 小时后捞出沥干醋液。

（6）二次醋渍。把姜上下切成两半，再斜切成一边厚一边薄的半圆姜片。厚边 1 厘米，薄边 0.5 厘米。然后，放入醋缸内进行醋渍，醋要超出姜面 5 厘米。醋渍 10 小时后捞出沥干醋液。

（7）糖渍。按 50 千克晾干的姜片加 35 千克白糖进行糖渍。先在缸底撒一层白糖，再放一层姜片。姜片不能超过 5 厘米。要一层糖一层姜片腌至离缸口 10 厘米，在缸口加一层封口糖，盖好缸，进行糖渍。缸内白糖全部溶化后再糖渍 24 小时捞出。沥干糖液。

（8）染姜片。把沥干糖液的姜片加入无毒花红粉拌匀。然后，把糖液倒入拌好的姜片缸内进行浸泡，使姜片被花红粉染透，吸收更多的糖液并析出姜片内的醋液。10 天后捞出沥干糖液

（9）煮姜片。把糖液加热熬开，捞取杂质。然后，把姜片放入糖液中煮 3~4 分钟。要用笊篱勤翻动，煮至姜片膨涨饱满时捞出冷却，把糖液倒入缸内冷却。姜片和糖液都冷却至常温后，再把姜片放入糖液中糖渍。

（10）二次糖渍。姜片糖渍期间，要把缸存放在室内，盖好缸，防尘，防蝇，不能进生水。糖液要超出姜片 5~10 厘米，糖渍 24 小时即成成品。

4. 质量标准

色泽红亮，酸甜微辣。出品率：35% 左右。

（八）桂花姜

1. 配料比例

鲜生姜 50 千克，食盐 5 千克，白糖 52.5 千克，蜂蜜 5 千克，桂花 150 克。

2. 工艺流程

鲜姜—清洗—加工—腌渍—加工—脱盐—压榨—糖渍—压榨—二次糖渍—加工—成品。

3. 制作规程

（1）把姜洗净后沥干水分，用竹片刮去姜皮。再用清水洗净晾干。

（2）腌渍。先在缸底撒一层盐，放一层姜。按此方法一层盐一层姜进行腌制。撒盐要下少上多，腌至离缸口 10 厘米，在姜面撒一层封口盐。6 小时翻缸 1 次，腌渍 24 小时捞出沥干水分晾干。

（3）加工，脱盐，压榨。把姜切成 0.2~0.3 厘米厚的柳叶状的姜片。用清水浸泡 2~3 小时，水要超出姜片 5 厘米。使姜片盐度降至 6 度时捞入筐内，要把 3 个筐摞在一起进行压榨。每小时上下调动一次筐的位置，使姜片压榨均匀。压榨 3 小时后晾干表面水分备用。

（4）糖渍，压榨。按 50 千克姜片加 2.5 千克白糖拌匀进行糖渍。连续酱渍 6 小时。然后，捞入筐内进行压榨，压榨方法和上次压榨相同。把姜片压榨成 7.5~10 千克后沥干糖液备用。

（5）糖渍，加工。把 50 千克白糖加 25 千克清水加热溶化后过滤沉淀。冷凉后，要连续搅拌糖液，使糖液变白，变稠。然后，把姜片倒入糖液中继续糖渍。每天搅动 2~3 次，3 天后，每 5 天搅动 1 次。糖渍期间，要把缸放在室

内。盖好缸，防尘，防蝇，不能进生水。连续糖渍 30～40 天后捞出，拌入蜂蜜，桂花即成成品。

4. 质量标准

色泽淡黄，晶莹透亮，姜香脆嫩。出品率：15% 左右。

（九）白糖姜丝

1. 配料比例

鲜生姜 50 千克，白糖 40 千克，糖精 10 克味精 5 克，食盐 5 千克，一级酱油 15 千克。

2. 工艺流程

鲜姜—洗净—腌渍—加工—糖渍—成品。

3. 制作规程

（1）把姜洗净沥干水分晾干。

（2）腌渍。先在缸底撒一层盐，放一层姜，每层姜不能超过 10 厘米。撒盐要下少上多，腌至离缸口 10 厘米，在姜面撒一层封口盐。每天翻缸 1 次，连翻三天。连续腌渍 15～20 天捞出，沥干水分晾干。

（3）把姜切成长 4 厘米，粗 0.2～0.3 厘米的姜丝。用清水浸泡 1～2 小时，使姜丝盐度降至 6～8 度时捞出沥干水分。

（4）把白糖、糖精、味精，加入酱油中加热熬开，冷却 24 小时制成混合糖液。然后加入 50 千克姜丝拌匀进行糖渍。糖渍期间，要把缸放在室内密封缸口。连续糖渍 10 天即成成品。

4. 质量标准

色泽美观，味甜微辣。出品率：40% 左右。

三、宝塔菜（甘露）

原料选择：鲜宝塔菜，表面光滑，大小均匀，无毛根，无泥土，无病虫害，无斑疤。

（一）咸宝塔菜

1. 配料比例

宝塔菜 50 千克，食盐 10 千克，凉开水 10 千克。

2. 工艺流程

宝塔菜—洗净—腌渍—成品。

3. 制作规程

（1）把宝塔菜洗净沥干水分。

（2）腌渍。先在缸底撒一层盐，放一层宝塔菜。每层菜不能超过 10 厘米，撒盐要下少上多。按此方法一层盐一层菜腌至离缸口 10 厘米，在菜面撒一层封口盐。腌渍 1 小时后加入凉开水，水要超出菜面 5 厘米。次日翻缸 1 次，连翻 3 天。每次翻缸后，都要把缸内盐水澄清后再倒入菜缸内进行腌渍。缸口要放上竹片，压上石块，使菜与空气隔绝。连续腌制 20 天即成成品。

4. 质量标准

色泽白亮，脆嫩咸香。出品率：60% 左右。

（二）酱宝塔菜

1. 配料比例

鲜宝塔菜 50 千克，10 度盐水 30 千克，回笼酱 40 千克，甜面酱 40 千克。

2. 工艺流程

宝塔菜—清洗—腌渍—回笼酱酱渍—甜面酱酱渍—成品。

3. 制作规程

（1）把菜洗净沥干水分，放入干净缸内。在缸口放上竹片，压上石块。

（2）腌渍。把清盐水倒入菜缸内进行浸泡。盐水要超出菜面 5~10 厘米。每天翻缸 1 次，连翻 3 天。每次翻缸都要把缸内盐水澄清后再倒回菜缸内。连续腌渍 10 天捞出，用缸内盐水把菜洗净，晾干表面水分。

（3）回笼酱酱渍。把菜装入酱袋，扎紧口，口朝上排放在酱缸内。然后，加入回笼酱进行酱渍。每天翻动 1 次酱袋，上下调整酱袋位置。用手轻压酱袋，挤出袋内气体。连续酱渍 10 天捞出，沥干袋上的酱液后放入另缸。

（4）甜面酱酱渍。把甜面酱倒入菜缸内进行酱渍。每天翻动 1 次，连翻 3 天。每次都要调整酱袋上下位置，用手轻挤酱袋，排出袋内气体，使菜酱渍均匀。以后 3~5 天翻动 1 次。酱渍期间，要日晒夜露，刮风下雨要盖缸防尘，防雨。连续酱渍 30 天即成成品。

4. 质量标准

色泽酱红，油光晶亮，酱香浓郁，脆嫩微甜。出品率：60% 左右。

（三）虾油宝塔菜

1. 配料比例

宝塔菜 50 千克，食盐 5 千克，10 度清盐水 30 千克，虾油 30 千克。

2. 工艺流程

宝塔菜—洗净—腌渍—虾油浸泡—成品。

3. 制作规程

（1）把宝塔菜洗净沥干水分。

（2）腌渍。先在缸底撒一层盐，放一层宝塔菜，每层菜不能超过 10 厘米。按此方法，一层盐一层菜腌至离缸口 10 厘米，在菜面撒一层封口盐。然后放上竹片，压上石块，加入清盐水进行腌渍，盐水要超出菜面 5 厘米。次日翻缸 1 次，连翻 3 天。每次都要把盐水澄清后再倒回菜缸内。连续腌渍 10 天捞出沥干盐水。

（3）虾油浸泡。把菜装入酱袋扎紧口，口朝上排放在缸内。然后，倒入虾油进行浸泡，虾油要超出菜面 5 厘米。每天翻动 1 次酱袋，要调整酱袋上下位置。用手轻压酱袋，挤出袋内气体。使菜浸泡均匀。连续浸泡 10 天即成成品。

4. 质量标准

色泽油亮，脆嫩清香。出品率：60%左右。

（四）糖醋宝塔菜

1. 配料比例

鲜宝塔菜 50 千克，食盐 5 千克，白糖 15 千克，香醋 15 千克，凉开水 5 千克。

2. 工艺流程

宝塔菜—洗净—腌渍—糖醋渍—成品。

3. 制作规程

（1）把菜洗净沥干水分。

（2）把盐化成 10 度清盐水加入菜缸内进行腌渍，盐水要超出菜面 5 厘米。每天搅动 1~2 次，腌渍 10 天后捞出沥干水分。

（3）把白糖、凉开水，加入香醋中加热熬开。冷却 24 小时后倒入菜缸内拌匀。密封缸口，存放在室内。加缸盖防尘，防蝇，不能进生水。连续浸泡 30 天即成成品。

4. 质量标准

色泽鲜亮，脆甜微酸。出品率：60%左右。

（五）水晶宝塔菜

1. 配料比例

鲜宝塔菜 50 千克，甜面酱 30 千克，无色酱油 5 千克。

2. 工艺流程

宝塔菜—清洗—焯水—加工—酱渍—成品。

3. 制作规程

（1）把菜洗净沥干水分。放入沸水中焯水，要不断翻动，使菜受热均匀。当菜心微有白线点时，菜无甜味而脆。要立即捞出装入酱袋，每袋 10 千克加入无色酱油 1 千克。扎紧口，排放在干净缸内。

（2）把甜面酱倒入菜缸内进行酱渍，酱要超出菜面 5 厘米。每天翻动酱袋 1 次，调动酱袋上下位置。用手轻压酱袋，挤出酱袋内的气体，使菜受酱均

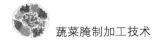

匀。酱渍期间，要日晒夜露，刮风下雨要盖缸防尘，防雨。连续酱渍10天即成成品。

4. 质量标准

色泽透亮，酱香浓郁，脆嫩咸香。出品率：60%左右。

第四节　茎菜类

一、大蒜

原料选择：夏至前4~5天采收的鲜大蒜。10~12个头500克左右，蒜皮白，肉质嫩，辣味少。蒜把不能超过1.5厘米，去根须，无病害，不烂，不散瓣。

（一）白糖蒜

方法一：

1. 配料比例

鲜蒜50千克，食盐4.4千克，白糖25千克，凉开水9千克。

2. 工艺流程

鲜蒜—加工—泡蒜—腌渍—晒蒜—熬糖液—装坛—滚坛—成品。

3. 制作规程

（1）加工，泡蒜。把蒜外皮剥去2~3层，放入清水中浸泡，水要超出蒜面8~10厘米。每天换水1次，并用木棍轻轻搅动，散发蒜的辣味。连续浸泡5~7天，直到蒜全部沉到水面以下冒出气泡后捞出，用清水洗净沥干水分。

（2）腌渍。按50千克蒜加3千克盐进行腌渍。先在缸底撒一层盐放一层蒜，每层蒜不能超过15厘米。按此方法一层盐一层蒜腌至缸满。撒盐要下少上多，最后在菜面撒一层封口盐。6小时翻缸1次，以后，每天翻缸1次。3天后，把蒜捞出晾干表面盐分。

（3）晒蒜。把蒜按顺序在蓆上排好进行晾晒。3~4小时翻动1次，晒至蒜外皮有韧性时收起。

（4）熬制糖液。把1.4千克盐、白糖加入清水中加热熬开，使盐和白糖完全溶化熬成糖液，然后冷却24小时备用。

（5）装坛。先把坛子洗净晾干。然后，把同等重量的蒜装入坛中，装成标准坛，再灌入糖液。密封缸口后，存放在阴凉、干燥、通风的地方进行糖渍。

（6）滚坛。坛子装好后，次日开始滚坛，每天滚2~3次。两天后开坛口放气，以后每当坛口鼓起来都要放气。放气时间一般在晚上，早上把坛口封好开始滚坛。20 天后，每天滚两次，30 天后，每天滚 1 次。糖渍 45~50 天即成成品。

4. 质量标准

蒜头白亮，不散瓣，甜味浓，有微辣蒜味。出品率：90%左右。

方法二：

1. 配料比例

鲜蒜 50 千克，食盐 4 千克，白糖 28 千克，白醋 1.5 千克，凉开水 35 千克。

2. 工艺流程

鲜蒜—加工—泡蒜—腌渍—晾晒—糖渍—打耙—封缸—成品。

3. 制作规程

（1）加工。鲜蒜要在室内加工，堆放不能超过 5 小时。先把蒜皮剥去 3~4 层，然后放入清水中浸泡。

（2）泡蒜。把蒜放入清水缸中浸泡，水要超出蒜面 10~20 厘米。每天换水 1 次，浸泡 5~7 天。直到蒜全部沉入水面以下，不停的冒气泡时捞出沥干水分。

（3）腌渍。先在缸底撒一层盐，放一层蒜，每层蒜不能超过 15 厘米。按此方法腌至离缸口 10 厘米，腌渍 8 小时后加入凉开水。水要超出蒜面 5~10 厘米继续腌渍 24 小时。这样可以抑制蒜酶的分解，防止蒜根部糖渍时发生变化。

（4）晾晒。把蒜平排在蓆上晾晒 1 天，4 小时翻动 1 次，使蒜晾晒均匀。晒至蒜表皮发白微皱为宜。晾晒是防止蒜液更多的溶解到糖液中，影响糖液的溶度。

（5）糖渍。把白糖放入凉开水中烧开，白糖全部融化后加入白醋冷却 24 小时。然后倒入蒜缸内进行糖渍，糖液要超出蒜面 5 厘米。糖渍期间，每天要打耙 3~4 次。打耙要沿缸边打耙，打中间时要轻。打耙主要是散发蒜的辣味，不要把蒜打开瓣，影响蒜的质量。

（6）封缸。糖渍 25 天后，蒜吸收糖液下沉。这时要并缸，再加入糖液，糖液要超出蒜面 5~10 厘米。然后，密封缸口，存放在阴凉、干燥、通风的地方。加缸盖，防尘，防雨，防晒，防蝇。每天要观察糖液发泡情况，如个别蒜发泡严重，产生刺激酸辣味要及时捞出，以免影响其他蒜的质量。连续糖渍 90~100 天即成成品。

4. 质量标准

蒜头洁白，表面透明，味道甜脆。出品率：90%左右。

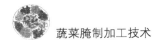

方法三：

1. 配料比例

大蒜 50 千克，米醋 250 克，食盐 3.5 千克，白糖 25 千克。凉开水 35 千克。

2. 工艺流程

大蒜—加工—泡蒜—腌渍—晾晒—糖渍—滚坛—成品。

3. 制作规程

（1）加工，泡蒜。把蒜皮剥去 3~4 层，放入清水缸中浸泡，水要超出蒜面 10 厘米。每天换水 1 次，用木棍轻轻搅动排出蒜缸内的辣味。浸泡 5~7 天，把蒜泡至发亮，全部沉到水面以下后捞出，沥干水分。

（2）腌渍。先在缸底撒一层盐，放一层蒜，每层蒜不要超过 10 厘米。按此方法，腌至离缸口 10 厘米。撒盐要下少上多。最后，在蒜面撒一层封口盐，倒入凉开水，水要超出蒜面 5 厘米。腌渍 6~8 小时，用木棍轻轻搅动蒜缸，散发缸内热量和蒜排出的辣味。促使盐的溶化。连续腌渍 24 小时后捞出，沥干盐分。

（3）晾晒。把蒜排放在蓆上晾晒，4 小时翻动 1 次，晾晒 1 天。晒至蒜皮微皱，收回室内，放在阴凉通风处摊开散热。防止蒜发烧，影响腌蒜质量。

（4）糖液配制。按 50 千克清水，加入 3 千克盐、5 千克白糖的比例加热熬成糖液，冷却 24 小时后加入米醋拌匀。

（5）糖渍。按 50 千克蒜加入 20 千克白糖的比例进行腌制，先在坛底撒一层白糖放一层蒜，每层蒜不能超过 10 厘米。腌至离坛口 5 厘米。然后加入糖液，扎紧坛口，把坛放倒滚动。使蒜和糖液黏附均匀，充分糖渍。

（6）滚坛。把蒜装坛糖渍，前 3 天，每天滚坛 1 次。每两天开口放气 1 次。要晚上放气，早上把坛口封好。按此方法进行糖渍 30 天。再密封坛口存放在阴凉、干燥、通风的地方。糖渍 60 天即成成品。

4. 质量标准

色白晶亮，不散瓣，质脆味鲜，微甜微酸。出品率：90% 左右。

（二）糖醋蒜

1. 配料比例

鲜蒜 50 千克，白糖（红糖）2 千克，糖精 5 克，食盐 3.5 千克，米醋 30 千克。

2. 工艺流程

鲜蒜—加工—泡蒜—腌渍—咸蒜—糖醋渍—成品。

3. 制作规程

（1）加工，泡蒜。把蒜皮剥去 3~4 层，放入清水缸中浸泡。每天换水 1 次，连续浸泡 5~7 天捞出沥干水分。

（2）腌渍。先在缸底撒一层盐放一层蒜，每层蒜不能超过 10 厘米。按此方法一层盐一层蒜腌至离缸口 10 厘米。撒盐要下少上多。缸满后撒一层封口盐，然后加入凉开水。每天要用木棍轻轻搅动缸内的蒜，散发缸内的热量和辣味。腌制 40 天即成咸蒜。

（3）晒蒜。把咸蒜捞出沥干盐水，放在席上晾晒 1~2 天。晒的蒜皮起皱时收起，散热 24 小时备用。

（4）糖醋渍。把白糖（红糖）、糖精加入米醋中加热熬化。冷却 24 小时后，倒入晒好的蒜缸内进行浸泡。糖醋渍期间，要把蒜缸存放在室内。加缸盖，防尘，防蝇，不能进生水，30 天后即成成品。

4. 质量标准

色泽晶莹，甜酸可口。出品率：90% 左右。

（三）白糖蒜米

1. 配料比例

鲜蒜米 50 千克，食盐 7.5 千克，16 度盐水 3.5 千克。

2. 工艺流程

鲜蒜米—加工—漂烫—腌渍—成品。

3. 制作规程

（1）选用夏至前后的大蒜，蒜米剥皮后 4 小时内必须加工。蒜米要求：大小均匀，无病害，无损伤，不变色，不变质。

（2）漂烫。把水烧开后放入蒜米进行漂烫，要不停的搅动蒜米，使蒜米漂烫均匀，烫透而不面。这时要立即捞出，放入冷水中浸泡冷却，使蒜米变脆。每锅水漂烫蒜米不能超过 3 次，必须换水烧开再用。

（3）腌渍。把 50 千克蒜米加入 7.5 千克盐拌匀，然后加入 3.5 千克 16 度盐水进行腌渍。4 小时后开始翻缸，使蒜米腌渍均匀。同时，可以散发蒜的热量保色。每天要翻缸 1 次，7 天后，5 天翻缸 1 次。腌渍期间，要把蒜缸放在室内干燥、通风处。盖好缸，防尘，防蝇，不能进生水，防止污染。连续腌渍 60 天即成成品。

4. 质量标准

色泽白亮，脆咸可口。出品率：80% 左右。

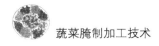

（四）蜂蜜蒜米

1. 配料比例

鲜蒜米 50 千克，白糖 30 千克，蜂蜜 10 千克，食盐 5 千克，5 度盐水 30 千克。

2. 工艺流程

鲜蒜米—加工—浸泡—漂烫—腌渍—糖蜜渍—成品。

3. 制作规程

（1）泡蒜。把蒜米脱皮后立即放入 5 度盐水中浸泡 3 天。蒜米起泡后，再泡 8~10 小时。捞出沥干盐水。然后，把蒜米放入清水中浸泡 8~10 小时捞出沥干水分。

（2）漂烫。把清水烧开后放入蒜米进行漂烫。要不停的搅动蒜米，蒜米漂烫均匀后，立即捞入冷水中冷却，使蒜米变脆。

（3）腌渍。把冷却后的蒜米加入盐拌匀，再倒入盐水进行腌渍。盐水要超出蒜米 5 厘米，每天搅动 1~2 次。3 天后，每 5 天搅动 1 次。60 天后腌制成咸蒜米。

（4）糖蜜渍。把咸蒜米用清水洗净，沥干水分晾干。放入干净缸内。再把白糖、蜂蜜混合后加热熬成糖液。冷却 24 小时后，倒入蒜米缸内进行糖蜜渍。腌制期间，要把缸放在室内。盖好缸，防尘，防蝇，不能进生水。7 天后即成成品。

4. 质量标准

色泽白亮，脆甜可口。出品率：80%左右。

（五）腊八蒜（冻蒜）

1. 配料比例

蒜米 50 千克，大葱白 2.5 千克。大白菜 2.5 千克，白醋 30 千克，食盐 3.5 千克。

2. 工艺流程

蒜米—洗净—加工—浸泡—冷冻—成品。

3. 制作规程

（1）选用干净大小均匀的蒜米。要求：无损伤，不变色，不变质。加工时间：在冬至以后，气温在 -4~-3℃。

（2）把大葱切成 2 厘米的葱段，再切成细丝。白菜切成 5 厘米的菜条。和蒜米拌匀放入干净缸内。然后，把盐加入白醋中化开后倒入蒜米缸内进行浸泡。

（3）浸泡期间，要把缸放在室外冷冻。加缸盖，防尘，防晒，防雨。10

天后即成成品。

4. 质量标准

色泽翠绿，酸辣香脆。出品率：90%左右。

（六）咸蒜

1. 配料比例

鲜大蒜 50 千克，食盐 8 千克，凉开水 30 千克。

2. 工艺流程

鲜蒜—加工—浸泡—腌渍—成品。

3. 制作规程

（1）把蒜皮剥去 2~3 层，放入清水缸中浸泡 5~7 天。水要超出蒜面 5 厘米，每天换水一次。使蒜全部沉入水面以下后捞出，沥干水分。

（2）先在缸底撒一层盐，放一层蒜。按此方法，一层盐一层蒜腌至离缸口 10 厘米。然后，在缸口撒一层封口盐加入凉开水。水要超出蒜面 5~8 厘米。每天翻动 1 次，连翻 3 天。使盐全部溶化后密封缸口进行腌渍。30 天即成成品。

4. 质量标准

色泽乳白透亮，脆嫩爽口，咸香微辣。出品率：90%左右。

（七）醋蒜

1. 配料比例

鲜蒜 50 千克，10 度盐水 30 千克，米醋 30 千克。

2. 工艺流程

鲜蒜—加工—泡蒜—腌渍—晾晒—醋渍—成品。

3. 制作规程

（1）选用小满前的白皮蒜。剥去蒜皮 2~3 层，放入清水缸中浸泡 5~7 天。每天换水 1 次，散发蒜的辣味。使蒜全部沉入水面以下后捞出，沥干水分。

（2）把盐水加入蒜缸内进行腌渍，盐水要超出蒜面 5 厘米。每天翻动 1 次，连续腌渍 7~10 天捞出，沥干盐水。

（3）把蒜放在蓆上晾晒 1~2 天。每 4~6 小时翻动 1 次，晒至蒜皮发皱收起放凉。

（4）把米醋加热熬开冷却 24 小时。然后，加入蒜缸内进行醋渍，醋液要超出蒜面 5 厘米。每天用木棍搅动 1~2 次，3 天后，密封缸口，存放在阴凉、干燥、通风的地方。90 天即成成品。

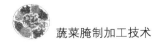

4. 质量标准

色泽白亮，咸酸脆嫩。出品率：90%左右。

（八）酱蒜

1. 配料比例

鲜蒜 50 千克。10 度盐水 30 千克。红糖 3 千克，一级酱油 15 千克，配料水（八角、花椒、桂皮、茴香、陈皮各 50 克熬制）15 千克。

2. 工艺流程

鲜蒜—加工—泡蒜—腌渍—晾晒—酱渍—成品。

3. 制作规程

（1）把蒜皮剥去 2~3 层，放入清水缸内浸泡 5~7 天，水要超出蒜面 10 厘米。每天换水 1 次，使蒜全部沉入水面以下后捞出，沥干水分。

（2）把盐水倒入蒜缸内腌渍，盐水要超过蒜面 10 厘米。每天用木棍搅动 1~2 次，散发缸内的热量，使蒜腌渍均匀。10 天后捞出，沥干盐水。

（3）把蒜放在蓆上晾晒 1~2 天。每 4~6 小时翻动 1 次，晒至蒜皮起皱时收起放凉。

（4）把酱油、红糖、配料水混合均匀，加热熬开后，冷却 24 小时。然后，倒入蒜缸内进行酱渍。酱液要超出蒜面 5 厘米。每天搅动 1~2 次，3 天后，密封缸口。存放在阴凉、干燥、通风的地方。连续酱渍 30 天即成成品。

4. 质量标准

色泽浅红，甜咸脆嫩。出品率：90%左右。

（九）红糖蒜

1. 配料比例

鲜蒜 50 千克，红糖 15 千克，一级酱油 7 千克，10 度盐水 30 千克，配料水（八角、花椒、桂皮、良姜、陈皮各 50 克熬制）20 千克。

2. 工艺流程

鲜蒜—加工—浸泡—腌渍—糖渍—成品。

3. 制作规程

（1）把蒜皮剥去 2~3 层，放入清水中浸泡 5~7 天。水要超出蒜面 5 厘米。每天换水一次，要用木棍轻轻搅动缸内的蒜，散发蒜的辣味。使蒜全部沉入水面以下捞出沥干水分。

（2）把蒜放入 10 度盐水中腌渍，每天搅动 1 次，10 天后捞出沥干水分。然后，把蒜放到蓆上晾晒 1~2 天。晒至蒜皮起皱时收起放凉。

（3）把红糖、酱油和配料水混合后加热熬开。冷却 24 小时后，把熬制的糖液倒入蒜缸内进行糖渍。每天搅动 1~2 次，3 天后密封缸口，存放在阴凉、干燥、通风的地方。糖渍 40 天即成成品。

4. 质量标准

色泽棕红，脆甜微咸。出品率：90%左右。

（十）桂花蒜

1. 配料比例

鲜蒜 50 千克，白糖 13 千克，食盐 3 千克，米醋 4 千克，桂花 1 千克，冰块 1 千克，凉开水 20 千克。

2. 工艺流程

鲜蒜—加工—浸泡—腌渍—晾晒—糖渍—桂花渍—成品。

3. 制作规程

（1）把鲜蒜皮剥去 2~3 层，放入清水缸中浸泡，水要超出蒜面 5 厘米。每天换水一次，搅动 1~2 次，散发蒜的辣味。第三天换水时放入冰块，降低缸内水温。浸泡 5~7 天后捞出，沥干水分。

（2）把蒜和盐拌匀，腌渍 1~2 天。每天翻动 1~2 次，促使盐的溶化。盐化完后，沥干盐水。放在蓆上晾晒 1 天，在手握蒜不滴水时收起放凉。

（3）先在缸底撒一层白糖，放一层蒜。按此方法，一层糖一层蒜腌制离缸口 10 厘米，在蒜面撒一层封口糖。进行糖渍 1 天。

（4）把醋和桂花加入凉开水拌匀后倒入蒜缸内进行腌渍。蒜缸要存放在阴凉、干燥、通风处。每天搅动 1~2 次，3 天后密封缸口，每 3~4 天，晚上要开口放气，早上把缸口封严。连续腌制 40 天即成成品。

4. 质量标准

色泽晶莹，脆甜微酸，有桂花香味。出品率：90%左右。

（十一）玫瑰蒜

1. 配料比例

鲜蒜 50 千克，白糖 20 千克，食盐 3.5 千克，白醋 1.2 千克，玫瑰花 500 克。

2. 工艺流程

鲜蒜—加工—浸泡—腌渍—晾晒—糖渍—玫瑰花渍—成品。

3. 制作规程

（1）选用小满前后的嫩蒜。剥去蒜皮 2~3 层，放入清水缸中浸泡。水要超出蒜面 5 厘米，每天换水 1 次。浸泡 5~7 天捞出，沥干水分。

（2）把盐加入蒜中拌匀腌渍 2~3 天。每天翻动 1 次，盐化完后，沥干盐水，进行晾晒 1~2 天。晒至蒜皮出现皱皮收起放凉。

（3）先在缸底撒一层糖，放一层蒜。按此方法，一层糖一层蒜腌至离缸口 10 厘米，在蒜面撒一层封口糖进行糖渍。每天翻缸 1 次，连翻 3 天。每次翻缸都要把缸底的糖液回浇在蒜上面。然后，加入白醋拌匀进行糖渍。

（4）糖渍 40 天后拌入玫瑰花。拌匀后，密封缸口，存放在阴凉、干燥、通风处进行腌制。连续腌制 5~7 天即成成品。

4. 质量标准

色泽透明，甜味浓厚，有玫瑰花香。出品率：90%左右。

（十二）翡翠蒜

1. 配料比例

干鲜蒜米 50 千克，白糖 30 千克，白醋 30 千克，大葱白 2 千克，嫩菠菜 2 千克。

2. 工艺流程

蒜米—洗净—醋渍—糖渍—成品。

3. 制作规程

（1）选择大小均匀，表面洁白的白蒜米，洗净晾干表面水分。

（2）醋渍蒜米选在冬至以后，气温在-4~-2℃。把大葱白洗净切成细丝，把菠菜去根洗净晾干表面水分。然后和白醋一起放入蒜米缸内进行浸泡。每天搅动 1~2 次，醋渍 10~15 天。蒜米浸泡成淡绿色时捞出，沥干醋液。

（3）把白糖加入蒜米中拌匀。每天翻动 1 次，连翻 3 天后密封缸口。存放在阴凉、干燥、通风的地方。糖渍 5 天后即成成品。

4. 质量标准

色泽淡绿，鲜甜蒜辣。出品率：90%左右。

二、蒜薹

（一）咸蒜薹

1. 配料比例

鲜蒜薹 50 千克，食盐 8 千克。

2. 工艺流程

鲜蒜薹—加工—洗净—腌渍—成品。

3. 制作规程

（1）去掉蒜薹上部的花苞和下部的粗纤维部分。然后切成 3~4 厘米的小段洗净，沥干表面水分。

（2）先在缸底撒一层盐，放一层蒜薹。每层蒜薹不能超过 5 厘米。按此方法，一层盐一层蒜薹腌至离缸口 5 厘米。每层都要按实。缸满后，再撒一层封口盐。每天翻缸 1 次，连翻 3 天。3 天后，每 3~4 天翻缸 1 次。每次翻缸都要把缸底的盐水澄清后回浇在蒜薹上。再把蒜薹按实。连续腌渍 15~20 天即成成品。

4. 质量标准

色泽碧绿，脆咸微辣。出品率：70%左右。

（二）酱蒜薹

1. 配料比例

鲜蒜薹50千克，食盐4千克，甜面酱30千克。

2. 工艺流程

蒜薹—加工—洗净—腌渍—酱渍—成品。

3. 制作规程

（1）去掉蒜薹上部花苞和下部粗纤维。然后，加工成3~4厘米小段。洗净后沥干表面水分。

（2）先在缸底撒一层盐，放一层蒜薹。每层蒜薹不能超过5厘米。按此方法进行腌制，一层盐，一层蒜薹腌至离缸口5厘米。层层压实，在缸口撒一层封口盐。每天翻缸1次，连翻3天，散发缸内的辣味和温度。3天后，每5天翻缸1次。连续腌制15天后捞出，沥干盐水。

（3）把蒜薹装入酱袋，装成标准数量，扎紧口。口朝上，排放在酱缸内。然后，倒入甜面酱进行酱渍，酱要超出酱袋5厘米。每天打耙2~3次，上下调整酱袋位置。轻轻挤压酱袋，排出袋内气体。酱渍期间，要盖缸防尘，防雨，防晒。连续酱渍15~20天即成成品。

4. 质量标准

色泽碧绿，酱香浓郁，脆嫩咸鲜。出品率：70%左右。

（三）糖醋蒜薹

1. 配料比例

鲜蒜薹50千克，食盐6千克，白糖10千克，米醋7千克，清水10千克。

2. 工艺流程

蒜薹—加工—洗净—腌渍—糖醋渍—成品。

3. 制作规程

（1）去掉蒜薹上部花苞和下部粗纤维。洗净后，切成3~4厘米的小段。

（2）把盐化成10度清盐水，倒入蒜薹缸内进行腌渍。盐水要超出蒜薹5~10厘米。每天翻缸1次，散发蒜薹的辣味。3天后，每5天翻动1次。连续腌渍15天捞出，沥干水分。

（3）把白糖加入清水加热熬开，冷却后加入米醋搅匀。然后，倒入蒜薹缸内进行糖醋渍。糖醋液要超出蒜薹10厘米。每天搅动2~3次，3天后，密封缸口。存放在阴凉、干燥、通风的地方。连续腌制20天即成成品。

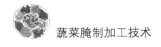

4. 质量标准

色泽黄绿，甜酸脆嫩。出品率：70%左右。

（四）芝麻蒜薹

1. 配料比例

鲜蒜薹50千克。食盐3千克，味精50克，芝麻1千克，十三香20克。

2. 工艺流程

蒜薹—加工—洗净—焯水—拌料—成品。

3. 制作规程

（1）去掉蒜薹上部的花苞和下部的粗纤维。洗净后，切成3~4厘米的小段。

（2）把蒜薹放入开水中焯水1分钟。捞出沥干水分，摊开冷却放凉。把芝麻炒熟，味精用温水化开备用。

（3）把蒜薹加盐拌匀腌渍1天，沥干盐水。然后，加入芝麻、十三香和味精水拌匀。密封缸口，存放在阴凉、干燥、通风的地方。3天后即成成品。

4. 质量标准

色泽脆绿，脆嫩鲜香。出品率：70%左右。

（五）麻辣蒜薹

1. 配料比例

鲜蒜薹50千克，食盐4千克，十三香20克，麻辣油（用麻椒和干辣椒放在香油中加热熬的油）50克。

2. 工艺流程

蒜薹—加工—洗净—焯水—拌料焖缸—成品。

3. 制作规程

（1）去掉蒜薹上部的花苞和下部的粗纤维，切成3~4厘米的小段，洗净沥干水分。

（2）把水烧开，放入蒜薹焯水1分钟，立即捞出放入冷水中浸泡3~5分钟。然后，捞出沥干水分，加盐拌匀。腌渍3~5小时，沥干盐水。

（3）把蒜薹和十三香拌匀装缸按实。盖好缸，焖缸5~6小时。使蒜薹和五香粉完全溶合后，加入麻辣油拌匀。把缸存放在阴凉、干燥、通风的地方。密封缸口，加缸盖。防尘，防雨，防晒，不能进生水。腌制7天后即成成品。

4. 质量标准

色泽翠绿，脆嫩麻辣。出品率：70%左右。

（六）五香蒜薹

1. 配料比例

蒜薹50千克，食盐4千克，生姜1千克，特制五香粉（八角、花椒、茴香、桂皮、良姜各 50 克加工的五香粉）50 克，花椒油 150 克，味精 20 克。

2. 工艺流程

蒜薹—加工—洗净—焯水—腌渍—拌料焖缸—成品。

3. 制作规程

（1）去掉蒜薹上部的花苞和下部的粗纤维，加工成 3~4 厘米的小段，用清水洗净，沥干水分。

（2）把清水烧开，放入蒜薹焯水 1 分钟，立即捞入冷水中浸泡 3~5 分钟后捞出，沥干水分。

（3）把蒜薹和盐拌匀装缸按实进行腌渍。次日翻缸 1 次，连翻 3 天。每次翻缸，都要把缸内盐水澄清后回浇在蒜薹上。缸内的盐全部化完后，把蒜薹捞出沥干盐水。

（4）把生姜洗净刮皮切成细丝。再和五香粉，味精一起拌入蒜薹中。拌匀后装缸按实进行腌制。腌制期间，要把缸存放在阴凉、通风、干燥的地方。盖好缸，防尘，防雨，防晒。不能进生水。焖缸 3 天后，加入花椒油拌匀即成成品。

4. 质量标准

色泽黄绿，脆嫩味香。出品率：70%左右。

三、笋薹（莴笋）

原料选择：5 月上中旬七八成熟的笋薹（掐过笋尖花蕾后再生长 7~8 天的鲜笋薹）。笋薹要求：个重 500 克以上，无空心，无黑心，无断层，无裂疤，无病害，长 25~30 厘米。中间粗为母指和食指合拢握住笋薹，两指中间留有 1~2 指的间隙。腌菜选用白笋薹比青笋薹好。

（一）咸笋薹

1. 配料比例

鲜笋薹 50 千克，食盐 10 千克。

2. 工艺流程

笋薹—加工—洗净—腌渍—成品。

3. 制作规程

（1）先把笋薹剥去笋叶，切去老根，刮去外皮，放入清水中浸泡 3~4 小时。然后捞出沥干表面水分。

（2）初腌。按加工后的笋薹，加入 2 千克盐进行腌渍。先在缸底撒一层盐放一层笋薹，每层笋薹不能超过 5 厘米。按此方法，一层盐一层笋薹进行腌制。撒盐要下少上多，腌至缸满撒一层封口盐。次日翻缸，把笋薹捞出沥干盐水。

（3）复腌。把沥干盐水的笋薹再加入 8 千克盐进行腌渍。腌制方法和初腌相同。次日开始翻缸 1 次，连翻 3 天，使缸内的盐完全溶化。以后，3 天翻缸 1 次。腌制期间，要盖缸。防尘，防雨。防晒。连续腌渍 20 天即成成品。

4. 质量标准

色泽微黄，透亮咸脆。出品率：25%左右。

（二）咸笋丝

1. 配料比例

鲜笋薹 50 千克，食盐 4 千克。

2. 工艺流程

笋薹—加工—洗净—加工—腌制—晾晒—成品。

3. 制作规程

（1）先把笋薹剥去笋叶，切去老根，刮去外皮。然后把笋薹洗净，切成粗细 0.3 厘米的笋丝。

（2）把盐加清水烧开，放入笋丝。水开锅后翻动笋丝 1 次。再开锅立即捞入冷水中浸泡。完全冷却透捞出，沥干水分。

（3）把笋丝摊在蓆上晾晒，每 3~4 小时翻动 1 次。把 50 千克笋丝晒成 5 千克干笋丝即可收起。晾晒期间，晚上要收回室内，白天要防雨。

（4）晒干的笋丝要存放在干燥、通风的地方。防止发霉变质。出售时，用清水泡软。根据需要，可以加工成各种花色品种。

4. 质量标准

笋丝有韧性，咸鲜，煎炒凉拌均可。出品率：10%左右。

（三）蜜汁笋片

1. 配料比例

鲜笋薹 50 千克，食盐 7.5 千克，蜂蜜 1.5 千克，白糖 10 千克。

2. 工艺流程

笋薹—加工—洗净—腌渍—脱盐—拌料—焖缸—成品。

3. 制作规程

（1）把笋薹剥去笋叶，切去老根，刮去外皮。放入清水中浸泡 2~3 小时。捞出沥干水分。然后，加工成厚 0.5 厘米的笋片。

（2）把盐化成 12 度的盐水，倒入笋片缸内进行腌渍。每天搅动 1 次。连续浸泡 7 天后捞出沥干盐水。

（3）把腌渍后的笋片放入清水中浸泡 2~3 小时，使笋片的盐度降至 6~8 度时捞出，晾干表面水分。

（4）把蜂蜜和白糖拌匀掺入笋片中，拌匀后装缸按实。次日翻缸 1 次，密封缸口。存放在阴凉、通风、干燥的地方。加缸盖，防尘，防蝇，不能进生水。连续糖渍 7 天即成成品。

4. 质量标准

色泽乳白，鲜嫩脆甜。出品率：25%左右。

（四）酱虎皮笋蔓

1. 配料比例

鲜笋蔓 50 千克，食盐 16 千克。回笼酱 25 千克，甜面酱 25 千克。

2. 工艺流程

笋蔓—加工—洗净—初腌—复腌—脱盐—加工—回笼酱酱渍—甜面酱酱渍—成品。

3. 制作规程

（1）先把笋蔓剥去笋叶，切去老根，刮去外边老皮，留住白夹。然后，放入清水中浸泡 1~2 小时后捞出，沥干水分。

（2）初腌。先把笋蔓加入 6 千克盐进行腌渍。在缸底先撒一层盐，按一层盐一层笋蔓进行腌制。撒盐要下少上多。按此方法，腌制缸满后，再撒一层封口盐。次日开始，每天翻缸 1 次。腌渍 4~5 天捞出，沥干盐水。放入清水中浸泡 2~3 小时捞出，晾干表面水分。

（3）复腌。把笋蔓再加入 10 千克盐进行腌渍，腌渍方法和初腌相同。腌制两天捞出，沥干盐水。

（4）把笋蔓放入回笼酱中酱渍。酱要超出笋蔓 5 厘米，每天翻动 1 次。3 天后，每 5 天翻动 1 次。连续酱渍 60 天后捞出，洗净酱液。

（5）把笋蔓放入清水缸中浸泡脱盐。水要超出笋蔓 10 厘米，浸泡 10~12 小时，使笋蔓盐度降至 6~8 度时捞出沥干表面水分。

（6）把笋蔓加工成 5 厘米长的小段。装入酱袋，扎紧口，口朝上排放在缸内。然后，加入甜面酱进行酱渍。甜面酱要超出酱袋 5 厘米，每天打耙 1~2 次。调整酱袋上下位置，用手轻轻按压酱袋，排出酱袋内的气体。酱渍期间，要日晒夜露。刮风下雨要盖缸，防尘，防雨。连续酱渍 30 天即成成品。

4. 质量标准

色泽酱红，酱香浓郁，脆嫩香甜。出品率：30%左右。

（五）培酱笋蔓

1. 配料比例

咸笋蔓 50 千克，酱黄 35 千克。

2. 工艺流程

咸笋蔓—洗净—压榨—酱渍—成品。

3. 制作规程

（1）把咸笋薹用清水洗净。装入筐内，摞 3 个筐高进行压水，每 3 小时调整一次筐的上下位置。压水 12 小时，把笋薹压出 30% 的水分即可。

（2）把笋薹加入 35 千克酱黄进行培酱。先在缸底撒一层酱黄，放一层笋薹。笋薹不能超过 5 厘米。按此方法，培至缸满。培酱时，要先留出 10% 的酱黄作为封顶使用，然后，把酱黄按下少上多进行培制。

（3）笋薹入缸后，要每天查看，用手往下用力按酱黄。使酱黄吸收笋薹的水分，加速酱黄的溶化。缸内的酱黄基本糊化完时，在缸口如果还有干酱黄，可以加适量 16 度清盐水帮助酱黄糊化。次日翻缸 1 次，15 天后再翻缸 1 次。以后，凡是酱缸表面酱色晒的发红时都要翻一次缸。

（4）酱渍期间，要日晒夜露。刮风下雨要盖缸防尘，防雨。连续酱渍 60~80 天即成成品。

4. 质量标准

色泽酱红，里外透亮，酱香浓郁，脆嫩爽口。出品率：70% 左右。

（六）油泼笋丝（片）

1. 配料比例

咸笋薹 50 千克，甜面酱 30 千克，白糖 4 千克，五香粉 20 克，味精 10 克，花生油 2 千克。

2. 工艺流程

咸笋薹—洗净—加工—脱盐—压榨—酱渍—拌料—成品。

3. 制作规程

（1）把笋薹洗净，加工成 0.3 厘米的笋丝（片）。放入清水缸中浸泡，水要超出菜面 5 厘米。浸泡 8~10 小时，使笋丝（片）的盐度降至 6~8 度时捞出压榨。榨出 30% 的水分后晾干表面水分。

（2）把笋丝（片）装入酱袋，扎紧口，放入甜面酱缸中进行酱渍。每天要翻动 1~2 次，上下调整酱袋位置，用手挤压出酱袋内的气体。连续酱渍 7~10 天捞出沥干酱液。

（3）把味精、白糖分别用温水化开，加入五香粉拌入笋丝（片）中。拌匀后装缸按实，密封缸口，焖缸 24 小时。

（4）把油烧热倒入笋丝缸内拌匀。把缸存放在阴凉，通风的地方。盖好缸，24 小时后即成成品。

4. 质量标准

色泽酱红，油光透亮，酱香浓郁，脆嫩爽口。出品率：50% 左右。

（七）辣油笋片

1. 配料比例

咸笋薹 50 千克，甜面酱 30 千克，辣椒油 5 千克，白糖 3 千克，味精 20 克。

2. 工艺流程

咸笋薹—洗净—加工—脱盐—压榨—酱渍—焖缸—成品。

3. 制作规程

（1）把咸笋薹洗净，加工成 0.5 厘米厚的笋片。放入清水缸中浸泡，水要超出笋片 10 厘米，浸泡 8~10 小时。使笋片盐度降至 6~8 度时捞出沥干水分。

（2）把笋片上榨，压榨出 30% 的水分。装入酱袋。扎紧口，放入甜面酱缸内进行酱渍。每天翻动 1~2 次，酱渍 15~20 天后捞出沥干酱液。

（3）把味精，白糖用温水化开，倒入笋片中拌匀。24 小时后，再把辣椒油加入笋片中。拌匀后，密封缸口。存放在阴凉、干燥、通风的地方。焖缸 48 小时即成成品。

4. 质量标准

色泽微黄，脆甜辣鲜。出品率：50% 左右。

四、藕

原料选择：鲜嫩、粗大的藕，藕节长在 10~15 厘米，粗细直径 4~5 厘米，不烂，无黑心，无病害。

（一）咸藕片

1. 配料比例

鲜藕 50 千克，食盐 10 千克，凉开水 10 千克。

2. 工艺流程

藕—加工—浸泡—腌渍—成品。

3. 制作规程

（1）把藕洗净，切去藕节，刮去外皮，切成 1 厘米厚的藕片。要立即放入清水中浸泡，1 小时后捞出沥干表面水分。

（2）腌渍。先在缸底撒一层盐放一层藕片，藕片不能超过 5 厘米。按此方法，一层盐一层藕片腌至离缸口 10 厘米，再撒一层封口盐。腌渍 1 小时后，加入凉开水，水要超出藕片 5 厘米。次日开始翻缸 1 次，连翻 3 天。缸内盐水少时要及时添加 16 度清盐水。盐水必须超出藕片，使藕片与空气隔绝，防止变质。连续腌制 20 天即成成品。

4. 质量标准

色泽洁白，脆嫩爽口。出品率：70%左右。

（二）糖醋藕片

1. 配料比例

鲜藕 50 千克，食盐 3 千克，香醋 20 千克，红糖 15 千克，桂花 300 克。

2. 工艺流程

藕—洗净—加工—焯水—浸泡—晾晒—腌渍—糖醋渍—成品。

3. 制作规程

（1）把藕洗净，切去藕节，刮去藕外皮，切成 1 厘米厚的藕片。立即放入清水中浸泡 10 分钟。然后，捞入开水中焯水 1~2 分钟，再捞入清水中浸泡 15~20 分钟。

（2）把藕片捞出沥干水分，放到蓆上进行晾晒。1~2 小时要翻动 1 次，晒至藕片失去 20%的水分时收起。

（3）把盐掺入藕片中拌匀，每 3 小时翻缸 1 次，腌渍 8~10 小时捞出，晾干表面水分放入干净缸内。

（4）把香醋、红糖和桂花混合加热熬成糖醋液。冷却 24 小时后，倒入藕片缸内搅拌均匀，密封缸口。存放在阴凉、干燥、通风的地方。盖好缸，防尘，防蝇，不能进生水。连续浸泡 60 天即成成品。

4. 质量标准

色泽金黄，脆嫩甜酸。出品率：70%左右。

（三）水晶藕片

1. 配料比例

鲜藕 50 千克，食盐 3 千克，甜面酱 30 千克，白糖 10 千克。

2. 工艺流程

藕—洗净—加工—焯水—浸泡—腌渍—酱渍—成品。

3. 制作规程

（1）把藕洗净，切去藕节，刮去藕外皮。切成 1 厘米厚的藕片。立即放入清水中浸泡 10~15 分钟。然后，放入开水中焯水，要不停的翻动藕片。发现藕片中心微现白线圈时，立即捞出。

（2）把藕片立即放入 12 度清盐水中腌渍 1~2 小时，然后，捞出晾干表面水分装入酱袋。扎紧口，口朝上，排放在缸内准备酱渍。

（3）把甜面酱倒入藕片缸内进行酱渍。酱缸要存放在室内，每天打耙 1~2 次。要上下调整酱袋位置，用手轻轻挤压酱袋内的空气。连续酱渍 10 天捞出，沥干酱袋上的酱液。

（4）把白糖掺入藕片中，拌匀后装缸。密封缸口，盖好缸，防尘，防蝇，不能进生水。糖渍5~7天即成成品。

4. 质量标准

色泽微红透亮，脆嫩香甜。出品率：70%左右。

（四）酱藕片

1. 配料比例

鲜藕50千克，8度清盐水50千克，甜面酱30千克。

2. 工艺流程

藕—洗净—加工—焯水—浸泡—腌渍—酱渍—成品。

3. 制作规程

（1）把藕洗净，切去藕节，刮去藕的外皮，切成1厘米厚的藕片。立即放入清水中浸泡10分钟。

（2）把藕片放入开水中焯水。要不停的翻动藕片，藕片中心微现白线圈时要立即捞入冷水中浸泡20~30分钟。藕片凉透后捞出，沥干表面水分。

（3）把藕片放入清盐水中腌渍，使藕片盐度达到6~8度时捞出沥干盐水，装入酱袋，扎紧口，口朝上放入干净缸内。

（4）把甜面酱倒入藕片缸内进行酱渍。酱缸要存放在室内，每天要打耙1~2次，盖好缸，防尘，防蝇，不能进生水。连续酱渍20天即成成品。

4. 质量标准

色泽金黄，酱香浓郁，脆嫩爽口。出品率：70%左右。

（五）姜汁藕片

1. 配料比例

鲜藕50千克，8度清盐水40千克，甜面酱30千克，鲜生姜10千克，白糖20千克，米醋3千克，味精50克。

2. 工艺流程

藕—洗净—加工—浸泡—焯水—腌渍—酱渍—拌料—焖缸—成品。

3. 制作规程

（1）把藕洗净，切去藕节，刮去藕的外皮，切成1厘米厚的藕片。立即放入清水中浸泡10~15分钟。

（2）把藕片放入开水中焯水，要不断搅动。当藕片中心微现白线圈时，立即捞入冷水中浸泡冷却透。然后，捞出沥干水分。

（3）把藕片装入酱袋，扎紧口，口朝上放入酱缸内。然后，倒入甜面酱进行酱渍。酱渍期间，每天打耙1~2次。要上下调动酱袋位置，用手轻轻按压酱袋，排出袋内气体。要盖好缸，防晒，防雨，防尘，防蝇。连续酱渍20

天即可捞出，沥干酱液，倒入另缸。

（4）把生姜洗净榨成姜汁，味精用温水化开。然后，和白糖、米醋掺匀，倒入藕片缸内。拌匀后，密封缸口。存放在阴凉、干燥、通风的地方。加缸盖，防尘，防蝇，不能进生水。焖缸 8~10 小时即成成品。

4. 质量标准

色泽鲜亮，姜味浓香，甜酸脆辣。出品率：70%左右。

（六）甜辣藕片

1. 配料比例

鲜藕 50 千克，白糖 30 千克，食盐 4 千克，生姜 2 千克，辣椒油 2 千克。

2. 工艺流程

藕—洗净—加工—焯水—腌渍—晾晒—拌料—焖缸—成品。

3. 制作规程

（1）把藕洗净，切去藕节，刮去藕的外皮，切成 1 厘米厚的藕片。立即放入清水中浸泡 10~15 分钟。然后，捞入开水中进行焯水 2~3 分钟。焯水时，要不停的翻动藕片。发现藕片中心有白线圈时，要立即捞入冷水中进行冷却。藕片冷透后捞出，晾干藕片表面水分。

（2）把盐化成 8 度盐水，倒入藕片缸内进行腌渍 24 小时。然后，捞出放到蓆上进行晾晒 1 天，收起放凉。

（3）把生姜切成薄片，和白糖、辣椒油拌匀，倒入藕片缸内翻拌均匀。然后，密封缸口，把缸存放在阴凉、干燥、通风的地方。加缸盖，防尘，防蝇，不能进生水。连续焖缸 5~7 天即成成品。

4. 质量标准

色泽油亮，甜辣微咸。出品率：70%左右。

（七）生姜藕片

1. 配料比例

鲜藕 50 千克，食盐 5 千克，生姜 3 千克，一级酱油 2 千克，十三香 20 克，白糖 2 千克，米醋 500 克。

2. 工艺流程

藕—洗净—加工—浸泡—焯水—腌渍—拌料—焖缸—成品。

3. 制作规程

（1）把藕洗净，切去藕节，刮去藕的外皮，切成 1 厘米厚的藕片。立即放入清水中浸泡 10~15 分钟。然后，放入开水中焯水。要不停的翻动藕片，当藕片中心微现白线圈时，捞入冷水中冷却凉透。再捞出沥干水分。

（2）把盐化成 10 度盐水，倒入藕片缸内进行腌渍 24 小时。然后，捞出沥干盐水。

（3）把生姜切成片和酱油、米醋、白糖、十三香拌匀。然后，倒入藕片缸内，翻拌均匀后密封缸口。把缸存放在阴凉、干燥、通风的地方。加缸盖，防尘，防蝇，不能进生水。焖缸 5~7 天即成成品。

4. 质量标准

色泽鲜亮，脆辣甜酸。出品率：70% 左右。

五、苤蓝

原料选择：选立冬前的鲜苤蓝。要求：齐顶，去根，不烂，不裂，无斑疤，无病害，无空心，无黑心。

（一）咸苤蓝

1. 配料比例

苤蓝 50 千克，食盐 10 千克，8 度清盐水 30 千克。

2. 工艺流程

苤蓝—加工—洗净—腌渍—成品。

3. 制作规程

（1）把苤蓝刮去外皮，切成 2~4 瓣，用清水洗净。然后，放入清盐水缸内进行浸泡。24 小时后捞出。

（2）先在缸底撒一层盐，放一层苤蓝。每层苤蓝不能超过 10 厘米。按此方法，一层盐，一层苤蓝进行腌制。撒盐要下少上多，腌至缸满后，撒一层封口盐。

（3）次日，开始翻缸 1 次，连翻 3 天。以后，每 3 天翻缸 1 次。每次翻缸都要把缸内的盐水澄清后，再倒回菜缸内。翻缸主要是促使盐的溶化、散发缸内的热量，降低菜的温度。腌制期间，缸内的盐水必须超出苤蓝 5~8 厘米。盖好缸，防尘，防晒，防雨。连续腌渍 30~40 天，把苤蓝全部腌透即成成品。

4. 质量标准

色泽米黄，透明脆咸。出品率：60% 左右。

（二）酱苤蓝

1. 配料比例

咸苤蓝 50 千克，回笼酱 40 千克，甜面酱 3.0 千克，白糖 5 千克。

2. 工艺流程

咸苤蓝—洗净—脱盐—晾晒—回笼酱酱渍—甜面酱酱渍—糖渍—成品。

3. 制作规程

（1）把咸苤蓝洗净表面盐水，放入清水缸中浸泡。水要超出苤蓝 10 厘米，浸泡 10~12 小时，中间换水 1 次，使苤蓝盐度降至 6~8 度时捞出，沥干

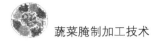

水分。

（2）把苤蓝放在晒台上进行晾晒6~8小时收起放凉。然后，放入回笼酱缸内进行酱渍。每天打耙2~3次，酱渍期间，要日晒夜露，刮风下雨要盖缸。防尘，防雨。连续酱渍15天捞出沥干酱液。

（3）把苤蓝再放入甜面酱缸内进行酱渍。酱渍方法和回笼酱酱渍相同。连续酱渍30天后捞出沥干酱液。

（4）把酱渍好的苤蓝加入白糖拌匀装缸，密封缸口。存放在阴凉、干燥、通风的地方。盖好缸，防尘，防蝇，不能进生水。焖缸8~10小时即成成品。

4. 质量标准

色泽晶莹透亮，酱香浓郁，脆甜咸香。出品率：80%左右。

（三）酱苤蓝丝

1. 配料比例

咸苤蓝50千克，生姜500克，甜面酱30千克。

2. 工艺流程

咸苤蓝—洗净—脱盐—酱渍—成品。

3. 制作规程

（1）把咸苤蓝洗净，加工成0.3厘米的细丝。然后，放入清水缸中浸泡8~10小时。水要超出菜丝10厘米，中间换水1次。使菜丝盐度降至6~8度时捞出，沥干菜丝表面水分。

（2）把生姜加工成0.3厘米的细丝和苤蓝丝掺匀。然后装入酱袋，扎紧口，口朝上排放在酱缸内，倒入甜面酱进行酱渍。酱渍期间，每天要打耙2~3次，调整酱袋上下位置。用手轻轻按压酱袋，挤出袋内的气体。刮风下雨要盖缸，防尘，防雨。连续酱渍7~10天即成成品。

4. 质量标准

色泽红亮，酱香浓郁，脆爽可口。出品率：70%左右。

（四）酸辣苤蓝

1. 配料比例

咸苤蓝50千克，生姜500克，白糖1千克，味精20克，一级酱油30千克，香醋3千克，小干红辣椒500克，大蒜500克。

2. 工艺流程

咸苤蓝—洗净—加工—脱盐—晾晒—酱油渍—成品。

3. 制作规程

（1）把咸苤蓝洗净，加工成1厘米见方的菱形块。放入清水缸中浸泡，水要超出菜面10厘米。浸泡8~10小时，使苤蓝的盐度降至6~8度。然后，捞出沥干水分。晾晒 3~4 天，使苤蓝脱水 50%后收起放凉。

（2）把生姜切成细丝，蒜捣成蒜泥。再把辣椒放入酱油和醋的混合液中。然后，加热烧沸，冷却至常温后加入味精。次日，倒入苤蓝缸内，加入姜丝和蒜泥拌匀。盖好缸，存放在室内，每天搅动 1~2 次。浸泡 7~10 天即成成品。

4. 质量标准

色泽红亮，外形美观，酸辣脆鲜。出品率：50%左右。

（五）酱苤蓝什锦

1. 配料比例

咸苤蓝 50 千克，豆角 5 千克，藕 5 千克，豇豆 5 千克，黄瓜 5 千克，核桃仁 1 千克，杏仁 1 千克，瓜子仁 500 克，石花菜 2 千克，生姜 3 千克，一级酱油 30 千克，味精 50 克，十三香 40 克，白糖 5 千克。

2. 工艺流程

咸苤蓝—洗净—加工—脱盐—辅料加工—酱渍—成品。

3. 制作规程

（1）把咸苤蓝洗净，加工成 1 厘米的菱形块。放入清水中浸泡 8~10 小时，水要超出苤蓝 10 厘米。中间换水 1 次，使菜的盐度降至 8~10 度时捞出，沥干表面水分。

（2）把藕、黄瓜加工成丁，姜切成细丝，豆角切成小段。然后，和豇豆、核桃仁、杏仁、瓜子仁、石花菜分别用盐腌制 3~5 小时。使其盐度达到 6~8 度备用。

（3）把酱油、白糖、十三香混合在一起加热熬开。然后加入味精，冷却 24 小时备用。

（4）把各种加工好的配料加入苤蓝中拌匀，装入酱袋，扎紧口，口朝上放入干净缸中。然后，倒入冷却好的酱汁进行酱渍。每天打耙 1~2 次，把缸放在阴凉、干燥、通风的地方。盖好缸，防尘，防蝇，不能进生水。连续酱渍 15~20 天即成成品。

4. 质量标准

色泽美观，甜咸可口。出品率：90%左右。

（六）酱苤蓝三样

1. 配料比例

咸苤蓝 50 千克，咸芹菜 5 千克，咸胡萝卜 5 千克，生姜 2 千克，一级酱油 30 千克，白糖 3 千克，味精 20 克。

2. 工艺流程

咸苤蓝—洗净—加工—脱盐—辅料加工—酱渍—成品。

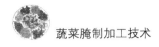
3. 制作规程

（1）把咸苤蓝、咸胡萝卜、咸芹菜，分别用清水洗净，沥干水分。

（2）把咸苤蓝加工成 1 厘米的菱形块，咸胡萝卜加工成 0.5 厘米的丁，咸芹菜加工成 2 厘米的小段。然后，分别用清水浸泡 8~10 小时。使菜的盐度都达到 6~8 度时捞出，沥干水分。

（3）把生姜切成细丝，和其他菜一起拌匀。然后，装入酱袋，扎紧口，口朝上放入干净缸内。

（4）把白糖放入酱油中加热熬开，放入味精拌匀。冷却 24 小时后倒入菜缸内进行酱渍。每天打耙 1~2 次。把缸放在阴凉、干燥、通风的地方。盖好缸，防尘，防蝇，不能进生水。连续酱渍 15~20 天即成成品。

4. 质量标准

色泽鲜亮，脆嫩香甜。出品率：85%左右。

（七）酱苤蓝五样

1. 配料比例

咸苤蓝 50 千克，咸胡萝卜 5 千克，咸笋薹 5 千克，咸藕 5 千克，咸宝塔菜 5 千克，生姜 2 千克，白糖 5 千克，桂花 200 克，青红丝 200 克，杏仁 300克，甜面酱 50 千克。

2. 工艺流程

咸苤蓝—洗净—加工—脱盐—配料加工—酱渍—成品。

3. 制作规程

（1）把咸苤蓝、咸胡萝卜、咸笋薹、咸藕、咸宝塔菜分别用清水洗净。再把咸苤蓝、咸胡萝卜、咸笋薹、咸藕分别加工成 0.5 厘米的菜丁。

（2）把加工好的菜和咸宝塔菜分别用清水浸泡 8~10 小时，使菜的盐度降至 6~8 度时捞出，沥干水分。

（3）把生姜洗净切成细丝，把杏仁放入开水焯水 3~5 分钟。然后，捞出和加工好的菜一起拌匀后装入酱袋。扎紧口。口朝上排放在酱缸内进行酱渍。

（4）酱渍期间，要日晒夜露。刮风下雨要盖缸，防尘，防雨。每天要翻动酱袋 1 次，上下调整酱袋的位置，用手轻轻挤压酱袋，排出酱袋内的气体。连续酱渍 15~20 天捞出酱袋，控净酱液，倒入干净缸内。

（5）把酱好的菜拌入白糖、桂花、青红丝。然后，密封缸口，把缸存放在阴凉、干燥、通风的地方。防尘，防蝇，不能进生水。连续腌制 5~7 天即成成品。

4. 质量标准

色泽美观，脆嫩香甜。出品率：90%左右。

第五节 叶菜类

一、芹菜

原料选择：立冬后茎叶青绿、肥壮、质嫩的鲜芹菜。芹菜以胡芹和西芹为主。要求：不烂，不冻，无病虫害。无毛根，无泥土，无黄叶。

（一）咸芹菜

方法一：

1. 配料比例

鲜芹菜 50 千克，食盐 10 千克。

2. 工艺流程

芹菜—加工—洗净—焯水—腌渍—成品。

3. 制作规程

（1）把芹菜洗净，放在开水中焯水 3 分钟。使芹菜变得翠绿后捞出，放入冷水中浸泡冷却。

（2）把冷却后的芹菜沥干水分，捆成 500 克左右的小把，然后开始腌制。先在缸底撒一层盐，放一层芹菜。按此方法，一层盐一层芹菜腌至离缸口 5 厘米。撒盐要下少上多，在缸口撒一层封口盐。次日开始翻缸 1 次，连翻 3 天。以后每 3 天翻缸 1 次。腌制期间，要把缸放在阴凉、干燥、通风的地方。盖好缸，防尘，防晒，防雨，防蝇，不能进生水。连续腌渍 10 天即成成品。

4. 质量标准

色泽碧绿，脆嫩咸鲜。出品率：50% 左右。

方法二：

1. 配料比例

鲜芹菜 50 千克，食盐 10 千克，十三香 50 克。

2. 工艺流程

芹菜—洗净—加工—腌渍—拌料—成品。

3. 制作规程

（1）把芹菜洗净，切成 3 厘米的小段。

（2）腌渍。在缸底撒一层盐放一层芹菜，每层芹菜不能超过 5 厘米。按此方法进行操作，一层盐一层菜，每层菜都要按实。撒盐要下少上多腌至离缸口 5 厘米，在撒一层封口盐。然后，把菜按实，放上竹片，压上石块。盖好缸盖。

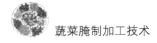

（3）把缸存放在阴凉、干燥、通风的地方。防尘，防雨，防晒。腌渍 24 小时开始翻缸，时间不宜过长，防止芹菜氧化变黄。翻缸时，要把芹菜拌入十三香，拌匀散开放入另缸。散发菜的热量，降低菜的温度。翻完后，缸底的盐水要澄清后倒回芹菜缸内。然后，把菜按实盖好缸，焖缸 1~2 天即成成品。

4. 质量标准

色泽青绿，脆嫩鲜香。出品率：50% 左右。

（二）酱芹菜

方法一：

1. 配料比例

鲜芹菜 50 千克，食盐 5 千克，一级酱油 10 千克，回笼酱 30 千克，甜面酱 30 千克。

2. 工艺流程

芹菜—洗净—加工—焯水—腌渍—回笼酱渍—甜面酱渍—成品。

3. 制作规程

（1）选梗长 70 厘米左右、鲜嫩粗壮的芹菜。去掉菜叶，削净根须，削成锥形。在根部交叉切十字刀，但不要切断。

（2）把清水烧开，先把芹菜根放入开水中焯水 3~5 分钟。然后，再把芹菜放入开水中烫至菜梗发绿捞出，放入冷水中，冷却 5~8 分钟后捞出沥干水分。

（3）腌渍。先在缸底撒一层盐放一层芹菜，每层芹菜不能超过 10 厘米。按此方法，一层盐一层菜腌至离缸口 5 厘米。撒盐要下少上多，在缸口撒一层封口盐。次日开始翻缸 1 次，连翻 3 天。散发菜的热量，降低菜的温度。每次翻缸后，都要把缸内的盐水澄清后再倒回芹菜缸内。盖好缸盖。

（4）回笼酱酱渍。芹菜腌渍 5 天，捞出沥干水分。每棵芹菜扎一个小把，装入酱袋。酱袋不要装的太满，扎紧口，排放在酱缸内。然后，把回笼酱加入 5 千克酱油搅拌均匀，倒入芹菜缸内进行酱渍。每天打把 1~2 次，调整酱袋位置。用手轻轻按压酱袋，挤出袋内气体。盖好缸盖。酱渍 5 天后捞出沥干酱液，放入另缸。

（5）甜面酱酱渍。把甜面酱加入 5 千克酱油搅拌均匀。然后，倒入芹菜缸内进行酱渍。酱渍方法和回笼酱酱渍方法相同。芹菜制作期间，要把缸存放在阴凉、干燥、通风的地方。防尘，防雨，防晒，防蝇。不能进生水。连续酱渍 40~50 天即成成品。

4. 质量标准

色泽澄黄，酱香浓郁，脆嫩鲜香。出品率：50% 左右。

方法二：

1. 配料比例

咸芹菜 50 千克，甜面酱 30 千克，姜丝 3 千克，白糖 5 千克，十三香 20 克。

2. 工艺流程

咸芹菜—洗净—加工—脱盐—酱渍—成品。

3. 制作规程

（1）把芹菜洗净，加工成 3 厘米的小段。然后，放入清水中浸泡 6~8 小时。使芹菜的盐度降至 6~8 度时捞出，沥干水分。

（2）把姜丝和芹菜拌匀，装入酱袋，扎紧口，口朝上排放在酱缸内。把甜面酱倒入酱缸进行酱渍。每天打把 1~2 次，要上下调整酱袋位置。用手轻轻按压酱袋，挤出袋内的气体。酱渍期间，要把酱缸存放在阴凉、干燥、通风的地方。加缸盖，防尘，防雨，防晒，防蝇。

（3）把芹菜酱渍 7~10 天，捞出酱袋，沥干酱液。然后，把芹菜加入白糖拌匀。装缸按实，密封缸口，盖好缸。连续焖缸 3~5 天即成成品。

4. 质量标准

色泽鲜亮，酱香浓郁，脆嫩甜香。出品率：90%左右。

（三）甜芹菜

1. 配料比例

鲜芹菜 50 千克，食盐 3 千克，白糖 10 千克。

2. 工艺流程

芹菜—洗净—加工—焯水—糖渍—成品。

3. 制作规程

（1）把芹菜去叶，去根洗净，加工成 3 厘米的小段。然后，放入沸水中进行焯水 2~3 分钟。把芹菜烫得发绿即可捞出，立即放入冷水中冷却，凉透后捞出放入沥干水分。

（2）把芹菜加盐拌匀进行盐渍。每天翻缸 1 次，连翻 3 天。每次翻缸后，都要把缸内的盐水澄清再倒回菜缸内。3 天后捞出，沥干盐水，放入另缸。

（3）把白糖加水熬开，熬成糖卤。冷却 24 小时，倒入芹菜缸内进行糖渍。糖渍期间，要把缸放在阴凉、干燥、通风的地方。密封缸口，盖好缸。防尘，防雨，防晒，防蝇。连续糖渍 3~5 天即成成品。

4. 质量标准

色泽青绿，脆甜爽口。出品率：50%左右。

（四）糖醋芹菜

1. 配料比例

鲜芹菜 50 千克，食盐 3 千克，白糖 15 千克，米醋 15 千克。

2. 工艺流程

芹菜—加工—洗净—焯水—腌渍—糖醋渍—成品。

3. 制作规程

（1）把芹菜去叶，去根洗净。然后，加工成 3 厘米的小段，放入沸水中进行焯水 2~3 分钟。把芹菜烫绿即可捞出放入冷水中进行冷却。凉透后，捞出沥干水分。

（2）把盐加入芹菜中拌匀进行腌渍，每天翻缸 1 次，连翻 3 天。3 天后捞出，沥干盐水。

（3）把白糖和米醋混合，加入适量清水熬成糖液。然后，倒入芹菜缸内进行糖醋渍。糖醋液要超出芹菜 5 厘米，每天搅动 1 次。3 天后，密封缸口，把缸存放在阴凉、干燥、通风的地方。盖好缸，防尘，防雨，防晒，防蝇。连续糖醋渍 5~7 天即成成品。

4. 质量标准

色泽鲜亮，脆嫩甜酸。出品率：50% 左右。

（五）酸辣芹菜

1. 配料比例

鲜芹菜 50 千克，食盐 3 千克，香醋 5 千克，生姜 500 克，小干红尖辣椒 2 千克，十三香 20 克，味精 20 克。

2. 工艺流程

芹菜—加工—洗净—焯水—腌渍—醋渍—成品。

3. 制作规程

（1）把鲜芹菜去叶去根，洗净后加工成 3 厘米的小段。然后，放入开水中焯水。芹菜变绿捞出，立即放入冷水中冷却凉透，再捞出沥干水分。

（2）把生姜洗净，切成细丝。再把姜丝和芹菜加盐拌匀进行腌渍，每天翻缸 1 次。腌渍 3 天后捞出沥干盐水。

（3）把辣椒、十三香放入醋中加热熬开，冷却至常温加入味精溶化。次日，把熬好的醋液倒入芹菜缸内进行醋渍。芹菜加工期间，要把缸存放在室内。盖好缸，防尘，不能进生水。醋渍 24 小时即成成品。

4. 质量标准

色泽美观，脆嫩酸辣。出品率：50% 左右。

（六）芝麻芹菜

1. 配料比例

鲜芹菜 50 千克，食盐 3 千克，生姜 1 千克，芝麻 500 克，白醋 1 千克，十三香 10 克，味精 20 克。

2. 工艺流程

芹菜—加工—洗净—焯水—腌渍—拌料—成品。

3. 制作规程

（1）把芹菜去叶去根洗净，切成 3 厘米的小段。然后，放入沸水中焯水。把芹菜烫的变绿捞出，立即放入冷水中浸泡凉透。再捞出沥干水分。

（2）把芹菜加盐拌匀进行腌渍。腌渍 24 小时后，捞出沥干盐水。

（3）把芝麻炒黄，不能炒的发黑。把生姜洗净，切成细丝。然后，和白醋、十三香、味精、芹菜一起拌匀装缸按实。然后，密封缸口，存放在室内。加缸盖，防尘，不能进生水。焖缸 3 天即成成品。

4. 质量标准

色泽美观，脆嫩鲜香。出品率：50% 左右。

（七）虾油芹菜

1. 配料比例

鲜芹菜 50 千克，食盐 3 千克，虾油 30 千克，生姜 1 千克。

2. 工艺流程

芹菜—加工—洗净—焯水—腌渍—虾油浸泡—成品。

3. 制作规程

（1）把芹菜去叶去根洗净，加工成 3 厘米的小段。然后，放入沸水中焯水。把芹菜烫的发绿捞出，立即放入冷水中浸泡凉透。再捞出沥干水分。

（2）腌渍。把盐和芹菜拌匀装缸按实进行腌渍。3 小时后，翻缸 1 次。把缸内盐水澄清后再倒回芹菜缸内。连续腌渍 20 小时捞出，沥干盐水放入另缸。

（3）把生姜洗净，切成细丝和芹菜拌匀，然后加入虾油进行浸泡。要把缸存放在室内，加缸盖，防尘，不能进生水。每天搅动 1~2 次。连续浸泡 7~10 天即成成品。

4. 质量标准

色泽鲜亮，脆嫩爽口。出品率：50% 左右。

（八）桂花芹菜

1. 配料比例

鲜芹菜 50 千克，食盐 3 千克，桂花 3 千克，白糖 1 千克，花椒水 50 克。

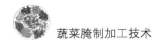

2. 工艺流程

芹菜—加工—洗净—焯水—腌渍—拌料—焖缸—成品。

3. 制作规程

(1) 把鲜芹菜去叶去根洗净,加工成 3 厘米的小段。放入沸水中焯水 2~3 分钟,把芹菜烫的发绿时捞出,立即捞入冷水中浸泡凉透。再捞出沥干水分。

(2) 把芹菜加盐拌匀,装缸按实进行腌渍。3 小时开始翻缸 1 次,把缸内的盐水澄清后倒回芹菜缸内。连续腌渍 20 小时后捞出,沥干盐水,放入另缸。

(3) 把桂花、白糖、花椒水掺入芹菜中拌匀装缸按实。密封缸口,存放在阴凉、干燥、通风的地方。盖好缸,防尘,防雨,防晒,防蝇。连续焖缸 7~10 天即成成品。

4. 质量标准

色泽鲜亮,脆嫩爽口,有桂花香味。出品率:50% 左右。

(九) 花样咸芹菜

1. 配料比例

咸芹菜 50 千克,咸胡萝卜 5 千克,咸黄瓜 5 千克,咸藕 5 千克,花生米 1 千克,杏仁 500 克,生姜 1 千克,一级酱油 30 千克。

2. 工艺流程

咸菜—洗净—加工—脱盐—配料加工—拌料—焖缸—成品。

3. 制作规程

(1) 把咸芹菜洗净,加工成 3 厘米的小段,把咸胡萝卜、咸黄瓜、咸藕分别洗净,加工成 1 厘米的菜丁。然后,放入清水缸中浸泡。水要超出菜面 10 厘米,浸泡 8~10 小时。使菜的盐度降至 6~8 度时捞出,沥干水分。

(2) 把花生米、杏仁分别用温水浸泡 8~10 小时。然后,放入沸水中煮 2~3 分钟,大约七成熟,脆而不散。再去掉外皮。把生姜去皮洗净切成细丝。

(3) 把加工好的各种咸菜和花生米,杏仁掺匀放入酱油缸内浸泡。盖好缸,把缸存放在阴凉、干燥、通风的地方。每天搅动 1~2 次,连续浸泡 7~10 天即成成品。

4. 质量标准

色泽美观,鲜脆爽口。出品率:90% 左右。

(十) 花样酱芹菜

1. 配料比例

鲜芹菜 50 千克,鲜胡萝卜 5 千克,鲜藕 5 千克,鲜苤蓝 5 千克,鲜黄瓜 5 千克,鲜笋薹 5 千克,花生米 2 千克,杏仁 500 克,石花菜 2 千克,生姜 1 千克，食盐 5 千克，一级酱油 5 千克，甜面酱 30 千克。

2. 工艺流程

鲜菜—洗净—加工—焯水—冷却—腌渍—酱渍—成品。

3. 制作规程

（1）把芹菜去叶去根，切成 3 厘米的小段。放入沸水中焯水 2~3 分钟，芹菜发绿及时捞出，放入冷水中浸泡，凉透捞出沥干水分。

（2）把藕刮去外皮，切成 1 厘米大小的藕丁，放入清水中浸泡 2~3 分钟。然后，放入沸水中焯水 2~3 分钟，立即捞入冷水中冷却。凉透后，捞出沥干水分。

（3）把苤蓝刮去外皮，笋薹去叶去根刮去外皮，胡萝卜齐顶去根，再和黄瓜一起洗净。分别加工成 1 厘米大小的菜丁，放入清水中浸泡 3~5 分钟。然后，捞出沥干水分。

（4）把花生米、杏仁、石花菜分别用清水浸泡 3~5 小时。然后，再把花生米、杏仁放入沸水中焯水 2~3 分钟。烫至七成熟捞出放入冷水中浸泡，剥去外皮沥干水分。

（5）把生姜去皮洗净，加工成细丝和所有加工好的菜一起掺拌均匀。

（6）腌渍。先在缸底撒一层盐，放一层拌好的菜，每层菜不能超过 5 厘米。按此方法，一层盐一层菜逐层按实。腌至离缸口 5 厘米，再撒一层封口盐。3 小时后，翻缸 1 次。以后，每两天翻缸 1 次。每次翻缸都要把缸底的盐水澄清后倒回菜缸内。连续腌渍 7~10 天把菜倒出，沥干盐水。

（7）把腌好的菜装入酱袋，扎紧口，口朝上排放在酱缸内。再把酱油和甜面酱搅拌均匀，倒入酱菜缸内进行酱渍。次日，开始打耙，每天 1~2 次。每次都要调整酱袋上下位置，用手轻轻按压酱袋，挤出袋内的气体。3 天后，每 5 天打耙 1 次。酱渍期间，要把缸放在阴凉、干燥、通风的地方。每次打耙后都要盖好缸，防尘、防雨、防晒、防蝇。连续酱渍 40~50 天即成成品。

4. 质量标准

色泽美观，酱香浓郁，脆嫩鲜香。出品率：70% 左右。

二、大白菜

原料选择：棵大结实的鲜白菜。要求：剥去老叶，无根须，无泥土，无病虫害，无烧心，无烂叶。

（一）咸白菜

1. 配料比例

鲜白菜 50 千克，食盐 10 千克。

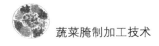

2. 工艺流程

鲜白菜—加工—洗净—腌渍—成品。

3. 制作规程

（1）把白菜剥去老菜帮，菜根削成白色平根。然后，上下切成两半，用清水洗净，沥干水分。

（2）腌渍。先在缸底撒一层盐放一层白菜，白菜都要白菜心朝上。按此方法，一层盐一层白菜进行腌制。撒盐要下少上多，腌至离缸口5厘米，再撒一层封口盐。腌菜时，每层都要按实。在缸口放上竹片，压上石块，盖好缸。次日，开始翻缸1次，连翻3天，散发缸内的热量，降低菜的温度。以后，5~7天翻缸1次。每次翻缸都要把菜心朝上摆放。把缸内的盐水澄清后再倒回菜缸内进行腌渍。

（3）白菜腌制期间，要把缸存放在阴凉、干燥、通风的地方。盖好缸，防尘，防雨，防晒。不能进生水。连续腌渍20天即成成品。

4. 质量标准

色泽白亮，脆嫩爽口。出品率：35%左右。

（二）酱白菜

1. 配料比例

鲜白菜50千克，食盐5千克，甜面酱40千克。

2. 工艺流程

白菜—加工—洗净—腌渍—酱渍—成品。

3. 制作规程

（1）把白菜剥去老菜帮，削平菜根，上下切成四瓣。然后，用清水洗净，控净菜的水分。

（2）腌渍。酱白菜的腌渍方法与咸白菜的腌渍方法相同。

（3）把腌制好的咸白菜沥干盐水，装入酱袋，扎紧口，口朝上，排放在酱缸内。然后，加入甜面酱进行酱渍。每天打把1~2次，要上下调整酱袋位置。用手轻轻按压酱袋，挤出袋内的气体。酱渍期间，要把缸存放在阴凉、干燥、通风的地方。防尘，防雨，防晒，防蝇。连续酱渍20天即成成品。

4. 质量标准

色泽酱红，酱香浓郁，鲜香爽口。出品率：35%左右。

（三）酸白菜

方法一：

1. 配料比例

鲜白菜50千克，小米汤10千克，清水20千克。

2. 工艺流程

白菜—加工—洗净—焯水—浸泡—腌制—成品。

3. 制作规程

（1）把白菜剥去老菜帮，切去菜根，再把白菜上下切成两半。然后，把白菜放入沸水中焯水 2~3 分钟，立即捞入冷水中冷却。白菜完全冷却后捞出，控净水分。

（2）把白菜心朝上交错摆放在缸内，按此方法，摆放至离缸口 10 厘米放上竹片压上石块，然后，把小米汤和清水拌匀倒入缸内。米汤要超出白菜 5~8 厘米，盖好缸进行腌制。

（3）腌制期间，要把缸放在阴凉、干燥、通风的地方。防尘，防雨，防晒。不能进生水。连续腌制 25~30 天即成成品。

4. 质量标准

色泽微黄，酸脆爽口。出品率：50%左右。

方法二：

1. 配料比例

鲜白菜 50 千克，食盐 2.5 千克。

2. 工艺流程

白菜—加工—洗净—晾晒—腌渍—成品。

3. 制作规程

（1）把白菜剥去老菜帮，削去菜根，放在晒台上晾晒 2~3 天。然后，切成 2~4 瓣。洗净后，沥干水分。

（2）先在缸底撒一层盐，放一层白菜，再撒一层盐。然后，用木棒捣实，使白菜变软。按此方法，一层盐一层菜进行腌渍。撒盐要下少上多，腌至离缸口 10 厘米，撒一层封口盐。再放上竹片，压上石块，把白菜压实，使白菜渗水出来。腌制 3~5 天，缸内的水超出菜面后停止压菜。

（3）白菜腌制期间，要把缸放在阴凉、干燥、通风的地方，防尘，防雨，防晒。自然发酵 30 天即成成品。

4. 质量标准

色泽微黄，鲜酸爽口。出品率：50%左右。

（四）冬白菜

方法一：

1. 配料比例

鲜白菜 50 千克，食盐 2.5 千克，蒜泥 1 千克。

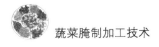
2. 工艺流程

白菜—加工—洗净—晾晒—腌渍—拌料—封缸—发酵—成品。

3. 制作规程

（1）把白菜剥去老菜帮，切去菜根，洗净后晾干表面水分。

（2）把白菜顺切成 1 厘米宽的长条，再横切成 1 厘米大小的菱形块，放在蓆上摊开晾晒。每 2 小时翻动 1 次，晒 5~7 天，晒至五成干收起备用。

（3）把晒好的菜加盐揉搓均匀，然后装缸。把缸放在室内，盖好缸。腌渍 3~5 天后取出。

（4）把腌制好的菜加入蒜泥拌匀。装缸捣实后，密封缸口，盖好缸，把缸放在阴凉、干燥、通风的地方。自然发酵 3~4 个月即成成品。

4. 质量标准

色泽淡黄，蒜辣浓香。出品率：50%左右。

方法二：

1. 配料比例

鲜白菜 50 千克，食盐 2.5 千克，生姜 1 千克，蒜 1 千克。

2. 工艺流程

白菜—加工—腌制—晾晒—拌料—发酵—成品。

3. 制作规程

（1）把白菜剥去老菜帮，切去菜根，洗净沥干水分。然后，把白菜顺切成 1 厘米的长条，再横切成 3 厘米的白菜条。

（2）把白菜加盐搓揉均匀装缸压实。放在室内，盖好缸自然发酵 5~7 天后捞出沥干盐分。

（3）把腌好的白菜，放在蓆上摊开晾晒。不能超过 2 厘米，2 小时翻动一次。晾晒 5~7 天，把白菜晒至五成干收起。

（4）把生姜洗净，蒜剥去蒜衣，放在一起捣成泥状。掺入白菜中拌匀装缸按实。然后，密封缸口，把缸存放在阴凉、干燥、通风的地方。自然发酵 2~3 个月即成成品。

4. 质量标准

色泽淡黄，嫩辣鲜香。出品率：20%左右。

（五）辣白菜

1. 配料比例

鲜白菜 50 千克，食盐 5 千克，鲜胡萝卜 5 千克，鲜白萝卜 5 千克，生姜 1 千克，蒜 1 千克，香菜 2 千克，辣椒粉 1 千克，虾酱 2 千克，味精 100 克，甘草粉 100 克。

2. 工艺流程

白菜—加工—洗净—腌渍—配料加工—拌料—埋缸—封缸—发酵—成品。

3. 制作规程

（1）选用 1～1.5 千克重的满心白菜。剥去老菜帮，切去菜根。洗净，沥干水分。

（2）先在缸底撒一层盐，放一层白菜。按此方法，一层盐一层菜腌至离缸口 10 厘米，再撒一层封口盐。然后，放上竹片，压上石块。加入 5 千克的清水帮助盐的溶化。2 天后，缸内盐水超出菜面。连续腌制 5～7 天捞出，沥干盐水。

（3）把胡萝卜、白萝卜、生姜、葱洗净，分别加工成细丝。然后，把菜混合加入 1 千克盐拌匀，腌渍 1 小时。再把香菜、虾酱、味精、辣椒粉掺入菜中拌匀备用。

（4）把腌好的白菜上下切成四瓣。再把调配好的配料，均匀的夹在白菜中间抹平。然后，逐层平放在缸内按实。腌至离缸口 10 厘米，盖上一层白菜帮。再放上竹片，压上石块，盖好缸。把缸埋在阴凉、通风的地方。缸口要高出地面 30 厘米。2～3 天后，加入 5 度的清盐水，盐水要超出菜面 0.5 厘米。然后，密封缸口，自然发酵 20～25 天即成成品。

4. 质量标准

色泽美观，脆嫩鲜辣。出品率：60% 左右。

（六）芝麻香白菜

1. 配料比例

鲜白菜 50 千克，食盐 2.5 千克，十三香 20 克，蒜 3 千克，芝麻 1 千克，花生油 100 克。

2. 工艺流程

白菜—加工—洗净—晾晒—腌渍—拌料—发酵—成品。

3. 制作规程

（1）把白菜剥去老菜帮，切去菜根。用清水洗净，加工成 1 厘米宽，5 厘米长的白菜条。然后，放在蓆上晾晒 3～5 天，晒至五成干收起。

（2）把晒好的白菜条加盐揉搓均匀，腌渍 24 小时。捞出沥干盐水。

（3）把芝麻炒熟。蒜剥去蒜皮捣碎。再和花生油、十三香一起倒入白菜条中拌匀装缸。要把菜逐层按实，装至离缸口 5 厘米。缸口用白菜帮塞紧。然后，密封缸口。存放在阴凉、干燥、通风的地方。自然发酵 30 天即成成品。

4. 质量标准

色泽油亮，鲜香爽口。出品率：50% 左右。

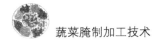

（七）糠咸白菜

1. 配料比例

鲜白菜 50 千克，食盐 4 千克，小米糠 10 千克，酒糟 2 千克，海带 500 克，红辣椒 20 克。

2. 工艺流程

白菜—加工—洗净—腌渍—拌料—封缸—发酵—成品。

3. 制作规程

（1）把白菜剥去老菜帮，切去菜根。洗净后，上下切成 4 瓣。

（2）腌渍。先把白菜加 3 千克盐进行腌渍。在缸底撒一层盐，放一层白菜。按此方法，一层盐一层菜腌至离缸口 10 厘米，在缸口撒一层封口盐。放上竹片，压上石块，盖好缸。次日，开始翻缸 1 次，连翻 3 天。每次翻缸，都要把缸内盐水澄清后再倒回菜缸内。3 天后捞出白菜，沥干盐水。

（3）把海带用温水泡开洗净，切成 1 厘米见方的小块。红辣椒切成细丝，和小米糠、酒糟再加 1 千克盐拌匀。腌制 4~6 小时备用。

（4）把缸底撒一层混合料，再把白菜心朝上放一层白菜按实。按此方法，一层混合料，一层菜进行腌制。腌至离缸口 10 厘米，用白菜帮把缸口塞紧。然后，密封缸口，盖好缸。把缸存放在阴凉、干燥、通风的地方。自然发酵 20~30 天即成成品。

4. 质量标准

色泽微黄，脆嫩鲜辣。出品率：60% 左右。

（八）果味白菜

1. 配料比例

鲜白菜 50 千克，食盐 4 千克，白糖 3 千克，苹果 5 千克，酥梨 5 千克，生姜 500 克，葱 600 克，蒜 600 克，味精 50 克。

2. 工艺流程

白菜—加工—洗净—腌渍—拌料—发酵—成品。

3. 制作规程

（1）把白菜剥去老菜帮，切去菜根洗净。然后，上下切成四瓣。

（2）腌渍。先在缸底撒一层盐，放一层白菜，白菜要菜心朝上。按此方法，一层盐一层菜进行腌制。撒盐要下少上多，腌至离缸口 10 厘米。再撒一层封口盐。然后，放上竹片，压上石块，盖好缸。次日，翻缸 1 次，连翻 3 天。每次翻缸后，都要把缸内的盐水澄清后倒回菜缸内。连续腌渍 5~7 天后捞出，沥干盐水。

（3）把苹果、酥梨去皮，去核。葱剥去外皮，去叶，去根。蒜剥成蒜瓣。

生姜洗净去皮。混合在一起加工成糊状。然后，加入白糖，味精拌匀。放置24 小时，每 4 小时搅拌 1 次，促使白糖和味精完全溶化。

（4）把白菜菜心朝上摊开，均匀的抹平果泥。然后按层，菜心朝上排放在缸内。每层都要按实，排放至离缸口 10 厘米。用白菜帮把缸口塞紧，密封缸口，盖好缸盖。把缸存放在阴凉、干燥、通风的地方。自然发酵 30 天即成成品。

4. 质量标准

色泽微黄，果味浓香，脆甜爽口。出品率：70%左右。

（九）辣酱白菜

1. 配料比例

鲜白菜 50 千克，食盐 1.5 千克，一级酱油 2 千克，白糖 5 千克，干红尖辣椒 20 克，泡红尖辣椒 1 千克，葱 500 克，生姜 1 千克，花椒 5 克，芝麻香油 500 克。

2. 工艺流程

白菜—加工—洗净—腌渍—拌料—酱渍—成品。

3. 制作规程

（1）把白菜剥去老菜帮，切去菜根，从中间横切成两半。再把下半部分顺切成 1 厘米的长条，然后，加工成菱形菜块。用清水浸泡 5 分钟捞出，沥干水分。

（2）把菜块加盐拌匀，装入缸内进行腌渍。腌制 10~12 小时捞出，沥干盐水。

（3）把葱去叶，去根。生姜去皮，尖红辣椒去把，去籽。洗净沥干水分。再把葱和生姜切成细丝。把尖红辣椒和花椒放入香油中加热熬开，冷却凉透备用。

（4）把菜块加入葱丝、姜丝、泡辣椒拌匀。把酱油和白糖混合均匀制成酱液。倒入拌好的菜块缸内。然后加入香油拌匀。

（5）把菜装至离缸口 10 厘米，用白菜帮把缸口塞紧，盖好缸盖。存放在阴凉、干燥、通风的地方。自然发酵 30 天即成成品。

4. 质量标准

色泽微红发亮，脆甜辣鲜。出品率：50%左右。

（十）什锦白菜

1. 配料比例

鲜白菜 50 千克，食盐 4 千克，白萝卜 5 千克，胡萝卜 5 千克，藕 2 千克，梨 1 千克，苹果 1 千克，牛肉末 3 千克，葱 500 克，蒜 500 克，生姜 1 千克，辣椒粉 200 克，味精 20 克，干贝汤 5 千克。

2. 工艺流程

白菜—加工—洗净—腌渍—配料加工—拌料—发酵—成品。

3. 制作规程

（1）把白菜剥去老菜帮，切去菜根。洗净后横切成两半。把下半部分顺切成 1 厘米宽的长条，再横切成 3~4 厘米长的白菜条。

（2）把白萝卜、胡萝卜齐顶，去根。洗净加工成萝卜丝。把藕去皮切成藕丁，放入清水中浸泡 10 分钟。再放入沸水中焯水 2~3 分钟，立即捞入冷水中冷却凉透。

（3）把白菜条、白萝卜丝、胡萝卜丝和藕丁拌匀加盐进行腌渍。2 小时翻拌 1 次，腌渍 8~10 小时后捞出沥干盐水。然后，放入干净缸内备用。

（4）把苹果、梨去皮，去核。加工成 0.5 厘米的条。把蒜去皮剥成蒜米。葱去叶，去根，剥去外皮。生姜去皮。洗净后放在一起，剁成碎末。

（5）把干贝汤烧开 2~3 分钟，冷却凉透。放入加工好的苹果、梨、牛肉末、葱、姜、蒜拌匀，然后再加入辣椒粉和味精拌匀。

（6）把调配好的配料倒入腌渍好的菜缸内翻拌均匀。按实后，用白菜帮把缸口塞紧。然后，密封缸口。把缸存放在阴凉、干燥、通风的地方。盖好缸，自然发酵 20~30 天即成成品。

4. 质量标准

色泽鲜美，脆鲜爽口。出品率：50% 左右。

（十一）多味白菜

1. 配料比例

鲜白菜 50 千克，青萝卜 5 千克，胡萝卜 5 千克，食盐 3.5 千克，香醋 1 千克，白糖 1 千克，辣椒粉 20 克，五香粉 5 克，味精 20 克。

2. 工艺流程

白菜—加工—洗净—腌渍—拌料—成品。

3. 制作规程

（1）把白菜剥去老菜帮，切去菜根，横切成两半。把下半部分顺加工成 1 厘米的长条。再横切成 3~4 厘米的白菜条。把青萝卜、胡萝卜齐顶去根。洗净加工成萝卜丝备用。

（2）把加工好的白菜条和萝卜丝，加盐拌匀装缸进行腌渍。要逐层按实。腌渍 4~5 小时捞出，沥干盐水。放入干净缸内。

（3）把白糖、香醋、五香粉、辣椒粉、味精放在一起拌匀制成混合液。倒入腌渍好的菜缸内拌匀浸泡。然后，密封缸口。把缸存放在阴凉、干燥、通风的地方。盖好缸。自然发酵5~7天即成成品。

4. 质量标准

色泽美观，五味俱全，脆鲜爽口。出品率：50%左右。

三、圆包菜

原料选择：鲜圆包菜。要求：去根，无虫害，无泥土，无黄叶，不烂。

（一）咸包菜丝

1. 配料比例

鲜圆包菜50千克，食盐5千克。

2. 工艺流程

包菜—洗净—加工—腌渍—成品。

3. 制作规程

（1）把包菜洗净加工成2厘米宽，4~5厘米长的菜丝。

（2）腌渍。先在缸底撒一层盐，放一层菜。每层菜不能超过5厘米，逐层按实。按此方法，腌至离缸口5厘米。次日开始翻缸1次，连翻3天。每次翻缸都要把缸内盐水澄清后倒回菜缸内。连续腌渍3天即成成品。

4. 质量标准

色泽鲜亮，咸鲜爽口。出品率：50%左右。

（二）糖醋包菜丝

1. 配料比例

鲜包菜50千克，食盐5千克，白糖10千克，香醋10千克，姜丝2千克。

2. 工艺流程

包菜—加工—洗净—腌渍—糖渍—成品。

3. 制作规程

（1）把包菜洗净，沥干水分切成两半。

（2）腌渍。先在缸底撒一层盐，放一层菜。撒盐要下少上多。按此方法，腌至离缸口5厘米，在缸口撒一层封口盐。次日开始翻缸1次，连翻3天。每次翻缸，都要把缸底的盐水澄清后倒回菜缸内。腌渍时，要把缸放在室内，盖好缸，连续腌渍7天后，捞出沥干盐水。

（3）把腌好的包菜加工成长5厘米、宽1.5厘米的菜丝。放入凉开水中浸泡3~5小时，使包菜盐度降至6~8度时捞出。沥干水分后，放到蓆上晾晒1天，拌入姜丝备用。

（4）把白糖、香醋混合，加入适量开水调配成糖醋液。然后，倒入菜缸内进行浸泡，每天搅动1~2次。2天后，密封缸口。把缸存放在阴凉、干燥、通风的地方。盖好缸，防尘，防雨，防晒，防蝇。连续浸泡5~7天即成成品。

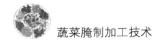

4. 质量标准

色泽美观，酸甜可口。出品率：50%左右。

（三）咸包菜

1. 配料比例

鲜包菜 50 千克，食盐 10 千克。

2. 工艺流程

包菜—加工—洗净—晾晒—腌渍—成品。

3. 制作规程

（1）把包菜洗净，沥干水分，切成两半。然后，放在晒台上晾晒 1~2 小时。

（2）腌渍。先在缸底撒一层盐，放一层菜。撒盐要下少上多。按此方法，腌至离缸口 5 厘米，在撒一层封口盐。腌制时，要逐层按实。然后，在缸口用菜叶把菜盖严，盖好缸盖。

（3）把缸存放在室内，次日开始翻缸 1 次，连翻 3 天。以后，每 5 天翻缸 1 次。每次都要把缸底的盐水澄清后，再倒回菜缸内。盖好缸，防尘，不能进生水。连续腌渍 20 天即成成品。

4. 质量标准

色泽鲜亮，脆嫩咸香。出品率：40%左右。

（四）甜包菜

1. 配料比例

鲜包菜 50 千克，食盐 1.5 千克，白糖 5 千克，60 度白酒 100 克。

2. 工艺流程

包菜—加工—洗净—腌渍—糖渍—成品。

3. 制作规程

（1）把包菜洗净，沥干水分。把包菜十字刀切成四瓣。然后，放在晒台上晾晒 2~3 小时。

（2）腌渍。先在缸底撒一层盐，放一层菜。撒盐要下少上多。按此方法，一层盐，一层菜，腌至离缸口 5 厘米。每层菜都要按实。在缸口用菜叶把菜盖严。把缸存放在室内，盖好缸。

（3）次日，开始翻缸 1 次，连翻 3 天。每次翻缸，都要把缸底的盐水澄清再倒回菜缸内。然后，捞出沥干水分。再放到晒台上晾晒 3~5 小时收起凉透。

（4）把白糖、白酒和包菜拌匀装缸按实。密封缸口。防尘，防蝇，不能进生水，连续糖渍 7~10 天即成成品。

4. 质量标准

色泽鲜亮，脆嫩甜香。出品率：50%左右。

（五）酱包菜

1. 配料比例

鲜包菜50千克，食盐4千克，甜面酱30千克。

2. 工艺流程

包菜—加工—洗净—腌渍—酱渍—成品。

3. 制作规程

（1）把包菜洗净，沥干水分。十字刀切成四瓣，把盐化成8度盐水，倒入包菜缸内进行浸泡。盐水要超出包菜5厘米。每天翻动1次，浸泡7天后捞出，沥干盐水。晾晒1天。

（2）把晾晒好的包菜装入酱袋，扎紧口，口朝上排放在酱缸内。进行酱渍。

（3）酱渍。酱渍期间，每天打耙1~2次，要上下调整酱袋位置。用手轻轻按压酱袋，挤出袋内气体。要盖好缸，防尘，防雨，防晒，防蝇。连续酱渍25~30天即成成品。

4. 质量标准

色泽鲜亮，酱香浓郁，脆嫩爽口。出品率：50%左右。

（六）香辣包菜

1. 配料比例

鲜包菜50千克，食盐3.5千克，一级酱油1.5千克，辣椒粉1.5千克，五香粉20克，芝麻香油1千克。

2. 工艺流程

包菜—加工—洗净—腌渍—拌料—发酵—成品。

3. 制作规程

（1）把包菜洗净，沥干水分。按十字刀切成四瓣。

（2）腌渍。先在缸底撒一层盐，放一层菜，撒盐要下少上多。每层要按实。按此方法，进行腌渍。腌至离缸口5厘米，撒一层封口盐。盖好缸。次日开始翻缸1次，连翻3天。每次翻缸，都要把缸底的盐水澄清后倒回缸内。连续腌渍7天后捞出，沥干盐水。

（3）把腌制好的包菜加工成2厘米的菱形菜块。把辣椒粉，五香粉和酱油混合均匀。然后，倒入加工好的菜块中掺匀装缸。逐层按实。装至离缸口10厘米，撒上香油，用包菜叶把缸口塞紧。然后，密封缸口。

（4）把缸放在阴凉、干燥、通风的地方。防尘，防雨，防晒，防蝇。不

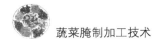

能进生水。自然发酵 5~7 天即成成品。

4. 质量标准

色泽鲜亮，香辣爽口。出品率：40% 左右。

（七）什锦包菜

1. 配料比例

鲜包菜 50 千克，食盐 8 千克，鲜红辣椒 1 千克，生姜 500 克，胡萝卜 5 千克，芹菜 2 千克，鲜笋薹 5 千克，鲜蒜苗 2 千克，鲜苤蓝 5 千克，香菜 1 千克，杏仁 500 克，苯甲酸钠 50 克。

2. 工艺流程

包菜—加工—腌渍—配料加工—拌料—封缸—自然发酵—成品。

3. 制作规程

（1）把包菜洗净，沥干水分。切成两半。

（2）把包菜加入 6 千克食盐进行腌渍。先在缸底撒一层盐，放一层菜。撒盐要下少上多把菜按实。按此方法，腌至离缸口 5 厘米。在缸口撒一层封口盐，盖好缸。次日，开始翻缸 1 次，连翻 3 天。每次都要把缸底的盐水澄清后，再倒回菜缸内。腌渍 5~7 天后捞出，沥干盐水。

（3）把辣椒去把，去籽。生姜去皮。胡萝卜齐顶，去根。苤蓝去皮。笋薹去叶，去根，去皮。分别洗净后，加工成丝。

把芹菜去叶，去根。蒜苗去根，剥去外皮。香菜去根，去掉黄叶。分别洗净，加工成 2~3 厘米的小段。

把杏仁放入沸水中焯水 3~4 分钟。然后捞入冷水中冷却，再剥去外皮。苯甲酸钠用温水化开。

把腌好的包菜加工成 2 厘米的菱形块。

（4）把加工好的配料混合均匀，加 2 千克食盐进行腌制 2~3 小时。然后，掺入包菜中拌匀装缸。每层都要按实。装至离缸口 10 厘米，用包菜叶把缸口塞紧。密封缸口。

（5）把缸放在阴凉、干燥、通风的地方。盖好缸，防尘，防雨，防晒，防蝇。不能进生水。自然发酵 5~7 天即成成品。

4. 质量标准

色泽美观，脆嫩香辣。出品率：60% 左右。

四、雪里蕻（小辣菜）

原料选择：鲜嫩的雪里蕻。要求；无黄叶，无根须，无泥土，无虫害，不烂。

（一）咸雪里蕻

方法一：

1. 配料比例

鲜雪里蕻 50 千克，食盐 10 千克。

2. 工艺流程

雪里蕻—加工—晾晒—腌渍—踩菜—封缸—成品。

3. 制作规程

（1）把雪里蕻削去菜根外皮，留住削尖的白根，不能散棵。挂在晒场上晾晒 1~2 天。菜叶萎缩后，按长短分类，洗净后，晾干表面水分。3~5 棵捆成一小把备用。

（2）腌渍。先在缸底撒一层盐，放一层菜。菜要按顺序摆放。长的放在下面，短的放在上面。每层菜不能超过 10 厘米。然后，在菜上面撒一层盐，穿上胶靴踩菜。踩菜要从四周开始，慢慢踩到中间。踩出盐卤后，再放第二层菜。按此方法进行腌制。腌至离缸口 10 厘米，放上竹片，压上石块，盖好缸盖。

（3）把菜缸放在阴凉、干燥、通风的地方。防尘，防雨，防晒，不能进生水。连续腌渍 60 天即成成品。

4. 质量标准

色泽碧绿，脆嫩鲜香。出品率：50%左右。

方法二：

1. 配料比例

鲜雪里蕻 50 千克，食盐 8 千克，花椒 300 克。

2. 工艺流程

雪里蕻—加工—洗净—腌渍—成品。

3. 制作规程

（1）把雪里蕻削去菜根外皮，留住削尖的白根，不能散棵。洗净后，晾干菜的表面水分。然后，按长短分类。3~5 棵捆成小把。

（2）腌渍。先把盐和花椒拌匀。在缸底撒一层盐，放一层菜。菜要按顺序摆放。长的放在下面，短的放在上面。在撒一层盐。每层菜不能超过 10 厘米。每腌一层，都要用手使劲按实。按此方法进行腌制。撒盐要下少上多，腌至离缸口 10 厘米，在缸口撒一层封口盐。

（3）次日，开始翻缸 1 次。连翻 3 天。散发菜的热量和辣味。每次翻缸，都要把缸底的盐水澄清后，再倒回菜缸内。腌制时，要把缸放在阴凉、干燥、通风的地方。防尘，防雨，防晒，不能进生水。连续腌制 60 天即成成品。

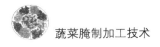

4. 质量标准

色泽翠绿，脆嫩鲜香。出品率：50%左右。

方法三：

1. 配料比例

鲜雪里蕻 50 千克，食盐 5 千克。

2. 工艺流程

雪里蕻—加工—晾晒—洗净—加工—腌渍—成品。

3. 制作规程

（1）把雪里蕻削去菜根外皮，留住削尖的白根，不能散棵。挂在绳上晾晒 1~2 天，菜叶晒到萎缩时，收起。然后，洗净沥干水分，切成 3 厘米的小段。

（2）腌渍。先在缸底撒一层盐，放一层菜，把菜按实。每层菜不能超过 5 厘米。按此方法，进行腌制。腌至离缸口 10 厘米，再撒一层封口盐。然后，放上竹片，压上石块。次日，开始翻缸 1 次，连翻 3 天。散发菜的辣味和热量。

（3）腌制期间，要把缸放在阴凉、干燥、通风的地方。防尘，防雨，防晒，不能进生水。连续腌渍 60 天即成成品。

4. 质量标准

色泽翠绿，鲜美爽口。出品率：40%左右。

（二）咸辣雪里蕻

1. 配料比例

鲜雪里蕻 50 千克，食盐 5 千克，花椒粉 500 克，蒜 1 千克，辣椒粉 500 克，酥梨 2 千克，味精 50 克。

2. 工艺流程

雪里蕻—加工—洗净—腌渍—拌料—成品。

3. 制作规程

（1）把雪里蕻削去菜根外皮，留住削尖的白根，不散棵。洗净沥干水分。

（2）把雪里蕻按长短分类，每 3~5 棵捆成一把。然后，把长的平放在缸的下面，短的平放在上面，每层都要按实。摆放离缸口 10 厘米时，放上竹片，压上石块。

（3）把盐化成 10 度盐水，澄清后倒入菜缸内。盐水要超出菜面 5~8 厘米。次日，开始翻缸 1 次，连翻 3 天。散发菜的热量，降低菜的温度。3 天后捞出，沥干盐水。放入清水中浸泡 2~3 小时，使菜的盐度降至 6~8 度。然后，捞出沥干水分，放到晒台上晾晒一天后收起。

（4）把蒜剥成蒜米。把梨去皮，去核。放在一起，加工成泥状。再加入辣椒粉、花椒粉、60克盐、味精拌匀。

（5）把晒好的雪里蕻加工成3厘米的小段。然后，加入配料掺匀，装缸按实。装至离缸口5厘米，密封缸口。把缸放在阴凉、干燥、通风的地方。盖好缸，防尘，防雨，防蝇。不能进生水。连续腌制30天即成成品。

4. 质量标准

色泽翠绿，脆嫩鲜辣。出品率：40%左右。

（三）芝麻桂花雪里蕻

1. 配料比例

鲜雪里蕻50千克，食盐5千克，芝麻3千克，桂花1千克，香油150克。

2. 工艺流程

雪里蕻—加工—洗净—腌渍—脱盐—拌料—成品。

3. 制作规程

（1）把雪里蕻削去菜根外皮，留住削尖的白根，不散棵。洗净沥干水分。然后，把雪里蕻按长短分开，3~5棵捆成一把。

（2）腌渍。先在缸底撒一层盐，放一层菜。每层菜不能超过10厘米。再撒一层盐按实。按此方法进行腌制，腌至离缸口10厘米。在菜面撒一层封口盐，按实后，把缸盖严。次日，开始翻缸1次，连翻3天。散发菜的热量，降低菜的温度。3天后，每5~7天翻缸1次。连续腌渍30天捞出，沥干盐水。

（3）把雪里蕻用清水浸泡2~3小时使菜的盐度降至6~8度时捞出，沥干水分。加工成0.5厘米的小段。

（4）把加工好的雪里蕻加葱花炒熟。放凉后，加入炒熟的芝麻、桂花和香油掺匀。然后装缸按实，密封缸口。腌制期间，要把缸放在室内。盖好缸，防尘，防蝇。焖缸24小时即成成品。

4. 质量标准

色泽翠绿。鲜嫩咸香，有桂花香味。出品率：50%左右。

（四）花样雪里蕻

1. 配料比例

鲜雪里蕻50千克，胡萝卜5千克，黄豆3千克，红辣椒3千克，十三香20克，芝麻150克。

2. 工艺流程

雪里蕻—加工—洗净—焯水—腌渍—焖缸—成品。

3. 制作规程

（1）把雪里蕻削去菜根外皮留住削尖的白根，不散棵洗净沥干水分。

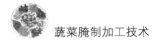

（2）焯水。先把雪里蕻的根部放入沸水中焯水 2~3 分钟，然后，再全部放入沸水中烫 1~2 分钟，立即捞入冷水中冷却。凉透后，捞出沥干水分。

（3）把雪里蕻加工成 3 厘米的小段。胡萝卜、辣椒洗净加工成丝，黄豆浸泡 24 小时后煮熟。芝麻炒香。然后，加入盐和十三香掺匀装缸。装缸时，要逐层按实，装满缸后。把缸放在阴凉、干燥、通风的地方。盖好缸，防尘，防雨，防晒，连续腌制 30 天即成成品。

4. 质量标准

色泽美观，脆嫩香辣。出品率：50％左右。

（五）冬干雪里蕻

1. 配料比例

鲜雪里蕻 50 千克，食盐 5 千克。

2. 工艺流程

雪里蕻—加工—晾晒—洗净—腌渍—晾晒—浸泡—成品。

3. 制作规程

（1）把雪里蕻削去菜根外皮，留住削尖的白根，不散棵。放在晒台上晾晒 2~3 天，菜叶萎缩时收起。然后，加工成 3 厘米的小段，洗净晾干表面水分。

（2）把晒好的雪里蕻加盐掺匀装缸。每层菜不能超过 10 厘米，要按实后，再装第二层。按此方法，装至离缸口 5 厘米。盖缸时，缸盖要与缸口留出间隙。方便散发菜的热量，降低菜的温度。腌渍 15 天左右，发现缸口有盐卤渗出。菜已进入盐分。等待盐卤回落后，密封缸口。

（3）腌制期间，要把缸放在室内，盖好缸，连续腌制 30 天捞出。沥干水分后，把腌好的菜再放到晒台上晾晒。晒至七成干收起存放，即成成品（食用时用温水泡开炒熟食用）。

4. 质量标准

色泽深绿，菜质柔软。出品率：20％左右。

五、韭菜

原料选择：鲜韭菜。要求：无黄叶，无泥土，刚割的嫩韭菜，不带菜根的宽叶韭菜。

（一）咸韭菜

1. 配料比例

鲜韭菜 50 千克，食盐 10 千克，食用碱面 50 克。

2. 工艺流程

韭菜—加工—清洗—捆把—腌渍—成品。

3. 制作规程

（1）把韭菜择干净，用清水洗净，沥干表面水分，再摊开晾 1 小时。然后，把韭菜捆成 120~150 克的小把。

（2）腌渍。先在缸底撒一层盐，放一层捆好的韭菜。按此方法，腌至离缸口 5 厘米。撒盐要下少上多，下面 1/3 用盐 20%。中间 1/3 用盐 30%。上面 1/3 用盐 40%。把剩余 10% 的盐和碱面用温开水化开，放凉后，倒入缸内。次日，开始翻缸 1 次，连翻 3 天，散发菜的热量，降低菜的温度。每次翻缸后，都要把缸底的盐水澄清后再倒回缸内。

（3）腌制期间，要把缸放在阴凉、干燥、通风的地方。防尘，防雨，防晒。腌渍 3 天后，每 3~5 天翻缸 1 次。连续腌渍 10 天即成成品。

4. 质量标准

色泽青绿，味道咸鲜。出品率：40% 左右。

（二）辣韭菜

1. 配料比例

鲜韭菜 50 千克，食盐 5 千克，红辣椒 1 千克，生姜 2 千克，花椒粉 50 克。

2. 工艺流程

韭菜—加工—洗净—配料加工—腌渍—成品。

3. 制作规程

（1）把韭菜择好洗净，沥干水分。

（2）把红辣椒去把，去籽。生姜去皮。洗净沥干水分。

（3）把韭菜、辣椒、生姜、花椒粉和盐拌匀粉碎。然后，装缸，盖好缸，放在阴凉、干燥、通风的地方。每天要掀开缸盖，排放缸内的辣味。3~5 小时。然后，再盖好缸，腌制期间，要防尘，防雨，防晒，不能进生水。连续腌制 3 天，即成成品。

4. 质量标准

色泽美观，鲜嫩咸辣。出品率：50% 左右。

（三）虾酱韭菜

1. 配料比例

鲜韭菜 50 千克，食盐 1.5 千克，白糖 3 千克，一级酱油 3 千克，虾酱 5 千克，胡萝卜 20 千克，生姜 3 千克，蒜 4 千克，辣椒粉 2 千克，十三香 20 克。

2. 工艺流程

韭菜—加工—洗净—腌渍—酱渍—成品。

3. 制作规程

（1）把韭菜择好洗净。沥干水分，摊开凉 1 小时。把胡萝卜齐顶去根洗净，把生姜、蒜去皮洗净。

（2）把韭菜在中间横切成两段，把胡萝卜切成半圆形片，再把韭菜和胡萝卜片拌匀腌渍 30 分钟左右。

（3）把虾酱和酱油混合加入 2.5 千克清水，加热熬开。冷却后，进行沉淀过滤，澄清后备用。把生姜、蒜加工成末备用。

（4）把腌制好的韭菜、胡萝卜沥干盐水，加入白糖、姜末、蒜末、辣椒粉、十三香拌匀。然后，倒入澄清的酱汁翻拌均匀后装缸，密封缸口。把缸存放在阴凉、干燥、通风的地方。温度在 15℃以下为宜。焖缸 5~7 天即成成品。

4. 质量标准

色泽鲜亮，酱香浓郁，鲜嫩可口。出品率：50%左右。

六、香椿

原料选择：选择清明后，谷雨前的嫩香椿。红香椿、青香椿均可腌制。

（一）五香香椿

1. 配料比例

嫩香椿 50 千克，食盐 12 千克，五香粉 40 克。

2. 工艺流程

香椿—洗净—晾晒—腌渍—晾晒—成品。

3. 制作规程

（1）把香椿洗净，沥干水分，摊开晾 1 小时。

（2）腌渍。先在缸底撒一层盐，放一层香椿。每层香椿不能超过 5 厘米，按此方法，一层盐，一层香椿进行腌制。撒盐要下少上多，腌至离缸口 5 厘米，在缸口撒一层封口盐。12 小时后，开始翻缸。每天翻缸 1 次。连翻 3 天。每次翻缸，都要把缸底的盐水澄清后再倒回菜缸内。5 天后，把香椿捞出沥干盐水。

（3）晾晒。把腌好的香椿放到晒台上摊开晾晒。晒至三四成干时收起，拌入五香粉。凉透后，捆成小把。整齐的排放在缸内。晾晒期间不能淋雨，防止香椿变质。

（4）香椿排放在缸内，要逐层按实。腌满缸后，密封缸口。把缸存放在室内，盖好缸。要防尘，不能进生水 5~7 天后即成成品。

4. 质量标准

色泽鲜亮，脆嫩鲜香。出品率：30%左右。

（二）咸香椿

1. 配料比例

嫩香椿 50 千克，食盐 12 千克。

2. 工艺流程

香椿—洗净—晾晒—加工—腌渍—成品。

3. 制作规程

（1）把香椿洗净，摊开晾干表面水分。然后，捆成 200~300 克的小把。

（2）腌渍。先在缸底撒一层盐，放一层香椿。每层香椿不能超过 5 厘米。按此方法进行腌制。撒盐要下少上多，腌至离缸口 5 厘米，在缸口撒一层封口盐。然后，放上竹片，压上石块，盖好缸。

（3）把缸放在阴凉、干燥、通风的地方。防尘，防雨，防晒。12 小时后，开始翻缸，每天翻缸 1 次。连翻 3 天，每次翻缸，都要把缸底的盐水澄清后再倒回菜缸内。以后 5~7 天翻缸 1 次。连续腌制 15~20 天即成成品。

（4）香椿要原缸存放。缸内盐水必须超出香椿 5~8 厘米，使香椿与空气隔绝。盖好缸，防止污染。

4. 质量标准

色泽鲜亮，脆嫩咸香。出品率：40% 左右。

七、青菜

原料选择：冬至后小雪前收获的鲜嫩青菜。要求：不烂，无菜根，无黄叶，无虫害，无泥土。

（一）咸青菜

1. 配料比例

嫩青菜 50 千克，食盐 7 千克。

2. 工艺流程

青菜—晾晒—腌渍—加工—腌渍—成品。

3. 制作规程

（1）把青菜放在晒台上摊开晾晒 1~2 天。晒至用手捏柔软时收起。

（2）腌渍。把晾晒好的青菜加入炒好的盐揉搓均匀。然后，平铺在缸内，再撒一层盐。按此方法，一层菜一层盐进行腌制。撒盐要下少上多，腌至离缸口 5 厘米，在缸口撒一层封口盐。再放上竹片压上石块。盖好缸。

（3）腌制 12 小时后，开始倒缸。散发菜的热量，降低菜的温度，促使盐的溶化。连续倒缸 3 天。每次倒缸后，都要把缸底的盐水澄清后再倒回缸内。

（4）腌制 4~5 天，把青菜捞出沥干盐水。一棵一棵捆成小把。放入另缸，逐层按实。腌至离缸口 15 厘米，放上竹片，压上石块，再倒入澄清后的盐水。

盐水要超出青菜 3~5 厘米，使菜与空气隔绝。

（5）青菜腌制期间，要把缸放在阴凉、干燥、通风的地方。盖好缸，防尘，防雨，防晒。连续腌制 30~40 天即成成品。

4. 质量标准

色泽青绿，嫩鲜咸香。出品率：40% 左右。

（二）咸青菜心

1. 配料比例

嫩青菜 50 千克，食盐 3 千克，十三香 20 克，白糖 3 千克，味精 20 克，葱 20 克，生姜 50 克，香油 20 克。

2. 工艺流程

青菜—加工—风干—腌渍—加工—成品。

3. 制作规程

（1）把青菜外面菜叶去掉，留住菜中心的叶茎。然后用细绳或细铁丝穿起，挂在棚底下风干 10 天左右，用手捏柔软即可收起。洗净晾干表面水分。

（2）把盐和十三香拌匀，撒在青菜上搓揉均匀装缸。装缸时，要把菜逐层按实。装至离缸口 5 厘米，密封缸口。把缸放在阴凉、干燥、通风的地方。防尘，防雨，防晒。连续腌制 7~10 天即成咸青菜心。

（3）青菜出厂销售或食用时。把青菜切成 2 厘米的小段，葱和姜切成细丝。然后，加入白糖和味精拌匀，淋上香油即成成品。

4. 质量标准

色泽美观，脆嫩甜香。出品率：40% 左右。

（三）香甜青菜

1. 配料比例

青菜 50 千克，食盐 4 千克，五香粉 20 克，白糖 3 千克，姜丝 1 千克，味精 20 克。

2. 工艺流程

青菜—晾晒—腌渍—拌料—成品。

3. 制作规程

（1）把青菜放在晒台上晾晒 1~2 天，然后进行揉洗，洗净沥干水分。再把青菜继续晾晒，晒至 3 成干收起。

（2）把炒好的盐和青菜拌匀装缸，要逐层按实。装满缸后，密封缸口，腌制 24 小时。把青菜腌制回软后捞出，晾干表面盐分。

（3）把腌制好的青菜加入五香粉、白糖、姜丝、味精拌匀。再逐层装缸按实。装满缸后，把菜压紧，密封缸口。把缸存放在阴凉、干燥、通风的地方。防尘，防雨，防晒，连续腌制 15~20 天即成成品。

4. 质量标准

鲜嫩清香，咸甜可口，出品率：35%左右。

八、茴香

原料选择：选择鲜嫩的茴香。要求：不烂，青绿，无泥土，无菜根，无病虫害。

咸茴香

1. 配料比例

鲜茴香 50 千克，食盐 5 千克，姜丝 1 千克，五香粉 20 克，食用碱面 50 克。

2. 工艺流程

茴香—洗净—加工—腌渍—成品。

3. 制作规程

（1）把茴香洗净，沥干水分。再捆成 3~5 棵的小把。

（2）把盐、五香粉、姜丝拌匀，在缸底撒一层盐，放一层茴香。每层茴香不能超过 5 厘米。按此方法，腌至离缸口 10 厘米，要逐层按实，盖好缸。

（3）腌制 24 小时后开始翻缸。每天翻缸 1 次，连翻 3 天。散发菜的热量，降低菜的温度。发现缸内腌出盐水后，把菜捞出，沥干盐水，放入另缸。再把盐水澄清。

（4）把碱面加入盐水中搅拌溶化后，倒入菜缸内。次日，翻缸 1 次，使碱盐溶液和菜完全溶合。然后，放上竹片，压上石块，盖好缸。把缸存放在阴凉、干燥、通风的地方。防尘，防雨，防晒，防污染。连续腌制 20 天左右即成成品。

4. 质量标准

色泽青绿，鲜嫩清香。出品率：35%左右。

第六节　花菜类

一、菜花

原料选择：鲜嫩白色的菜花。要求：不烂，无菜根，无黑斑，无病虫害。无菜叶。

（一）咸菜花

1. 配料比例

鲜菜花 50 千克，食盐 4 千克，香醋 500 克，生姜 2 千克，葱 1 千克，味

精20克，十三香10克。

2. 工艺流程

菜花—加工—洗净—焯水—配料加工—腌制—成品。

3. 制作规程

（1）把菜花掰成小菜朵，用清水洗净，沥干水分。

（2）把清水烧开，放入菜花，加入香醋。把菜花焯水1~2分钟，立即捞入冷水中浸泡10~15分钟。使菜完全凉透，放入另缸。

（3）把生姜去皮，洗净，切片。葱去叶，去皮，去根洗净切成1~2厘米的小段。

（4）把盐放入清水中烧开。盐完全溶化后，再放入姜片，葱段，十三香搅拌均匀。烧开后，捞取上面的杂质。然后，放入味精化开冷却24小时。

（5）把冷却好的混合液倒入菜花缸内。混合液要超出菜花5厘米，搅拌均匀，盖好缸，存放在室内。浸泡24小时即成成品。

4. 质量标准

色泽白亮，味道鲜香。出品率：60%左右。

（二）酱菜花

1. 配料比例

鲜菜花50千克，食盐5千克，甜面酱20千克，一级酱油20千克。

2. 工艺流程

菜花—加工—洗净—腌渍—酱渍—成品。

3. 制作规程

（1）把菜花掰成小朵洗净，晾干表面水分。

（2）把菜花加盐拌匀，腌渍10~12小时。然后，捞出沥干盐水。装入酱袋，扎紧口，口朝上排放在酱缸内。

（3）把甜面酱和酱油混合均匀，倒入酱菜缸内进行酱渍。次日开始打耙，每天1~2次，连打3天。以后，5~7天打耙1次。每次打耙都要上下调动酱袋位置，用手轻轻按压酱袋，挤出袋内气体。酱渍期间，要把缸存放在阴凉、干燥、通风的地方。盖好缸，防尘，防雨，防晒。连续酱渍15~20天，即成成品。

4. 质量标准

色泽褐红，酱香浓郁，鲜嫩可口。出品率：50%左右。

（三）虾油菜花

1. 配料比例

鲜菜花50千克，食盐5千克，虾油30千克。

2. 工艺流程

菜花—加工—洗净—焯水—腌渍—虾油浸泡—成品。

3. 制作规程

（1）把菜花掰成小朵洗净。放入开水中焯水 1~2 分钟，立即捞入冷水中冷却 15~20 分钟。凉透后，捞出沥干水分。

（2）把菜花加盐拌匀，腌渍 24 小时捞出，沥干盐水。然后，装入酱袋，扎紧口，口朝上排放在酱缸内。

（3）把虾油倒入酱菜缸内进行浸泡。每天打耙 1~2 次连打 3 天。以后每 5~7 天打耙 1 次。每次打耙，都要上下调整酱袋位置。用手轻轻按压酱袋，挤出袋内气体。

（4）虾油浸泡期间，要把缸存放在阴凉、干燥、通风的地方。防尘，防雨，防晒。连续浸泡 15~20 天即成成品。

4. 质量标准

色泽油亮，虾油味浓，鲜嫩咸香。出品率：50%左右。

（四）甜酸菜花

1. 配料比例

鲜菜花 50 千克，食盐 3 千克，白糖 10 千克，白醋 3 千克。

2. 工艺流程

菜花—加工—洗净—焯水—熬糖醋液—浸泡—成品。

3. 制作规程

（1）把菜花掰成小朵洗净，沥干水分。放入开水中焯水 1~2 分钟，立即捞入冷水中冷却凉透后捞出。沥干水分，放入另缸。

（2）把白糖、白醋、盐加清水熬开，使白糖和盐全部溶化熬成糖醋液。冷却凉透后，倒入菜花缸内浸泡。糖醋液要超出菜花 5 厘米。搅拌均匀，盖好缸。

（3）菜花浸泡期间，要把缸存放在室内。防尘，不能进生水。连续浸泡 3~5 天即成成品。

4. 质量标准

色泽白亮，酸甜鲜香。出品率：50%左右。

二、韭菜花

原料选择：鲜嫩的韭菜花。要求：无籽，无梗，无叶，无杂质，不烂，不变质。

咸韭菜花

方法一：

1. 配料比例

鲜韭菜花 50 千克，食盐 10 千克，花椒粉 30 克。

2. 工艺流程

韭菜花—洗净—腌渍—成品。

3. 制作规程

（1）把韭菜花洗净，沥干水分。

（2）腌渍。先在缸底撒一层盐，放一层韭菜花。每层韭菜花不能超过 5 厘米，按此方法进行腌制，一层盐一层韭菜花腌至离缸口 5 厘米。撒盐要下少上多，每层都要按实。在缸口撒一层封口盐，盖好缸。

（3）次日开始翻缸 1 次，连翻 3 天。翻缸时，要用手搓揉韭菜花 2~3 遍。散发菜的热量，降低菜的温度。每次翻缸后，都要把缸内的盐水澄清后再倒回菜缸内。3 天后，把花椒粉和韭菜花掺匀装缸。每层都要按实，装满缸密封缸口。

（4）腌制期间，要把缸存放在阴凉、干燥、通风的地方。盖好缸，防尘，防雨，防晒，防污染。连续腌制 7~10 天即成成品。

4. 质量标准

色泽碧绿，咸香鲜麻。出品率：40% 左右。

方法二：

1. 配料比例

鲜韭菜花 50 千克，食盐 12.5 千克，生姜 7.5 千克，红辣椒 2 千克，花椒粉 20 克，料酒 500 克。

2. 工艺流程

韭菜花—洗净—腌渍—拌料—成品。

3. 制作规程

（1）把韭菜花洗净沥干水分。

（2）腌渍。腌渍方法和第一种腌渍方法相同。

（3）把生姜去皮，辣椒去把，洗净后加工成碎块。再加入花椒粉，料酒拌匀。然后和韭菜花掺匀装缸。装缸时，要逐层按实。装满后，密封缸口。

（4）腌制期间，要把缸存放在阴凉、干燥、通风的地方。盖好缸，防尘，防雨，防晒，防污染。连续腌制 30 天即成成品。

4. 质量标准

色泽美观，鲜嫩香辣。出品率：40% 左右。

三、黄花菜

原料选择：鲜嫩的黄花菜。要求：不烂，不老，无杂质，无菜梗，无病虫害。

酱黄花菜

方法一：

1. 配料比例

鲜黄花菜 50 千克，食盐 5 千克，一级酱油 30 千克，蒜 3 千克，十三香 20 克。

2. 工艺流程

黄花菜—洗净—浸泡—腌渍—酱油渍—成品。

3. 制作规程

（1）把黄花菜洗净沥干水分。用开水浸泡 20 分钟，或在沸水中焯水 2~3 分钟。立即捞入冷水中冷却，凉透后捞出，沥干水分。

（2）腌渍。先在缸底撒一层盐，放一层黄花菜。每层菜不能超过 5 厘米。按此方法，一层盐一层菜，腌至离缸口 5 厘米，在撒一层封口盐，盖好缸。

（3）次日开始翻缸。散发菜的热量，降低菜的温度，促使盐的溶化。翻缸后，把缸底的盐水澄清后再倒回菜缸内。缸内的盐全部化完后，捞出沥干盐水，放入另缸。

（4）把蒜去皮洗净，加工成蒜粒。用清水浸泡 3~5 小时，然后，再加热熬开，熬成蒜水。冷却后，加入酱油、十三香拌匀。加热熬开，冷却凉透。

（5）把熬好的酱液倒入菜缸内浸泡黄花菜。酱液要超出黄花菜 5 厘米。每天倒缸一次，连倒 3 次。酱渍期间，要把缸存放在阴凉、干燥、通风的地方。防尘，防雨，防晒，防污染。连续浸泡 15~20 天即成成品。

4. 质量标准

色泽红褐，酱香浓郁，鲜嫩可口。出品率：30%左右。

方法二：

1. 配料比例

鲜黄花菜 50 千克，食盐 5 千克，甜面酱 20 千克，一级酱油 10 千克。

2. 工艺流程

黄花菜—洗净—盐渍—酱渍—成品。

3. 制作规程

（1）把黄花菜洗净沥干水分。

（2）腌渍。把盐化成 20 度盐水，放入黄花菜浸泡 24 小时捞出，沥干盐水。在阴凉处摊开晾干表面水分。然后，装入酱袋，扎紧口，口朝上摆放在酱缸内。

（3）把甜面酱和酱油混合均匀，倒入酱缸内进行酱渍。每天打耙1~2次，上下调整酱袋位置。用手轻轻按压酱袋，挤出袋内的气体。每3天夜里要掀开缸盖，松开酱袋口放风。清早扎好酱袋，盖好缸。

（4）酱渍期间，要把缸存放在阴凉、干燥、通风的地方。防尘，防雨，防晒，防污染。连续酱渍30天即成成品。

4. 质量标准

色泽鲜亮，鲜嫩酱香。出品率：30%左右。

第七节　豆角类

一、长豆角，云豆角，四季梅豆角

原料选择：鲜嫩豆角。要求：不烂，无病虫害。

（一）咸豆角

方法一：

1. 配料比例

鲜豆角50千克，食盐12千克，香料50克（八角、花椒、小茴香、桂皮、草果各10克）。

2. 工艺流程

豆角—加工—洗净—腌渍—料水熬制—料水浸泡—成品。

3. 制作规程

（1）把豆角抽去边筋洗净，沥干水分。

（2）腌渍。先在缸底撒一层盐，放一层豆角。每层豆角不能超过10厘米。按此方法，一层盐一层豆角腌至离缸口10厘米。撒盐要下少上多，在缸口撒一层封口盐，盖好缸。

（3）把香料用纱布袋装好，扎紧口。放入清水中烧开熬5~6分钟。熬出香料味道后冷却凉透，倒入豆角缸内。料水要超出豆角5厘米。

（4）次日开始翻缸1次，连翻3天。3天后，每5~7天翻缸1次。每次翻缸后，都要把缸内盐水澄清后再倒回菜缸内。

（5）腌制期间，要把缸放在室内。盖好缸，防尘，不能进生水。连续腌制30天即成成品。

4. 质量标准

色泽碧绿，脆嫩爽口。出品率：65%左右。

方法二：

1. 配料比例

鲜豆角 50 千克，食盐 12.5 千克。

2. 工艺流程

豆角—加工—洗净—盐水浸泡—腌渍—成品。

3. 制作规程

（1）把豆角抽去边筋，洗净沥干水分。用 4~5 度盐水浸泡豆角，15~20 分钟后捞出沥干水分。

（2）腌渍。先把豆角加入 6 千克盐进行腌渍。在缸底撒一层盐，放一层豆角，每层豆角不能超过 10 厘米。按此方法，一层盐一层豆角。撒盐要下少上多，腌至离缸口 10 厘米。在缸口撒一层封口盐，盖好缸。

（3）次日，把豆角捞出沥干盐水。再加入 4 千克盐进行腌制。腌制方法与上次相同。

（4）把腌豆角用过的盐水澄清。然后，加入豆角缸内，盐水要超出豆角 5 厘米。腌制 24 小时开始翻缸，每天 1 次，连翻 3 天。盖缸时，缸盖要和缸留出空隙，散发缸内的热量。降低缸内的温度。以后 5~7 天翻缸 1 次。翻缸后，在缸口要放上竹片，压上石块。使豆角与空气隔绝，防止变质。

（5）腌制期间，要把缸放在室内。盖好缸防尘，不能进生水。连续腌制 30 天即成成品。

4. 质量标准

色泽翠绿，脆嫩鲜香。出品率：65%左右。

（二）酱豆角

1. 配料比例

鲜豆角 50 千克，食盐 10 千克，稀甜面酱 30 千克。

2. 工艺流程

豆角—加工—洗净—腌渍—酱渍—成品。

3. 制作规程

（1）把豆角抽去边筋，切成 3 厘米的小段。洗净晾干表面水分。

（2）腌渍。把豆角加盐拌匀进行腌制。每天翻缸 1 次，每次翻缸后，都要把缸内的盐水澄清后再倒回菜缸内。在缸口放上竹片，压上石块，盖好缸。连续腌制 7~10 天捞出，沥干盐水。

（3）把豆角用笼蒸熟后，放到晒台上晾晒，每 2~3 小时翻一遍。晚上要收回室内，严禁淋雨。晒至八成干收起，装入酱袋，扎紧口，口朝上排放在酱缸内。

（4）把稀甜面酱倒入酱缸内进行酱渍，每天打耙 1~2 次。每次打耙，都要上下调整酱袋位置。用手轻轻按压酱袋，挤出袋内的气体。酱渍期间要把缸存放在阴凉、干燥、通风的地方。盖好缸，防尘，防雨，防晒。连续酱渍 15~20 天即成成品。

4. 质量标准

色泽鲜亮，酱香浓郁，脆嫩咸香。出品率：25%左右。

（三）糖醋豆角

1. 配料比例

咸豆角 50 千克，白糖 15 千克，香醋 20 千克，姜丝 2.5 千克。

2. 工艺流程

咸豆角—洗净—加工—脱盐—糖醋渍—成品。

3. 制作规程

（1）把豆角抽去边筋，洗净切成 3 厘米的小段。放入清水缸中浸泡 8~10 小时。水要超出豆角 10 厘米。使豆角盐度降至 6~8 度捞出。然后，和姜丝拌匀，装入酱袋。扎紧口，口朝上，排放在酱缸内。

（2）把白糖和香醋混合均匀加热，熬制成糖醋液。冷却后，倒入酱缸内进行酱渍。每天打耙 1~2 次，每次打耙都要上下调整酱袋位置。用手轻轻按压酱袋，挤出袋内气体。盖好缸。

（3）酱渍期间，要把缸放在室内。盖好缸，防尘，不能进生水。连续酱渍 30 天即成成品。

4. 质量标准

色泽美观，酸甜爽口。出品率：85%左右。

（四）酸甜豆角

1. 配料比例

鲜豆角 50 千克，食盐 5 千克，白糖 2 千克，白酒 100 克，香醋 2 千克，蒜 3 千克，姜丝 1 千克，花椒 20 克。

2. 工艺流程

豆角—洗净—加工—配料—腌制—成品。

3. 制作规程

（1）把豆角抽去边筋，切成 3 厘米的小段洗净，沥干水分。放到晒台上晾晒，晒至六成干收起。凉透后，装入酱袋，扎紧口，口朝上摆放在酱缸内。

（2）用 20 千克清水，加入白糖和盐加热熬开凉透。把蒜去皮洗净切成蒜片。生姜去皮洗净切成细丝。然后，把白酒、花椒、香醋、蒜片、姜丝全部放入熬好的糖液中搅拌均匀。

（3）把加工好的糖醋液倒入豆角缸内浸泡豆角。次日开始打耙 1～2 次，连续 3 天，以后 5～7 天打耙 1 次。每次打耙都要上下调整酱袋位置，用手轻轻按压酱袋，挤出袋内气体。

（4）腌制期间，要把缸存放在室内。盖好缸防尘，不能进生水。连续腌制 30 天即成成品。

4. 质量标准

色泽美观，酸甜爽口。出品率：40%左右。

（五）虾油豆角

1. 配料比例

咸豆角 50 千克，虾油 30 千克。

2. 工艺流程

咸豆角—洗净—加工—脱盐—虾油浸泡—成品。

3. 制作规程

（1）把咸豆角洗净，加工成 3 厘米的小段。放入清水缸中浸泡。水要超出豆角 10 厘米，浸泡 8～10 小时。使豆角盐度降至 6～8 度时捞出，晾干表面水分。

（2）把豆角装入酱袋，扎紧口，口朝上摆放在酱缸内。然后，把虾油倒入酱缸内浸泡豆角。次日开始打耙 1～2 次，连续 3 天，以后 5～7 打耙 1 次。每次打耙都要上下调整酱袋位置。用手轻轻按压酱袋，挤出袋内气体。

（3）虾油浸泡期间，要把缸存放在阴凉、干燥、通风的地方。防尘，防雨，防晒，防污染。连续浸泡 15～20 天即成成品。

4. 质量标准

色泽青绿，脆鲜爽口。出品率：85%左右。

（六）蒜豆角

1. 配料比例

鲜豆角 50 千克，食盐 1 千克，一级酱油 10 千克。味精 20 克，蒜 5 千克。

2. 工艺流程

豆角—加工—洗净—焯水—腌渍—酱油渍—成品。

3. 制作规程

（1）把豆角抽去边筋，加工成 3 厘米的小段，洗净放入开水中焯水 2～3 分钟。立即捞入清水中浸泡凉透。然后，捞出晾干表面水分。

（2）把蒜去皮加盐加工成蒜泥。把味精用温水化开。然后，放入酱油拌匀。

（3）把拌好的酱料倒入豆角缸内搅拌均匀。密封缸口，存放在阴凉、干

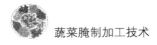

燥、通风的地方。防尘，防雨，防晒，防污染。连续腌制 7~10 天即成成品。

4. 质量标准

色泽鲜亮，蒜香味鲜。出品率：65% 左右。

二、刀豆角

原料选择：选择鲜嫩的刀豆角。要求：新鲜，不烂，无病虫害。

酱刀豆角

1. 配料比例

刀豆角 50 千克，笋肉 5 千克，姜丝 1 千克，一级酱油 20 千克，甜面酱 5 千克，大豆油 10 千克。

2. 工艺流程

刀豆角—加工—洗净—油炸—酱渍—成品。

3. 制作规程

（1）把刀豆角抽去边筋，加工成 3 厘米的小段。把笋肉加工成长 3 厘米、宽 1 厘米、厚 0.5 厘米的笋条。洗净晾干表面水分。

（2）把大豆油加温烧至七八成热，放入刀豆角油炸。炸至刀豆角外皮起泡，发软，浮在油面后捞出。沥干表面豆油，倒入缸内备用。

（3）把笋条、姜丝、甜面酱放入酱油中拌匀。然后，倒入刀豆角缸内。搅拌均匀后，存放在室内。盖好缸，防尘，不能进生水。每天搅拌 1~2 次。连续酱渍 7~10 天即成成品。

4. 质量标准

色泽鲜亮，酱香浓郁。出品率：65% 左右。

三、豇豆角

原料选择：鲜嫩豇豆角。要求：不烂，无病虫害。

（一）咸豇豆角

1. 配料比例

鲜豇豆角 50 千克，食盐 10 千克。

2. 工艺流程

豇豆角—加工—洗净—腌渍—成品。

3. 制作规程

（1）把豇豆角洗净，沥干水分。

（2）把豇豆角放入 18 度盐水中浸泡 10 分钟后捞出。在缸底撒一层盐，放一层豇豆角，每层豇豆角不能超过 10 厘米。按此方法，一层盐一层豇豆角进行腌制。撒盐要下少上多，腌至离缸口 5 厘米，在缸口撒一层封口盐。次日开始翻缸，每天 1 次，连翻 3 天。以后，每 5~7 天翻缸 1 次。每次翻缸后，都要把缸底的盐水澄清后再倒回菜缸内。

（3）腌制期间，要把缸放在室内。盖好缸，防尘，不能进生水。连续腌制 30 天即成成品。

4. 质量标准

色泽翠绿，脆嫩咸香。出品率：55%左右。

（二）酱豇豆角

1. 配料比例

咸豇豆角 50 千克，姜丝 2 千克，稀甜面酱 30 千克。

2. 工艺流程

豇豆角—洗净—加工—脱盐—酱渍—成品。

3. 制作规程

（1）把咸豇豆角洗净加工成 3 厘米的小段。放入清水中浸泡 8~10 小时。使盐度降至 6~8 度时捞出，沥干表面水分。

（2）把姜丝和豇豆角拌匀装入酱袋。扎紧口，口朝上摆放在酱缸内。加入稀甜面酱进行酱渍。

（3）次日开始打耙，每天 1~2 次，3 天后，每 5~7 天打耙 1 次。每次打耙，都要上下调整酱袋位置。用手轻轻按压酱袋，挤出袋内气体。

（4）酱渍期间，要把缸存放在阴凉、干燥、通风的地方。盖好缸，防尘，防雨，防晒。防污染。连续酱渍 30 天即成成品。

4. 质量标准

色泽鲜亮，酱香浓郁，咸甜可口。出品率：80%左右。

（三）虾油豇豆角

1. 配料比例

咸豇豆角 50 千克，虾油 30 千克。

2. 工艺流程

咸豇豆角—洗净—加工—脱盐—虾油浸泡—成品。

3. 制作规程

（1）把咸豇豆角洗净加工成 3 厘米的小段。放入清水中浸泡 8~10 小时。使豇豆角盐度降至 6~8 度时捞出，沥干表面水分。

（2）把豇豆角装入酱袋，扎紧口，口朝上摆放在酱缸内。然后，加入虾油进行浸泡。次日开始打耙，每天 1~2 次，3 天后，每 5~7 天打耙 1 次。每次打耙，都要上下调整酱袋位置。用手轻轻按压酱袋，挤出袋内气体。

（3）虾油浸泡期间，要把缸存放在阴凉、干燥、通风的地方。防尘，防

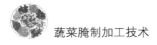

雨，防晒，防污染。连续浸泡30天即成成品。

4. 质量标准

色泽鲜美，脆嫩咸香。出品率：80%左右。

（四）虾酱豇豆角

1. 配料比例

鲜豇豆角50千克，食盐2.5千克，虾酱5千克，生姜2千克，小尖青辣椒3千克，红辣椒500克。

2. 工艺流程

豇豆角—洗净—加工—腌水渍—配料加工—酱渍—成品。

3. 制作规程

（1）把豇豆角切成3厘米的小段，洗净沥干水分。

（2）把小尖青辣椒去把、去籽，洗净，沥干水分，再和加工好的豇豆角放入16度盐水中，浸泡2~3天后捞出，沥干盐水。

（3）把虾酱加盐调配成盐度为8度的虾酱液。然后，加热熬开3~5分钟，冷却凉透备用。

（4）把红辣椒去把，去籽。生姜去皮。洗净后沥干水分，加工成细丝。蒜去皮剥成蒜米，洗净沥干水分加工成蒜片。然后，和腌制好的豇豆角、青辣椒拌匀装袋。扎紧口，口朝上摆放在酱缸内。

（5）把虾酱液倒入酱缸内进行浸泡。每天打耙1~2次。每次打耙，都要上下调整酱袋位置。用手轻轻按压酱袋，挤出袋内气体。

（6）虾酱浸泡期间，要把缸放在阴凉、干燥、通风的地方。防尘，防雨，防晒，防污染。连续浸泡30天即成成品。

4. 质量标准

色泽美观，香辣脆鲜。出品率：65%左右。

四、扁豆角

原料选择：鲜嫩扁豆角。要求：不烂，无病虫害。

（一）咸扁豆角

1. 配料比例

鲜扁豆角50千克，食盐10千克。

2. 工艺流程

扁豆—加工—洗净—腌渍—成品。

3. 制作规程

（1）把扁豆角抽去边筋洗净，沥干水分。

（2）腌渍。在缸底撒一层盐，放一层扁豆角。每层扁豆角不能超过5厘米。按此方法，一层盐一层扁豆角进行腌制。撒盐要下少上多。腌至离缸口 5 厘米，在缸口撒一层封口盐，盖好缸。

（3）次日，开始翻缸 1 次，连翻 3 天。散发菜的热量，降低菜的温度。每次翻缸，都要把缸内的盐水澄清后再倒回菜缸内。以后，每 5~7 天翻缸 1 次。腌制期间，要把缸存放在室内。防尘，不能进生水。连续腌制 30 天即成成品。

4. 质量标准

色泽鲜亮，脆嫩咸香。出品率：65% 左右。

（二）酱扁豆角

1. 配料比例

咸扁豆角 50 千克，稀甜面酱 30 千克。

2. 工艺流程

咸扁豆角—洗净—加工—脱盐—酱渍—成品。

3. 制作规程

（1）把咸扁豆角洗净沥干水分。加工成 3 厘米的小段，

（2）把加工好的咸扁豆角，放入清水中浸泡 8~10 小时。使扁豆角盐度降至 6~8 度时捞出，沥干水分。装入酱袋，扎紧口，口朝上，摆放在酱缸内。

（3）把稀甜面酱加入酱缸内进行酱渍。每天打耙 1~2 次，3 天后，每 5~7 天打耙 1 次。每次打耙，都要上下调整酱袋位置。用手轻轻按压酱袋，挤出袋内气体。盖好缸。

（4）酱渍期间，要把缸放在阴凉、干燥、通风的地方。防尘，防雨，防晒，防污染。连续酱渍 30 天即成成品。

4. 质量标准

色泽鲜亮，酱香浓郁，脆嫩鲜香。出品率：85% 左右。

五、黄豆，青豆

原料选择：鲜嫩黄豆。要求：颗粒饱满，不霉烂，不变质，无病虫害。

（一）咸黄豆（青豆）

1. 配料比例

鲜嫩黄豆 50 千克，食盐 10 千克，花生米 10 千克，杏仁 5 千克。

2. 工艺流程

黄豆—浸泡—焯水—配料加工—腌渍—成品。

3. 制作规程

（1）把黄豆放入清水中浸泡 10~12 小时。完全泡透捞出，沥干水分。放

入沸水锅内焯水 3~5 分钟。黄豆八成熟时捞出，沥干水分。

（2）把花生米，杏仁分别用清水浸泡 8~10 小时。把花生米泡透去皮，杏仁泡出苦味去皮。然后，分别焯水 3~5 分钟。八成熟时捞出，沥干水分。

（3）把黄豆、花生米、杏仁加盐拌匀装缸。然后，加入 10 度盐水，盐水要超出黄豆 5 厘米。每天搅动 1 次。腌制期间，缸要放在室内。盖好缸，防尘，不能进生水。连续腌制 10~15 天即成成品。

4. 质量标准

色泽美观，脆咸清香。出品率：95％左右。

（二）酱黄豆

1. 配料比例

嫩黄豆 50 千克，食盐 5 千克，稀甜面酱 30 千克。

2. 工艺流程

黄豆—浸泡—焯水—腌渍—酱渍—成品。

3. 制作规程

（1）把黄豆放入清水中浸泡 10~12 小时。泡透捞出，沥干水分。

（2）把黄豆放入沸水锅中焯水 3~5 分钟。八成熟时捞出，沥干水分。然后，加盐拌匀进行腌制。每天翻拌 1 次，连续腌制 10 天捞出。沥干水分后装入酱袋。扎紧口，口朝上摆放在酱缸内。

（3）把稀甜面酱倒入酱缸内进行酱渍。每天打耙 1 次，打耙时，要上下调整酱袋位置。用手轻轻按压酱袋，挤出袋内气体。

（4）酱渍期间，要把缸放在阴凉、干燥、通风的地方。防尘，防雨，防晒，防污染。连续酱渍 30~40 天即成成品。

4. 质量标准

色泽酱红，酱香浓郁，脆鲜咸香。出品率：95％左右。

第八节　果仁类

一、花生米

原料选择：干花生米。要求：新鲜，颗粒饱满，大小均匀，不变质，无病虫害。

（一）咸花生米

1. 配料比例

鲜花生米 50 千克，食盐 10 千克，10 度盐水 30 千克。

2. 工艺流程

花生米—浸泡—焯水—盐渍—成品。

3. 制作规程

（1）把花生米放入清水中浸泡 4~6 小时。泡透后去掉外皮，放入沸水中焯水 3~5 分钟。花生米八成熟捞出，沥干水分。

（2）把花生米加盐拌匀装缸。在缸口放上木板，压上石块。然后，加入盐水，把缸放在室内盖好缸。连续腌渍 3~5 天即成成品。

4. 质量标准

色泽白亮，咸脆鲜香。出品率：95% 左右。

（二）酱花生米

1. 配料比例

干花生米 50 千克，10 度清盐水 30 千克，稀甜面酱 30 千克，白糖 5 千克，食用碱面 100 克。

2. 工艺流程

花生米—浸泡—去皮—焯水—腌渍—酱渍—成品。

3. 制作规程

（1）把花生米放入清水中浸泡 4~6 小时。泡透后，去掉外皮。

（2）把碱面放入沸水中化开。然后，放入花生米焯水 3~5 分钟。花生米八成熟时捞入冷水中冷却凉透。再捞出沥干水分。放入另缸。

（3）把盐水倒入花生米缸内进行浸泡 7~10 天。捞出沥干水分，装入酱袋。扎紧口，口朝上摆放在酱缸内。

（4）把白糖、甜面酱拌匀倒入酱缸内进行酱渍。每天打耙 1 次，连续 3 天。以后，5~7 天打耙 1 次。每次打耙，都要上下调整酱袋位置。用手轻轻按压酱袋，挤出袋内气体。

（5）酱渍期间，要把缸放在阴凉、干燥、通风的地方。盖好缸，防尘，防雨，防晒，防污染。连续酱渍 30~40 天即成成品。

4. 质量标准

色泽金黄，酱香浓郁，脆甜鲜香。出品率：95% 左右。

（三）醋泡花生米

1. 配料比例

干花生米 50 千克，食盐 1 千克，老陈醋 15 千克，白糖 5 千克。

2. 工艺流程

花生米—炒熟—醋渍—成品。

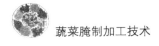

3. 制作规程

（1）把花生米炒熟，去掉外皮。

（2）把盐、白糖加入老陈醋中搅拌均匀，倒入花生米缸内。盖好缸，进行浸泡 1 小时左右即成成品。也可以现吃现泡。

4. 质量标准

色泽微黄，酸甜脆香。出品率：85% 左右。

（四）多味花生米

1. 配料比例

干花生米 50 千克，10 度清盐水 30 千克，生姜 2 千克，干红辣椒 20 克，葱 500 克，十三香 20 克，甘草粉 10 克。

2. 工艺流程

花生米—浸泡—焯水—配料加工—腌渍—拌料—焖缸—成品。

3. 制作规程

（1）把花生米放入清水中浸泡 4~6 小时。泡透捞出，沥干水分。

（2）把花生米放入沸水中焯水 3~5 分钟。把花生米焯至八成熟捞入冷水中冷却凉透。然后，捞出沥干水分放入干净缸内。

（3）腌渍。把盐水倒入花生米缸内进行浸泡。每天搅动 1~2 次。连续浸泡 15~20 天捞出，沥干盐水。

（4）把姜去皮，葱去叶去根，辣椒去把去籽，洗净切成细丝。蒜去皮洗净切片。然后，和十三香、甘草粉一起拌入花生米中。翻拌均匀后装缸，密封缸口。

（5）把缸放在室内，盖好缸。防尘，不能进生水。连续焖缸 10~15 天即成成品。

4. 质量标准

色泽美观，脆辣香咸。出品率：95% 左右。

（五）杏仁花生米

1. 配料比例

干花生米 50 千克，杏仁 30 千克，食盐 10 千克，稀甜面酱 30 千克，白糖 2 千克。

2. 工艺流程

花生米，杏仁—浸泡—焯水—腌渍—酱渍—成品。

3. 制作规程

（1）把花生米放入清水中浸泡 4~6 小时。泡透后去皮，放入沸水中焯水 3~5 分钟。焯至八成熟捞出，沥干水分。

（2）把杏仁放入清水中浸泡 6~8 小时。泡透后去皮，放入沸水中焯水 4~6 分钟。焯至八成熟捞出，沥干水分。

（3）把花生米、杏仁加盐拌匀，进行腌渍。每天翻缸 1 次，连续腌渍 3 天捞出，沥干盐水。然后，装入酱袋，扎紧口，口朝上摆放在酱缸内。

（4）把白糖放入甜面酱中拌匀，倒入酱缸内进行酱渍。每天打耙 1 次，连续 3 天。以后，每 5~7 天打耙 1 次。每次打耙，都要上下调整酱袋位置。用手轻轻按压酱袋，挤出袋内气体。

（5）酱渍期间，要把缸放在阴凉、干燥、通风的地方。盖好缸，防尘，防雨，防晒，防污染。连续酱渍 30~40 天即成成品。

4. 质量标准

色泽金黄，酱香浓郁，脆甜鲜香。出品率：95% 左右。

二、核桃仁

原料选择：肥大、新鲜的核桃仁。要求：无杂质，无病虫害，不变质，不霉烂。

（一）咸核桃仁

1. 配料比例

核桃仁 50 千克，食盐 5 千克。

2. 工艺流程

核桃仁—焯水—浸泡—腌渍—成品。

3. 制作规程

（1）把核桃仁放入沸水中焯水 1~2 分钟。立即捞入冷水中，浸泡至没有涩味时捞出，沥干水分。

（2）把核桃仁和盐拌匀装缸腌渍。每天翻缸 1 次，连翻 3 天。腌渍期间，把缸放在室内。盖好缸，防尘，不能进生水。连续腌制 7~10 即成成品。

4. 质量标准

色泽微黄，脆嫩咸香。出品率：85% 左右。

（二）酱油核桃仁

1. 配料比例

核桃仁 50 千克，一级酱油 10 千克，白糖 5 千克，味精 20 克。

2. 工艺流程

核桃仁—焯水—浸泡—酱油渍—成品。

3. 制作规程

（1）把核桃仁放入沸水中焯水 1~2 分钟。立即捞入冷水中浸泡。泡至没有涩味捞出，沥干水分，放入干净缸内。

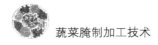

（2）把白糖放入酱油中加热熬开，熬成酱液。放至常温后加入味精拌匀。完全凉透倒入核桃仁缸内，进行酱渍。

（3）酱渍期间，把缸放在室内，每天搅拌 1 次。盖好缸，防尘，防蝇，不能进生水。连续酱渍 7~10 天即出成品。

4. 质量标准

色泽晶亮，鲜脆甜香。出品率：85% 左右。

（三）酱核桃仁

1. 配料比例

核桃仁 50 千克，甜面酱 25 千克，一级酱油 5 千克，白糖 3 千克。

2. 工艺流程

核桃仁—焯水—浸泡—酱渍—成品。

3. 制作规程

（1）把核桃仁放入沸水中焯水 1~2 分钟。立即捞入冷水中，浸泡至没有涩味捞出，沥干水分。

（2）把核桃仁装入酱袋，扎紧口。口朝上摆放在酱缸内。

（3）把白糖、酱油放入甜面酱中拌匀加热，熬成酱液冷却凉透。然后，倒入酱缸内进行酱渍。每天打耙 1 次，连续 3 天。以后，每 5~7 天打耙 1 次。每次打耙，都要上下调整酱袋位置。用手轻轻按压酱袋，挤出袋内气体。

（4）酱渍期间，要把缸放在阴凉、干燥、通风的地方。防尘，防雨，防晒，防污染。连续酱渍 30 天左右即成成品。

4. 质量标准

色泽酱红，酱香浓郁，脆甜咸香。出品率：85% 左右。

三、杏仁

原料选择：新鲜杏仁。要求：色白，颗粒饱满，不变质，不霉烂，无杂质，无病虫害。

（一）咸杏仁

1. 配料比例

杏仁 50 千克，食盐 10 千克。

2. 工艺流程

杏仁—浸泡—去皮—焯水—腌渍—成品。

3. 制作规程

（1）把杏仁放入清水中浸泡 4~6 小时。泡透后去皮。然后，放入沸水中焯水 3~5 分钟。杏仁焯至八成熟，捞入冷水中冷却凉透。捞出沥干水分。

（2）腌渍。把杏仁加盐拌匀装缸，每天翻缸 1 次。连续 3 天。以后，每

5~7 天翻缸 1 次。

（3）腌渍期间，要把缸放在室内。盖好缸，防尘，不能进生水。连续腌制 25~30 天即成成品。

4. 质量标准

色泽洁白，脆咸鲜香。出品率：85% 左右。

（二）酱油杏仁

1. 配料比例

杏仁 50 千克，一级酱油 30 千克，味精 20 克。

2. 工艺流程

杏仁—浸泡—去皮—焯水—酱油渍—成品。

3. 制作规程

（1）把杏仁放入清水中浸泡 4~6 小时。泡透后去皮。然后，放入沸水中焯水 3~5 分钟。立即捞入冷水中浸泡。泡至没有苦味后捞出沥干水分。放入另缸，放上木板，压上石块。

（2）把酱油加入味精拌匀倒入杏仁缸内进行酱渍。酱渍期间，把缸放在室内，盖好缸，防尘，不能进生水。连续酱渍 25~30 天即成成品。

4. 质量标准

色泽褐红，脆咸鲜香。出品率：85% 左右。

（三）酱杏仁

1. 配料比例

鲜杏仁 50 千克，稀甜面酱 30 千克，味精 20 克。

2. 工艺流程

杏仁—浸泡—去皮—焯水—酱渍—成品。

3. 制作规程

（1）把杏仁放入清水中浸泡 4~6 小时。泡透后去皮。然后，放入沸水中焯水 3~5 分钟。焯至杏仁八成熟，捞入冷水中冷却凉透。捞出沥干水分。

（2）把杏仁装入酱袋，扎紧口，口朝上摆放在酱缸内。把味精用温水化开，放入甜面酱中拌匀。然后，倒入酱缸内进行酱渍。

（3）酱渍期间，要把缸放在阴凉、干燥、通风的地方。每天打耙 1 次，连续 3 天。以后，每 5~7 天打耙 1 次。每次打耙，都要上下调整酱袋位置。用手轻轻按压酱袋，挤出袋内气体。然后，盖好缸，防尘，防雨，防晒，防污染。连续酱渍 25~30 天即成成品。

4. 质量标准

色泽金黄，酱香质脆。出品率：90% 左右。

第九节　其他菜类

一、石花菜

原料选择：新鲜的石花菜。要求：无杂质，无病虫害，无泥土，不霉烂变质。

酱石花菜

1. 配料比例

石花菜 50 千克，食盐 5 千克，稀甜面酱 30 千克。

2. 工艺流程

石花菜—浸泡—清洗—焯水—腌渍—酱渍—成品。

3. 制作规程

（1）把石花菜放入清水中浸泡 4~5 小时。每小时换水 1 次。然后，把石花菜清洗干净，沥干水分。放在阴凉通风的地方，晾 1~2 小时。晾干表面水分。

（2）把石花菜放入沸水中焯水 3~5 分钟，焯至八成熟。立即捞入冷水中浸泡，凉透后捞出。沥干水分。

（3）腌渍。把盐加入石花菜中拌匀，装缸要逐层按实，装至离缸口 10 厘米，放上竹片，压上石块。盖好缸，腌渍 4~6 小时捞出。沥干盐水。

（4）酱渍。把石花菜装入酱袋，扎紧口，口朝上摆放在酱缸内。加入甜面酱进行酱渍。每天打耙 1 次，连续 3 天，以后，3 天打耙 1 次。每次打耙，都要上下调整酱袋位置。用手轻轻按压酱袋，挤出袋内气体。

（5）酱渍期间，要把缸放在阴凉、干燥、通风的地方。盖好缸，防尘，防雨，防晒，防污染。连续酱渍 15 天左右，即成成品。

4. 质量标准

色泽金黄，酱香浓郁，柔软咸香。出品率：55%左右。

二、荆芥

原料选择：鲜嫩荆芥。要求：无根，无泥土，无杂质，无病虫害，不霉烂。

酱荆芥

1. 配料比例

鲜荆芥 50 千克，8 度清盐水 40 千克，回笼酱 30 千克，稀甜面酱 30 千克。

2. 工艺流程

荆芥—洗净—加工—腌渍—压榨—回笼酱酱渍—甜面酱酱渍—成品。

3. 制作规程

（1）把荆芥洗净，晾干表面水分。捆成 150~200 克的小把，平放在干净缸内。装至离缸口 10 厘米，放上竹片，压上石块。

（2）腌渍。把盐水倒入菜缸内进行腌渍。盐水要超出荆芥 5 厘米。每天翻缸 1 次。3 天后捞出进行压榨脱水。脱去 50% 的盐水。

（3）回笼酱酱渍。把荆芥装入酱袋，扎紧口，口朝上摆放在酱缸内。加入回笼酱进行酱渍，每天打耙 1 次，连续 3 天，以后，5 天打耙 1 次。连续酱渍 15 天后捞出。沥净酱液，放入另缸。

（4）甜面酱酱渍。把甜面酱倒入酱缸内进行酱渍。每天打耙 1 次，连续 3 天，以后，5~7 天打耙 1 次。在酱渍期间，每次打耙，都要上下调整酱袋位置。用手轻轻按压酱袋，挤出袋内气体。连续酱渍 7~10 天即成成品。

4. 质量标准

色泽褐绿，酱香可口。出品率：30% 左右。

三、海带

原料选择：新鲜的干海带。要求：色泽鲜绿，海带叶宽厚，无杂质，无沙泥。

（一）咸海带丝

1. 配料比例

鲜干海带 50 千克，食盐 5 千克，生姜 3 千克。

2. 工艺流程

海带—加工—笼蒸—清洗—加工—腌渍—成品。

3. 制作规程

（1）把海带散开，除去里边的沙粒、杂质。洗净后，放入蒸笼，蒸 30~40 分钟。然后，取出放入清水中浸泡 2~3 小时。泡至发软后捞出，放入清水中清洗干净。

（2）把海带挂在绳上沥干表面水分，加工成粗海带丝。把生姜去皮洗净，加工成细丝。再把海带丝、姜丝拌匀。装缸按实。装至离缸口 10 厘米，放上竹片，压上石块。

（3）腌渍。把盐用凉开水化成 10 度盐水。倒入缸内进行腌渍。盐水要超出海带丝 10 厘米。连续腌渍 7~10 天即成成品。

4. 质量标准

色泽翠绿，鲜嫩爽口。出品率：80% 左右。

（二）五香海带丝

1. 配料比例

鲜干海带 50 千克，食盐 5 千克，一级酱油 30 千克，白糖 3 千克，白酒 500 克，生姜 1 千克，五香粉 20 克。

2. 工艺流程

海带—加工—笼蒸—清洗—加工—腌渍—拌料—酱渍—成品。

3. 制作规程

（1）把海带散开，除去里边的沙子、杂质。洗净后，放入蒸笼，蒸 30～40 分钟。然后取出，放入清水中浸泡 2～3 小时。泡至发软后捞出，再用清水清洗干净。

（2）腌渍。把海带挂在绳上晾干表面水分，加工成粗海带丝。加盐拌匀装缸按实，腌满缸后盖好缸。腌渍 24 小时捞出，沥干盐水。

（3）把生姜去皮洗净，加工成姜丝。和海带丝掺匀装缸按实。装至离缸口 10 厘米放上竹片，压上石块。

（4）把白糖、白酒、五香粉加入酱油中拌匀。然后，倒入海带丝缸内，进行酱渍。每天翻缸 1 次，连续 3 天。酱渍期间，要把缸放在室内，防尘，不能进生水。连续酱渍 7～10 天即成成品。

4. 质量标准

色泽鲜亮，甜咸可口。出品率：80% 左右。

（三）酱海带丝

1. 配料比例

鲜干海带 50 千克，食盐 3 千克，一级酱油 5 千克，甜面酱 25 千克，生姜 3 千克，蒜 1 千克，芝麻 500 克，干红辣椒 1 千克。

2. 工艺流程

海带—加工—清洗—笼蒸—浸泡—晾干—加工—腌渍—酱渍—加工—成品。

3. 制作规程

（1）把海带散开，除去里边的沙子、杂质。用清水清洗干净后，放入蒸笼蒸 30～40 分钟。然后取出，放入清水中浸泡 2～3 小时。泡至发软后捞出，用清水洗净。

（2）腌渍。把海带挂在绳上，晾干表面水分。加工成粗海带丝。然后，加盐拌匀装缸按实。装至缸满后盖好缸。腌渍 24 小时捞出，沥干盐水。

（3）酱渍。把海带丝装入酱袋，扎紧口，口朝上摆放在酱缸内，加入甜面酱进行酱渍。每天打耙 1 次，打耙时，要上下调整酱袋位置。用手轻轻按压酱袋，挤出袋内气体。连续酱渍 5～7 天捞出酱袋，把海带丝倒入另缸。

（4）把生姜去皮洗净，辣椒去把去籽洗净切成细丝。把蒜去皮剥成蒜米，洗净切成蒜片。掺入海带丝中拌匀。然后，加入酱油浸泡。每天搅动 1~2 次。腌制期间，要把缸放在室内。盖好缸，防尘，不能进生水。连续浸泡 4~5 天捞出。

（5）把芝麻炒熟，和腌制好的海带丝拌匀即成成品。

4. 质量标准

色泽美观，酱香浓郁，鲜辣爽口。出品率：80% 左右。

四、蘑菇

原料选择：新鲜的蘑菇。要求：无根，无泥土，无杂质，不烂，不变质。

（一）咸蘑菇

1. 配料比例

鲜蘑菇 50 千克，食盐 10 千克，八角 20 克，花椒 20 克，小茴香 20 克，良姜 20 克，桂皮 10 克。

2. 工艺流程

蘑菇—加工—洗净—焯水—腌渍—成品。

3. 制作规程

（1）把蘑菇掰成大块。洗净后，放入沸水中焯水。把蘑菇焯至七成熟捞出，沥干水分。

（2）腌渍。把 5 种作料用纱布袋装好，和盐一起放入清水中加热熬开。熬 10 分钟左右，把作料熬出料味来。冷却凉透后，倒入蘑菇缸内进行腌渍。盐水要超出蘑菇 10 厘米。

（3）腌制期间，要把缸放在室内。盖好缸，防尘，不能进生水。连续浸泡 5~7 天即成成品。

4. 质量标准

色泽浅黄，柔软鲜香。出品率：30% 左右。

（二）酱蘑菇

1. 配料比例

鲜蘑菇 50 千克，盐 5 千克，稀甜面酱 30 千克。

2. 工艺流程

蘑菇—加工—洗净—焯水—腌渍—压榨—酱渍—成品。

3. 制作规程

（1）把蘑菇掰成大块洗净。放入沸水中焯水 3~5 分钟。把蘑菇焯至七成熟捞出，沥干水分，放入干净缸内。

（2）腌渍。把盐化成 10 度清盐水，倒入蘑菇缸内进行腌渍。盐水要超出蘑菇 10 厘米，盖好缸。腌渍 24 小时捞出压榨，压榨出 50% 的盐水。然后装入酱袋，扎紧口，口朝上摆放在酱缸内。

（3）酱渍。把甜面酱倒入酱缸内进行酱渍。每天打耙 1 次，连续 3 天，以后 5~7 天打耙 1 次。每次打耙，都要上下调整酱袋位置。用手轻轻按压酱袋，挤出袋内的气体。

（4）酱渍期间。要把缸放在阴凉、干燥、通风的地方。盖好缸，防尘，防雨，防晒，防污染。连续酱渍 30~40 天即成成品。

4. 质量标准

色泽酱红，酱香浓郁，柔软可口。出品率：30% 左右。

（三）什锦蘑菇

1. 配料比例

鲜蘑菇 50 千克，食盐 8 千克，胡萝卜 5 千克，芹菜 5 千克，红柿子椒 5 千克，苤蓝 5 千克，花生米 2 千克，杏仁 1 千克，石花菜 1 千克，生姜 2 千克，白菜 3 千克，60° 白酒 500 克，稀甜面酱 30 千克。

2. 工艺流程

鲜蘑菇—加工—洗净—焯水—腌渍—配料加工—酱渍—成品。

3. 制作规程

（1）把蘑菇掰成大块洗净，放入沸水中焯水 3~5 分钟。把蘑菇焯至七成熟捞出，沥干水分。

（2）腌渍。把蘑菇加盐拌匀，放入缸内。加入 6 度清盐水，盐水要超出蘑菇 5 厘米。次日开始翻缸 1 次，连续 3 天。然后，捞出蘑菇，沥干水分。

（3）配料加工。把胡萝卜齐顶去根，洗净加工成细丝。

把芹菜去根去叶，洗净加工成 3 厘米的小段。放入沸水中焯水 2~3 分钟，立即捞入冷水中冷却凉透。捞出沥干水分。

把柿子椒去蒂去籽，洗净加工成细丝。

把苤蓝齐顶去根去皮，加工成细丝。放在 10 度清盐水中浸泡 2~3 小时捞出，沥干水分。

把花生米、杏仁分别放入清水中浸泡 5~6 小时。脱去外皮，放入沸水中煮至八成熟捞出。再放入清水中浸泡凉透，捞出沥干水分。

把石花菜洗净，放入温水中浸泡 3~4 小时。完全泡开后捞出，沥干水分。

把生姜去皮，洗净加工成姜丝。

把白菜去根，在中间横切成两半。用下半部分白菜帮，加工成长 3 厘米、宽 0.5 厘米的白菜条洗净，沥干水分。

把全部加工好的配料混合均匀。加入 5%的盐拌匀，腌渍 1~2 小时。捞出沥干盐水。

（4）把蘑菇、配料加入白酒拌匀装入酱袋。扎紧口，口朝上摆放在酱缸内。然后，倒入甜面酱进行酱渍。每天打耙 1 次，连续 3 天。以后 5~7 天打耙 1 次。每次打耙，都要上下调整酱袋位置。用手轻轻按压酱袋，挤出袋内气体。

（5）酱渍期间，要把缸放在阴凉、干燥、通风的地方。盖好缸，防尘，防雨，防晒，防污染。连续酱渍 25~30 天即成成品。

4. 质量标准

色泽美观，酱香浓郁，鲜香爽口。出品率：70%左右。

第六章　豆腐乳制作技术

一、培豆腐乳

原料选择：优质黄豆。要求：颗粒饱满，无杂质，无虫害，无泥土，不霉烂，不变质。

1. 配料比例

优质黄豆100千克，食盐12千克，酱曲黄24千克，60°白酒1.2千克，一级酱油24千克，香料粉200克。

2. 工艺流程

黄豆—筛选—清洗—泡豆—磨浆—甩浆—煮浆—点浆—压榨—切块—接菌—生霉—腌渍—控卤—加工—装坛—兑卤—封口—发酵—成品。

3. 制作规程

（1）泡豆。把黄豆过筛，除去杂质后洗净。然后，放入清水中浸泡。水要超出黄豆30~40厘米（水是黄豆的2~3倍）。浸泡时间：冬天浸泡24小时。春秋天浸泡12~18小时。夏天浸泡6小时。制作豆腐乳最佳时间是1—4月或10—12月。5—9月不宜生产豆腐乳。

（2）磨浆。把泡好的黄豆磨浆，越细越好。磨浆时加水量，以泡好黄豆重量的8~10倍为宜。出浆量以每100千克黄豆出浆1 200千克左右。

（3）甩浆。要求用85~100目箩滤净浆汁。

（4）煮浆，点浆。把浆汁放入锅内煮熟。温度达到100℃时，倒入干净缸内。加入凝固剂（用卤水或石膏均可），使浆汁凝固成网状结构。点浆温度以80~90℃为宜。凝固剂用量：卤水用盐度18~20℃的卤水15千克左右。石膏用8千克左右。粉碎后调成糊状使用。

（5）压榨，切块。把豆浆点成豆腐脑后，在缸内焖20分钟左右。然后，提出倒在规格的模具内，压榨成2厘米的豆腐。再把豆腐切成3.5~4厘米见方的方豆腐块。整齐的摆放在盒盘内。

（6）接菌，生霉。把切好的豆腐块降温至25~30℃时，开始接毛霉菌。接匀后，摆在笼屉内生霉。要求豆腐块摆放块距1厘米左右。室内发酵温度：春秋季室温20~24℃。冬季室温保持在25℃。品温保持18~20℃，不能超过24℃。3~4天后，笼内豆腐块长满乳白色菌丝。形似雏鸡，发酵结束。

（7）腌渍。把发酵后的豆腐块称出重量，加入 16% 的细盐进行腌渍。先在缸底撒一层盐，整齐的摆放一层豆腐块，再撒一层盐。每层豆腐块都要排实。按此方法，摆放 7 层。7 层以上，在中间留出碗口大小的空间。在周围摆放豆腐块，腌至缸满。腌制期间，撒盐要下少上多。缸满后，再缸口撒一层封口盐。每天要把空间中的盐水取出，回浇在豆腐块上。保持豆腐块的盐度腌渍均匀。

（8）后期发酵。把腌制好的豆腐块放入竹匾内控净盐水，倒入木盒盘内。然后，把酱曲黄和香料粉拌匀，撒在豆腐块上。使每个豆腐块均匀的粘满曲料粉。然后，开始装坛（缸）。先在坛（缸）底撒一层曲料粉，摆实一层豆腐块，再撒一层曲料粉。按此方法，腌至离坛（缸）口 7~8 厘米。撒曲料粉要下少上多，在坛（缸）口撒一层封口曲料粉。每坛的豆腐块数量要一样。便于管理和销售。再把酱油、盐水、白酒按比例混合均匀兑入坛（缸）内。酱液要超出曲料粉 1 厘米，然后，密封坛（缸）口。封坛（缸）最好使用棉纸糊两层。把坛（缸）存放在干燥、通风的室内。自然发酵 5~6 个月即成成品。

4. 质量标准

色泽酱红，柔软鲜美。出品率：每 500 克黄豆生产豆腐乳 30 块左右。

二、辣豆腐乳

1. 配料比例

黄豆 100 千克，食盐 12 千克，酱曲黄 24 千克，60° 白酒 1.2 千克，辣椒粉 2 千克，一级酱油 24 千克，香料粉 200 克。

2. 工艺流程

黄豆—筛选—清洗—泡豆—磨浆—甩浆—煮浆—点浆—压榨—切块—接毛霉菌—生霉—腌渍—控卤—加曲料粉—装坛—兑卤—发酵—成品。

3. 制作规程

（1）辣豆腐乳制作规程与培豆腐乳前期（1）~（7）的制作规程相同。

（2）后期发酵。把酱曲黄、香料粉、辣椒粉混合均匀。撒在豆腐块上，使每块豆腐块粘匀曲料粉。然后，开始装坛。先在缸底撒一层曲料粉，排实一层豆腐块。再撒一层曲料粉。按此方法，分层装至离坛口 7~8 厘米。撒曲料粉要下少上多，在坛口撒一层封口曲料粉。每坛豆腐块数量要装一样，便于管理和销售。然后，把酱油、盐水、白酒按比例混合均匀。倒入坛内，酱液要超出曲料粉 1 厘米，密封坛口。把坛存放在干燥，通风的室内。进行自然发酵，5~6 个月即成成品。

4. 质量标准

色泽酱红，风味独特，柔软微辣。出品率：每 500 克黄豆生产豆腐乳 30

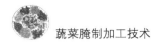
块左右。

三、五香豆腐乳

1. 配料比例

黄豆100千克，食盐12千克，酱曲黄24千克，60°白酒1.2千克，五香粉2千克，酱油24千克。

2. 工艺流程

黄豆—筛选—清洗—泡豆—磨浆—甩浆—煮浆—点浆—压榨—切块—接毛霉菌—生霉—腌渍—控卤—加曲料粉—装坛—兑卤—发酵—成品。

3. 制作规程

（1）五香豆腐乳制作规程与培豆腐乳前期1~7的制作规程相同。

（2）后期发酵。把酱曲黄和五香粉拌匀，撒在豆腐块上。使每块豆腐块粘匀酱曲粉。然后，开始装坛。先在坛底撒一层酱曲粉，排实一层豆腐块。再撒一层酱曲粉。按此方法，分层装至离坛口7~8厘米。撒酱曲粉要下少上多。在坛口撒一层封口酱曲粉。每坛豆腐块数量要一样。便于管理和销售。然后，把酱油，盐水，白酒按比例混合均匀。倒入坛内，酱液要超出酱曲粉1厘米，密封坛口。把坛存放在干燥，通风的室内。进行自然发酵，5~6个月即成成品。

4. 质量标准

色泽酱红，柔软鲜香。出品率：每500克黄豆生产豆腐乳30块左右。

四、白糖豆腐乳

1. 配料比例

黄豆100千克，食盐12千克，酱曲黄24千克，60°白酒1.2千克，酱油24千克，白糖6千克，香料粉200克。

2. 工艺流程

黄豆—筛选—清洗—泡豆—磨浆—甩浆—煮浆—点浆—压榨—切块—接毛霉菌—生霉—腌渍—控卤—加曲料粉—装坛—兑卤—发酵—成品。

3. 制作规程

（1）白糖豆腐乳制作规程与培豆腐乳前期1~7制作规程完全相同。

（2）后期发酵。把酱曲黄和香料粉拌匀，撒在豆腐块上。使每块豆腐块粘匀曲料粉。然后，开始装坛。先在坛底撒一层曲料粉，排实一层豆腐块。再撒一层曲料粉。按此方法，分层腌至离坛口7~8厘米。撒料要下少上多。在坛口再撒一层封口曲料粉。把酱油、盐水、白酒、白糖按比例混合均匀倒入坛内。酱液要超出曲料分1厘米。密封坛口。存放在干燥，通风的室内。进行自然发酵，5~6个月即成成品。

4. 质量标准

色泽酱红，柔软鲜甜，风味独特。出品率：每 500 克黄豆生产豆腐乳 30 块左右。

五、霉豆腐乳

1. 配料比例

硬豆腐 50 千克，食盐 2.5 千克，花椒粉 80 克，辣椒粉 750 克，60°白酒 2 千克，咸把菜叶 20 千克。

2. 工艺流程

硬豆腐—加工—蒸豆腐—发酵—拌料—装坛—发酵—成品。

3. 制作规程

（1）把豆腐切成长 3 厘米，宽 3 厘米，厚 1 厘米的方块。放在笼内蒸熟，然后，取出摆放在室内的笼屉内，每块要间隔 1 厘米。室内温度要保持在 20℃ 左右。让豆腐块自然发酵 7 天备用。

（2）把花椒粉，辣椒粉，和盐拌匀。把豆腐块在白酒中浸泡均匀。然后，粘匀调好的料粉。再用白菜叶把豆腐块包起来，整齐的排放在坛内。装满后，密封缸口。放在干燥，通风的室内。自然发酵 4~6 个月即成成品。

4. 质量标准

色泽灰白，柔软细腻，麻辣鲜香。出品率：100% 豆腐乳。

六、红方豆腐乳

1. 配料比例

黄豆 100 千克，一级酱油 7.5 千克，食盐 12 千克，黄酒 30 千克，红曲米 4.5 千克。

2. 工艺流程

（1）酱曲制作工艺流程。精制面粉—加水—搅拌—笼蒸—摊晾—拌曲—发酵—成品。

（2）红曲浆制作工艺流程。红曲米—黄酒浸泡—磨碎—红曲浆。

（3）红方豆腐乳工艺流程。黄豆—筛选—清洗—泡豆—磨浆—甩浆—煮浆—点浆—压榨—切块—接毛霉菌—生霉—腌渍—装坛—加酱油—加红曲浆—发酵—成品。

3. 制作规程

（1）酱曲制作规程。把面粉加水拌匀，上笼蒸熟。放在室内，保持适宜的温度，湿度，进行自然发酵。让自然环境中存在的米曲霉孢子，在其表面不断繁殖。分泌出蛋白酶、淀粉酶。自然发酵需要 7～8 天。利用米曲霉种菌制作酱曲，一般需要 3～4 天，成曲质量比较稳定。具体制作方法如下。

①曲池制曲：按 50 千克面粉加入 16 千克清水的比例拌匀。用笼蒸面粉。在蒸笼蒸气上来后，撒一层面粉。等待蒸汽穿过面粉后，再撒第二层面粉。按此方法，直至把蒸笼装满。盖好笼盖，蒸面 20～30 分钟。把面蒸熟后，取出摊开散热。面的温度降至 35℃ 时，按 0.5% 接入米曲酶种曲，装入菌房池内。菌房的温度要保持在 30～32℃ 为宜。超过 32℃，就要调整曲的温度。经过 72 小时的发酵就可以制成酱曲。

②竹匾制曲：把接好菌种的面粉送入菌房，在竹匾上摊匀。菌料厚 1 厘米左右。制曲时，菌房温度控制在室温 26～28℃，品温 33～36℃。发酵 24 小时后，曲料出现黄绿色，表面长满菌丝，已结块。这时，开始进行人工翻曲。要不断调整竹匾上下的位置，维持品温一致。在整个发酵过程中，品温都要控制在 30～32℃。超过 32℃ 就要翻曲，调整曲的温度。经过 72 小时的发酵就可以制成酱曲。

（2）红曲浆制作规程。把红曲米用黄酒浸泡 15 天左右。黄酒用量以超出红曲米 0.5 厘米为准。浸泡的标准是以手指能把红曲米研磨碎为宜。红曲米浸泡好以后，用磨磨成糊状。在磨的过程中，要缓慢的加入黄酒。使红曲米浆自由下落，把红曲米研磨成糊状，即成成品。

附：红曲米制作方法

1. 工艺流程

（1）曲种+白米+米水—装缸—发酵—种曲糟。

（2）老糯米—精米—浸泡—蒸米—冷却。

（3）种曲糟+凉蒸米—接菌—菌房静置升温—堆积—1 次水—翻曲—2 次水—3 次水—后熟—干燥—成曲。

2. 曲种糟制作方法

把 45 千克的精白米洗净，放入清水中浸泡 3 小时。然后，用蒸锅蒸 60 分钟。把米蒸的柔软后，取出摊开晾凉。接入红曲霉菌，堆放在曲箱中培养 8 天。然后，把培养好的曲种 24 千克加入 112 千克清水。再和蒸熟的白米拌匀装缸，进行通风发酵。发酵时间 4～5 天。发酵期间，要不断搅拌散热，使品温不超过 42℃。发酵 4 天后，米粒几乎都变成红色为止，即成成品曲种糟。

3. 红曲米的制作方法

（1）把精白米 750 千克洗净，放入清水中浸泡 3 小时。然后，用蒸锅蒸

60 分钟，再焖 30 分钟。出锅冷却至 40℃。

（2）以原料的 20% 加入清水，进行第二次蒸米 30 分钟。然后，再焖 30 分钟出锅。冷晾至品温 36℃ 时，加入曲种糟 50 千克搅拌均匀。此时的品温保持 34℃，把拌好的曲料放入笼屉中，再放入菌房内静置。使品温达到 42℃。

（3）把曲料放入曲房堆积在地面上。用清水把曲料撒湿翻拌均匀，让曲料吸水，降低曲料温度。然后，再把曲料堆积。按此方法，连续进行 3 次吸水，使曲料缓慢后熟。

（4）把成熟的曲料送入烘干室进行干燥，制成红曲成品。出品率 48% 左右。

（5）质量标准。用肉眼可以看到红色的粒子附在红曲上。手感柔软，米粒中央有少量的白色。用手搓时，硬的部分容易成鲜白色。具有红曲特有的风味。

4. 红方豆腐乳制作方法

（1）红方豆腐乳制作方法与培豆腐乳前期（1）～（6）的制作方法相同。

（2）腌制方法。先在缸底放上做好的圆圈。圆圈要与缸底保持 15 厘米左右的距离。圆圈中间留出直径 20 厘米大小的圆洞。这样，腌制结束，可以使固液分离。腌制时，先在缸底放入盐度 25 度的盐水，盐水以不超过圆圈为宜。把豆腐坯摆放在圆圈上。贴在缸边，排成圆形直立，由外向内摆放，豆腐块之间不留空隙。排列时，要把未长毛霉菌的一面摆在缸的边沿。以保持块形整齐。

（3）把豆腐坯在缸内摆好一层，撒一层盐水，再撒一层盐，按此方法腌至离缸口 10 厘米。撒盐要下少上多，在缸口撒一层封口盐。封口盐要适当多一点，防止缸口豆腐坯变质。腌制 3 天后，要进行压坯。以免盐水比重大，使豆腐坯浮出水面。腌制 10 天后，豆腐坯的盐度平均达到 18 度左右。此时，从圆洞内把盐水取出。使豆腐坯水分适当收缩。然后，取出拌料装坛。

（4）把腌好的豆腐坯之间的菌丝拉断，开始装坛。每坛装的数量要一样。便于管理和销售。每装半坛加一次酱油，然后，加入黄酒和红曲浆拌匀的浆液。加入时，要不断搅拌，防止沉淀。致使豆腐乳颜色不一样，影响感观指标。豆腐块装至离坛口 6~8 厘米，再加入酱油和红曲浆酒。酱液要超出豆腐块 1 厘米左右。在坛口再加 150 克封口盐。防止杂菌感染。

（5）后期发酵。把坛子密封坛口，存放在干燥，通风的发酵房内。自然发酵 5~6 个月即成成品。

5. 质量标准

色泽红亮。柔软细腻，鲜美可口。出品率：每 500 克黄豆生产豆腐乳 30

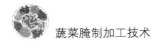
块左右。

七、玫瑰豆腐乳

1. 配料比例

硬豆腐 50 千克，白糖 15 千克，食盐 5 千克，毛霉菌 12 克，红曲 1.2 千克，玫瑰香精 250 克，黄酒 15 千克。

2. 工艺流程

豆腐—加工—接菌—发酵—腌制—加工—装坛—发酵—成品。

3. 制作规程

（1）把豆腐加工成长 3.5 厘米、宽 3.5 厘米、厚 1 厘米的豆腐块。

（2）把豆腐块接菌后，整齐的摆放在发酵室内。每块之间留出 0.5 厘米的空隙。室内温度保持在 23~25℃。品温保持在 18~20℃。发酵 7~8 天，豆腐块白毛菌长齐。再放两天，豆腐块上白毛倒下，发酵完成。

（3）把发酵后的豆腐块，按装坛重量的 16% 加盐进行腌制。先在坛底撒一层盐，在整齐的摆实一层豆腐坯，然后再撒一层盐。按此方法，下面摆放 7 层。7 层以上，在坛中间留出碗口大小的空间。在周围摆放豆腐坯，腌至离坛口 5 厘米。每层撒盐，要下少上多。在坛口撒一层封口盐。腌制期间，每天要把坛内的盐水取出，回浇在豆腐坯上。保持豆腐坯的腌制均匀。连续腌制 5~7 天，即腌制结束。

（4）把盐按豆腐坯重量的 5% 加入红曲，白糖，玫瑰香精，黄酒拌成调料汁。然后，把腌制好的豆腐坯整齐的排实在坛内。装坛的豆腐坯数量要一样。装至半坛，加入调料汁。调料汁要超出豆腐坯 0.5 厘米。然后，再继续摆放豆腐坯。装至离坛口 5 厘米，再加入调料汁。调料汁要超出豆腐坯 1 厘米。然后，密封坛口。把坛放入干燥，通风的发酵房内。自然发酵 4~6 个月即成成品。

4. 质量标准

色泽红亮，柔软细腻，有玫瑰香味。出品率：100% 豆腐乳。

八、臭豆腐乳

方法一：

1. 配料比例

黄豆 100 千克，食盐 15 千克，60°白酒 1.5 千克，清水 24 千克，香椿叶 1 千克，小芥菜 1 千克，小芥菜卤汤 4 千克，韭菜 1 千克，黑矾 60 克。

2. 工艺流程

黄豆—筛选—清洗—泡豆—磨浆—甩浆—煮浆—点浆—压榨—切块—接

菌—腌渍—配制汤卤—装坛——发酵—成品。

3. 制作规程

（1）臭豆腐乳制作规程与培豆腐乳制作规程前期（1）～（7）项完全相同。

（2）后期发酵。把腌制好的豆腐坯整齐的排实在坛内。摆至离坛口 5 厘米。每坛豆腐坯的数量要一样。方便管理和销售。然后，把香椿叶，小芥菜，芥菜卤汤，韭菜和清水一起放入锅内加盐拌匀。再加热熬成卤汤。用萝滤净杂质澄清后，加入白酒配制成卤汁。完全放凉后加入坛内。卤汁要超出豆腐坯 1 厘米。然后，密封坛口。把坛存放在干燥，通风的发酵房内。自然发酵 4～6 个月即成成品。

4. 质量标准

色泽灰白，柔软细腻，别有风味。出品率：每 500 克黄豆生产豆腐乳 30 块左右。

方法二：

1. 配料比例

硬豆腐 50 千克，食盐 8 千克，60 度白酒 1.5 千克，豆浆水 40 千克。香料粉 2 千克。

2. 工艺流程

豆腐—加工—笼蒸—发酵—腌渍—装坛—加卤汁—发酵—成品。

3. 制作规程

（1）把豆腐加工成长 3.5 厘米、宽 3.5 厘米、厚 1 厘米的方块。摆放在笼内蒸 8～10 分钟，取出散热。然后，把豆腐块摆放在发酵室内，每块要间隔 1 厘米。室内温度要保持在 25℃ 左右，让豆腐块自然发酵 7～8 天。豆腐块白毛菌长齐，再放两天。豆腐块上白毛倒下，发酵结束。

（2）把发酵好的豆腐块取出腌制。先在坛底撒一层盐，排实一层豆腐块，再撒一层盐。按此方法，腌至离坛口 5 厘米。在坛口撒一层封口盐。腌制 24 小时，加入 3 度盐水。盐水要超出豆腐块 1 厘米。腌制 7～8 天，即可结束。

（3）把腌制好的豆腐坯粘匀香料粉，整齐的排实在坛内。摆放至离坛口 5 厘米。每坛装的豆腐坯数量都要一样。然后，把原腌制的盐水加入白酒和豆浆水拌匀，倒入豆腐坯坛内。卤汁要超出豆腐坯 1 厘米。密封坛口，把坛存放在干燥，通风的发酵房内。自然发酵 4～6 个月，即成成品。

4. 质量标准

色泽灰白，柔软细腻，鲜香可口。出品率：100% 豆腐乳。

九、桂花豆腐乳

1. 配料比例

黄豆 100 千克，食盐 12 千克，酱曲黄 12 千克，60°白酒 1.2 千克，一级酱油 12 千克，桂花 800 克，香料粉 200 克。

2. 工艺流程

黄豆—筛选—清洗—泡豆—磨浆—甩浆—煮浆—点浆—压榨—切块—接菌—发酵—腌渍—拌料—装坛—兑卤—封坛—发酵—成品。

3. 制作规程

（1）桂花豆腐乳制作规程与培豆腐乳制作规程（1）~（7）项完全相同。

（2）后期发酵。把豆腐块粘匀香料粉，整齐的摆放在坛内。摆至离坛口 5 厘米，每坛的豆腐块数量要一样。便于管理和销售。

（3）把桂花加盐浸泡成浓汁，加入酱油，白酒拌匀配成料汁。然后，加入坛内，料汁要超出豆腐坯 1 厘米。密封坛口，把坛放入干燥，通风的发酵房内。自然发酵 4~6 个月即成成品。

4. 质量标准

色泽红亮，柔软细腻，有桂花香味。出品率：每 500 克黄豆生产豆腐乳 30 块左右。

十、醉方豆腐乳

1. 配料比例

硬豆腐 50 千克，食盐 1.2 千克，料酒 1 千克，黄曲粉 100 克，花椒粉 100 克。

2. 工艺流程

豆腐—切块—接菌—发酵—腌渍—加料粉—装坛—加料酒—发酵—成品。

3. 制作规程

（1）把豆腐加工成长 3.5 厘米、宽 3.5 厘米、厚 1 厘米的豆腐块。整齐的摆放在笼屉内，每块间隔 1 厘米。

（2）在豆腐块上均匀的喷洒菌种水。然后，放入发酵房内发酵。发酵房内的温度要保持在 20~25℃，发酵 24 小时。然后，放入灭菌室内发酵。灭菌室内的温度要保持在 15℃，发酵 16 小时，使每块豆腐都长满白毛。然后放凉。

（3）腌渍。按豆腐坯重量的 16% 加盐进行腌渍。先在坛底撒一层盐，整齐的排实一层豆腐坯，再撒一层盐。按此方法，腌制 7 层。以上，在中间留出碗口大小的空间，在周围排实豆腐坯。撒盐要下少上多。腌至离坛口 5 厘米，在坛口撒一层封口盐。腌制期间，每天都要把坛内的盐水取出回浇在豆腐坯上。确保豆腐坯腌制均匀。连续腌制 5~7 天结束。

（4）后期发酵。把黄曲粉和花椒粉掺匀拌成料粉。再把腌制好的豆腐坯粘匀料粉，整齐的排实在坛内，豆腐坯装坛数量要一样。摆至离坛口 5 厘米，加入料酒。料酒要超出豆腐坯 1 厘米。然后，密封坛口。把坛放在干燥，通风的发酵房内。自然发酵 4~6 个月即成成品。

4. 质量标准

色泽美观，柔软细腻，有酒香味。出品率：100% 豆腐乳。

第七章 豆酱的制作加工技术

原料选择：新鲜的干黄豆。要求：颗粒均匀饱满，无杂质，无病虫害，不霉烂变质。

一、黄豆酱

（一）咸黄豆酱

老工艺黄豆酱加工方法

1. 配料比例

黄豆 100 千克，精面粉 25 千克，16 度盐水 130~150 千克，姜丝 3 千克，八角 200 克，花椒 50 克，菌种 1‰。

2. 工艺流程

黄豆—筛选—清洗—泡豆—煮豆—拌面粉—发酵—浸泡—晒酱豆—成品。

3. 制作规程

（1）把黄豆过筛洗净，放入清水缸中浸泡。水要超出黄豆 10 厘米，冬季浸泡 24 小时，春秋季浸泡 12~18 小时，夏季浸泡 4~6 小时。把黄豆泡透捞出，装锅煮豆。

（2）煮豆要煮到气满 40 分钟后关火。再焖 1 小时后出锅。然后，摊开散热。

（3）把面粉加入菌种 1‰拌匀。在黄豆温度降至 30℃左右时，加入拌好菌种的面粉。拌匀后送入曲房内进行发酵。

（4）曲房的发酵与管理。先把曲房打扫干净，在地面铺上 10 厘米厚的麦秸或稻草。然后，在上面铺上干净的竹席。把拌好菌种的黄豆摊开竹席上，厚度不能超过 4 厘米。立即密封门窗，室内温度控制在 37~38℃。第二天料层白霉长齐，开始翻料。每天早晚各翻一次，品温控制在 34~35℃。3 天后，黄白霉长齐。然后，把豆黄拢成堆，开窗通风 6~7 天。每两天翻豆黄 1 次，豆黄用手指掐不断时，放在晒台上晾晒一天。晾晒时不能淋雨，淋雨会降低豆黄质量。

（5）泡豆黄，晒豆酱。把晒好的豆黄，按 50 千克豆黄，加入 65 千克 16 度盐水的比例，装缸浸泡。同时加入姜丝、八角和花椒。每天翻缸 1 次。缸内豆黄浸泡透以后，每 3~5 天翻缸 1 次。每天要日晒夜露，刮风下雨要盖缸，防尘，防雨。连续日晒夜露60天左右，豆酱基本成熟，停止翻缸。再日晒夜露30~40天即成成品。

4. 质量标准

色泽美观，酱香浓郁，柔软咸香。出品率：120%左右。

新工艺黄豆酱加工方法

1. 配料比例

黄豆100千克，精面粉25千克，16度盐水130~150千克，菌种1‰，姜丝3千克，八角200克，花椒50克。

2. 工艺流程

黄豆—筛选—清洗—泡豆—煮豆—接菌—制曲—发酵—浸泡—晒酱—成品。

3. 制作规程

（1）把黄豆过筛洗净，放入清水缸中浸泡。冬季24小时，春秋季16~18小时，夏季6小时。把黄豆泡透放入锅内煮豆。水开后煮40分钟关火，再焖1小时，豆熟出锅。

（2）把煮熟的黄豆摊开降温。把菌种和面粉掺匀。黄豆温度降至30℃时加入面粉拌匀。堆积60分钟后，把接菌的黄豆装入菌房曲池，进行通风制曲。

（3）接菌的黄豆入曲池6小时后开始起热，品温要保持在34~36℃。温度上升要用鼓风机鼓风，温度下降停止鼓风。12小时后，黄豆白霉长齐。鼓风停止，开始翻曲。品温保持在34~36℃，鼓风方法同上。24小时后开始打曲，把豆黄打散。防止豆黄结块，裂缝。如果发现有裂缝，要铲曲一次把裂缝铲平。72小时后，豆黄内外长满黄白霉。开始出曲，摊开晾干即成豆曲黄。质量要求：成曲松散，色泽鲜艳，菌丝均匀，无杂菌感染。

（4）泡豆黄，晒豆酱。按50千克豆黄加入65千克16度盐水的比例进行浸泡。同时加入姜丝，八角和花椒。每天翻缸1次。豆黄全部泡透后，3~5天翻缸1次。每天要日晒夜露。刮风下雨要盖缸，防尘，防雨。日晒夜露60天，豆酱基本成熟，停止翻缸。再日晒夜露30~40天即成成品。

4. 质量标准

色泽美观，酱香浓郁，柔软咸香。出品率：120%左右。

（二）辣黄豆酱

1. 配料比例

咸黄豆酱50千克，辣椒坯12千克，味精50克。

2. 工艺流程

咸黄豆酱+辣椒坯+味精—成品。

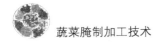

3. 制作规程

把黄豆酱和辣椒坯加入用温水化开的味精拌匀。放入干燥，通风的室内，盖好缸，防尘，防污染。两天后即成成品。

4. 质量标准

色泽鲜亮，咸辣鲜香。出品率：100%。

（三）油辣花生酱

1. 配料比例

咸黄豆酱 50 千克，炒熟花生米 10 千克，辣椒坯 10 千克，味精 50 克，香油 2 千克。

2. 工艺流程

咸黄豆酱+花生米+辣椒坯+味精+香油—成品。

3. 制作规程

把咸黄豆酱，花生米，辣椒坯加入用温水化开的味精拌匀。放入干燥，通风的室内。防尘，防蝇，防污染。两天后，加入香油拌匀即成成品。

4. 质量标准

色泽鲜亮，香辣可口。出品率：120%。

（四）冬瓜黄豆酱

1. 配料比例

豆酱黄 50 千克，鲜冬瓜 75 千克，16 度盐水 50 千克，香料粉 50 克。

2. 工艺流程

豆酱黄+冬瓜+盐水+香料粉—晒酱—成品。

3. 制作规程

（1）把冬瓜去皮去瓤洗净，切成碎块，用笼蒸熟取出放凉。

（2）把豆酱黄、熟冬瓜、香料粉、加盐水搅拌均匀后装缸。放在晒场日晒夜露。每天打耙 1 次，连续 15 天。以后每 3~5 天打耙 1 次。刮风下雨要盖缸，防尘，防雨。日晒夜露 60 天基本成熟，停止打耙。再日晒夜露 30~40 天即成成品。

4. 质量标准

色泽鲜亮，酱香浓郁，柔软鲜香。出品率：120%。

（五）番茄黄豆酱

1. 配料比例

豆酱黄 50 千克，番茄 100 千克，食盐 10 千克，五香粉 50 克。

2. 工艺流程

豆酱黄+番茄+盐+五香粉—晒酱—成品。

3. 制作规程

（1）把番茄去蒂洗净，切成碎块，磨碎。

（2）把豆酱黄、番茄、五香粉、加盐拌匀装缸。放在晒场日晒夜露。每天打耙1次，连续15天。以后，3~5天打耙1次。刮风下雨要盖缸，防尘，防雨。日晒夜露60天基本成熟，停止打耙，再日晒夜露30~40天即成成品。

4. 质量标准

色泽鲜亮，酱香浓郁，别有风味。出品率：120%。

（六）风味蘑菇黄豆酱

1. 配料比例

黄豆酱50千克，蒜2千克，鲜蘑菇4千克，葱1千克，大豆油6千克，味精50克，白糖2千克。

2. 工艺流程

蘑菇+蒜+葱—加工—磨碎—黄豆酱+大豆油—炒制—加热—熬制—冷却—成品。

3. 制作规程

（1）把蘑菇除去杂质洗净，沥干水分，晾晒半天。然后，放入沸水中焯水1~2分钟。蒜去皮剥成蒜米。葱去叶去根洗净切成碎块。再把蘑菇，蒜米和葱块一起磨成小碎块。

（2）把大豆油加热至200℃左右，放入黄豆酱煸炒。炒出酱香味时加入磨好的蘑菇料，翻炒均匀。然后，加入适量清水熬开，再放入味精拌匀。冷却后即成成品。

（3）瓶装加工方法。把豆酱熬制好，冷却至80℃左右即可装瓶。装至离瓶口1厘米，加入少量香油封面。这样，可以增加香味。又能起到防腐作用。然后，灭菌。灭菌时间要求15分钟左右，品温控制在90℃。

4. 质量标准

色泽酱红色，酱香浓郁，无苦涩味。出品率：120%左右。

（七）复合调味酱

1. 配料比例

黄豆酱50千克，花生米5千克，芝麻3千克，一级酱油5千克，红辣椒1千克，食盐4千克，生姜3千克，白糖6千克，凉开水2千克，味精50克，香料粉50克，大豆油10千克。

2. 工艺流程

黄豆酱加工—配料加工—翻炒—焖料—成品。

3. 制作规程

（1）把黄豆酱、红辣椒磨成糊状。花生米、芝麻炒熟后粉碎，过80目筛。姜去皮，捣成姜泥。白糖、味精用温水化开。

（2）把大豆油加热至180℃左右，把黄豆酱、红辣椒、花生米、芝麻、姜、香料粉、盐、白糖、味精、酱油、凉开水放在一起，混合均匀。放入锅内翻炒，炒出香味。然后，焖料5～10分钟。冷却后，加入香油拌匀即成成品。

4. 质量标准

色泽红亮，酱香浓郁，甜辣鲜香。出品率：130%左右。

（八）西瓜黄豆酱

1. 配料比例

干豆酱黄50千克，西瓜75千克，食盐16千克，五香粉50克。

2. 工艺流程

豆酱黄—西瓜—加工—晒酱—成品。

3. 制作规程

（1）九成熟的红瓤西瓜。挖出瓜瓤，加盐拌匀腌渍。

（2）把腌制好的西瓜瓤和豆酱黄，五香粉拌匀装缸。然后，放在晒台上暴晒。腌制5～6天开始翻缸。以后，每5～7天翻缸1次。日晒夜露60天基本成熟，停止翻缸。晒酱期间，刮风下雨要盖缸。防尘，防雨。再日晒夜露30～40天，即成成品。

4. 质量标准

色泽鲜亮，酱香浓郁，鲜香可口。出品率：130%左右。

二、蚕豆酱

（一）咸蚕豆酱

1. 配料比例

鲜蚕豆100千克，精面粉5千克，食盐16千克。

2. 工艺流程

蚕豆—筛选—脱皮—浸泡—煮豆—接菌—发酵—晾豆曲黄—晒酱—成品。

3. 制作规程

（1）把蚕豆筛选后，用脱皮机脱去外壳。放入清水缸中浸泡16～18小时，泡透捞出沥干水分。

（2）把蚕豆煮熟，捞出控水降温。品温降至 30℃时，把面粉和菌种拌匀，再和蚕豆掺匀堆积 30 分钟。然后，送入曲房发酵制曲。发酵方法与黄豆制曲黄方法相同。

（3）把清水 130 千克加盐化成 16 度盐水，倒入蚕豆黄缸内。然后，把缸放到晒台上暴晒。5~6 天后开始翻缸，每 5~7 天翻缸 1 次。60 天后，蚕豆黄基本成熟，停止翻缸。晒酱期间，刮风下雨要盖缸。防尘，防雨。再继续日晒夜露 30~40 天即成成品。

4. 质量标准

色泽鲜亮，酱香浓郁，鲜香可口。出品率：120%左右。

（二）咸蚕豆辣酱

1. 配料比例

咸蚕豆酱 50 千克，辣椒坯 5 千克，花椒粉 1 千克，姜丝 2 千克，味精 50 克。

2. 工艺流程

咸蚕豆酱+配料—腌制—成品。

3. 制作规程

（1）把咸蚕豆酱加入辣椒坯，花椒粉。姜丝，味精拌匀装缸。

（2）把缸放到晒场上暴晒，3 天后开始翻缸，每天翻缸 1 次。日晒夜露 10~15 天即成成品。晒酱期间，刮风下雨要盖缸。防尘，防雨。

4. 质量标准

色泽酱红，鲜辣酱香。出品率：95%左右。

二、黄豆豉

（一）咸黄豆豉

1. 配料比例

黄豆 100 千克，食盐 18 千克，60°白酒 500 克。

2. 工艺流程

黄豆—筛选—清洗—泡豆—煮豆—接菌—发酵—拌料—密封缸口—发酵—成品。

3. 制作规程

（1）把黄豆筛选洗净，放入清水缸中浸泡 10~12 小时，然后，把黄豆煮熟捞出控干水分。

（2）把黄豆送入曲房，摊放在竹席上。厚度不能超过 3 厘米。发酵 15~20 天。黄豆表面菌丝长满，闻有香味时即为发酵成熟。

（3）把发酵好的黄豆洗去菌丝，加入盐白酒。再加入黄豆重量 6%的凉开

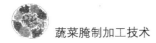
水，拌匀后装缸。放在晒场日晒夜露，连续发酵 3 个月即成成品。

4. 质量标准

颗粒滋润，色泽黑亮。味道鲜香。出品率：100%。

（二）五香黄豆豉

1. 配料比例

黄豆 50 千克，食盐 6 千克，胡萝卜 10 千克，白胡椒粉 250 克，味精 50 克，调料水 25 千克（八角、花椒、桂皮、良姜、陈皮各 250 克加水熬制）。

2. 工艺流程

黄豆—筛选—泡豆—煮豆—接菌—发酵—拌料—密封缸口—发酵—成品。

3. 制作规程

（1）五香黄豆豉制作规程和咸黄豆豉制作规程第 1~2 项相同。

（2）把发酵好的黄豆洗去菌丝，放入缸内。把调料水加盐煮开，放凉后倒入缸内。调料水要超出黄豆 2~3 厘米，腌制 10 天。

（3）把胡萝卜切成小萝卜丁，加入白胡椒粉和味精。放入黄豆缸内拌匀。把缸放在晒场日晒夜露，连续发酵 3 个月即成成品。

4. 质量标准

色泽鲜亮，香脆可口。出品率：110% 左右。

（三）姜汁黄豆豉

1. 配料比例

黄豆 50 千克，生姜 10 千克，食盐 7 千克，白糖 2 千克，蒜 5 千克，白酒 300 克，味精 50 克。

2. 工艺流程

黄豆—筛选—清洗—泡豆—煮豆—接菌—发酵—拌料—密封缸口—发酵—成品。

3. 制作规程

（1）姜汁黄豆豉制作规程和咸黄豆豉制作规程第（1）~（2）项相同。

（2）把生姜去皮洗净榨成姜汁。把蒜去皮洗净加工成蒜末。然后，加入盐，白酒，白糖和味精配制成混合调料。再和发酵好的黄豆拌匀装缸。

（3）把缸放在晒场日晒夜露，发酵 3 个月即成成品。

4. 质量标准

色泽鲜亮，甜辣鲜香，出品率：110% 左右。

三、黑豆豉

（一）咸黑豆豉

1. 配料比例

黑豆 50 千克，食盐 12.5 千克，西瓜汁 65 千克，生姜 2 千克，香料粉 100 克（八角、花椒、桂皮、良姜、陈皮各 20 克）。

2. 工艺流程

黑豆—筛选—清洗—泡豆—煮豆—接菌—发酵—拌料—发酵—成品。

3. 制作规程

（1）咸黑豆豉制作规程和咸黄豆豉制作规程第 1~2 项相同。

（2）把西瓜汁、盐、香料粉和发酵好的黑豆拌匀装缸。放在晒场日晒夜露。刮风下雨要盖缸，防尘，防雨。连续发酵 3 个月即成成品。

4. 质量标准

色泽黑亮，鲜香味美。出品率：120%左右。

（二）各种风味豆豉配料比例和制作方法

1. 配料比例

（1）麻辣豆豉。豆豉 50 千克，辣椒粉 5 千克，花椒粉 500 克，胡椒粉 500 克，植物油 5 千克。

（2）杏仁豆豉。豆豉 50 千克，杏仁 2.5 千克，芝麻酱 500 克，胡椒粉 500 克，植物油 5 千克。

（3）火腿豆豉。豆豉 50 千克，火腿 3 千克，芝麻酱 500 克，胡椒粉 500 克，植物油 5 千克。

（4）蒜蓉豆豉。豆豉 50 千克，蒜蓉酱 5 千克，辣椒粉 500 克，花椒粉 25 克，胡椒粉 30 克，植物油 5 千克。

（5）蒜片辣椒豆豉。豆豉 50 千克，干红辣椒粉 3 千克，蒜米 10 千克，一级酱油 12 千克，植物油 5 千克。

2. 配料比例说明

配料比例根据个人爱好或市场需求来制定。一般配料用量在 10%~15%。

3. 各种配料的加工

（1）芝麻酱。要求把芝麻，花生炒熟磨成酱。

（2）杏仁。要求洁白无苦味，炒熟加工成小颗粒。

（3）火腿蒸熟，去皮去骨切成豆粒大小颗粒。

4. 豆豉制作方法（以蒜片辣椒豆豉为例）

（1）配料比例。黑豆豉 5 千克，干红辣椒 3 千克，蒜米 10 千克，味精 200 克，一级酱油 12 千克，植物油 5 千克。

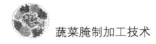

（2）工艺流程。蒜米—洗净—加工—加配料—发酵—成品。

（3）制作规程。

第一，把蒜米洗净切成蒜片。

第二，把干红辣椒去把，洗净切成碎块。和黑豆豉拌匀，加入酱油浸泡10~12小时。

第三，把植物油烧开趁热淋入豆豉中拌匀。30分钟后，再拌入味精和蒜片，密封缸口。

第四，把缸放在干燥、通风的室内。自然发酵7~10天即成成品。

（4）质量标准。色泽黑亮，微辣鲜香。出品率：100%。

第八章 甜面酱、黄酱制作技术

原料选择：小麦精制面粉。要求：面粉洁白，不湿不变质。

一、酱曲黄加工技术

（一）制曲时间要求

制曲的最佳时间在清明后开始中秋节结束。4—9月适合微生物生长和繁殖，最适合制曲。

（二）制曲注意事项

在整个制曲过程中，霉菌菌丝由曲料表面往中心生长。热量和水分由中心向外散发。菌丝大量繁殖，品温最高可达40℃左右。这时，曲料表层会出现裂缝。人工调节温度是非常重要的。制曲关键是使曲块温度，含水量与曲房的湿度相适应。这样才能使曲霉菌形成酱香、脂香的微生物生长繁殖。曲块的制作时间大约30天。整个制曲过程，应严格按照操作规程进行操作，才能制出好曲，生产出好酱。

（三）成曲质量要求

曲料表面呈黄绿色，孢子密集有曲香。无硬心，夹生，比重轻。内层断面呈浅灰色。曲块落地即散，水泡即酥。

（四）酱曲黄加工技术

老工艺馍块制作酱曲黄技术

1. 配料比例

面粉50千克，清水19千克。

2. 工艺流程

面粉+水—面块—压饼—切块—蒸馍—切片—接菌—发酵—成品。

3. 制作规程

（1）制曲工作准备。每年4—6月制曲最好。制曲前要把曲房清洗干净，用硫黄熏蒸消毒。在室内铺上干净的麦秸或稻草。然后，再铺上干净的苇席。

（2）蒸馍。先把面粉和水按比例拌匀，揉成面块。然后，切成长12厘米，宽6厘米的馍块，装笼蒸馍。蒸锅水开后1小时，停火4~5分钟，馍熟出笼。出笼后3~4分钟，把馍切成1厘米厚的馍片。送入曲房（馍片也可以接入1‰的菌种）。

（3）曲房的管理。曲房的馍片按 15 厘米的厚度摊匀。当天门窗打开通风，晚上把门窗关闭封好。曲房温度保持在 28℃ 左右。品温保持在 37℃。40 小时后，馍片表层开始起霉点，温度持续上升。大约 50 小时后，馍片表层霉长齐。这时，馍片品温在 35~37℃，开始翻曲 1 次。以后馍片开始起大热，每天翻曲一次。品温不能超过 37℃。3 天后，开始把馍片拢成 20 厘米的厚度，边翻边拢。在这期间馍片品温不能超过 40℃。防止温度过高烧曲。大热 3 天后，温度自然下降。经过 20 天左右，馍片曲黄成熟。成品曲黄为面粉的 80% 左右。

4. 馍曲黄质量标准

表皮发黄，馍块芯发白茬为优质。如果表皮发乌，发黑是受杂菌感染。

新工艺散酱曲黄加工技术

1. 配料比例

面粉 50 千克，清水 18.5 千克。

2. 工艺流程

面粉+水—面穗—蒸熟—接菌—发酵—成品。

3. 制作规程

（1）蒸面粉。把面粉加水按比例拌成面穗，用笼蒸熟。面穗入笼时，要间断入笼。每上一层面穗，待蒸气穿透面层，再放第二层面穗，直至装满。装满笼后，用大火使蒸笼圆气后，再蒸 1 小时，面穗成熟。然后，停火焖 4~5 分钟即可。

（2）接菌。把面穗出笼，用搅拌机搅拌冷却，使面穗品温降至 28~30℃ 时，按面穗的 1‰ 接入黄曲菌。拌匀后装入曲池。

（3）曲池发酵管理。接菌后的面穗，入池 6 小时后开始起热。温度升到 34~36℃ 时，进行间断鼓风。如果温度下降，立即停止鼓风。使曲料温度保持在 34~36℃。12 小时后，霉菌长齐。停止鼓风，把曲黄进行翻池。翻池后，曲料品温保持在 36~38℃。24 小时后打曲 1 次，使曲料松散。如果发现池内曲料裂缝，要立即铲曲一次，使曲料疏散。在这期间，品温不得超过 40℃。72 小时后，曲料长满黄白霉菌，即可出池晾干。

4. 散酱曲黄质量标准

酱曲黄表面长满黄白霉菌，颗粒中间发白为优质酱曲黄。如果酱曲黄发乌，发黑是受杂菌污染，不宜使用。

二、甜面酱加工技术

1. 配料比例

馍块酱曲黄 50 千克，13 度盐水 70 千克。散酱曲黄 50 千克，13 度盐水 65

千克。

2. 工艺流程

酱曲黄+盐水—晒酱—打耙—成品。

3. 制作规程

把配好的盐水在阳光下暴晒 7~10 天。然后，把澄清的盐水加入酱曲黄缸内，浸泡酱曲黄 1~2 天。酱曲黄泡透后，开始翻缸。每天要日晒夜露。刮风下雨要盖缸防尘，防雨，只要酱缸表面的酱料晒的发红时，就要打耙 1 次。连续晒酱 60 天左右即成成品。

4. 质量标准

色泽酱红，透明，甜中带咸，酱香味浓。出品率：130%左右。

三、黄酱加工技术

1. 配料比例

黄豆 50 千克，小麦面粉 30 千克，16 度清盐水 120 千克。

2. 工艺流程

黄豆—筛选—清洗—泡豆—蒸豆—接菌—制曲—晒酱—成品。

3. 制作规程

（1）把黄豆筛选后洗净，放入清水中浸泡 10~12 小时。使豆粒吸水涨满后捞出，沥干水分。

（2）把黄豆煮熟出锅，摊开散热。温度降至 40℃时，把面粉和曲种掺匀拌入黄豆中。拌匀后，堆积 4~5 分钟装入曲池制曲。曲房的室温要保持在 32℃左右，保温培养。曲料温度升高要通风降温，降低要送暖气保温。曲料入池 6 小时后开始起热，品温保持在 34~36℃。曲房要间断鼓风，温度下降停止。12 小时后曲料白霉长齐，鼓风停止。开始翻曲 1 次，品温保持在 36~38℃。24 小时后，打曲 1 次。把曲料打散，防止曲料结块裂缝。如有裂缝，要铲曲一次。72 小时后，曲料内外长满黄白霉菌即可出料。摊开晾干即成成曲。质量要求：曲料松散，色泽鲜艳，菌丝均匀，无杂菌感染。

（3）晒酱。把曲料装缸，加入曲料重量 65%的 16 度清盐水，盐水温度要求 45℃。次日开始翻缸 1 次。7 天后，品温下降至 40℃左右，进行第 2 次翻缸。15 天后进行第 3 次翻缸。做干黄酱继续保温 20 天即成成品。如果做稀黄酱，应用固体发酵的酱醅，加入料重 100%的 13 度清盐水。盐水温度要达到 40℃左右。每天早晚各打耙 1 次。30 天后黄酱成熟。然后，把黄酱磨碎，加温到 65~80℃灭菌后即成成品。

4. 质量标准

色泽金黄，酱质细腻。酱香浓厚。出品率：140%左右。

第九章　辣椒酱加工技术

原料选择：鲜红辣椒。要求：不烂，无杂质，无病虫害，无杂辣椒。

一、辣椒酱

1. 配料比例

辣椒 50 千克，食盐 8 千克。

2. 工艺流程

辣椒—加工—洗净—腌渍—磨酱—成品。

3. 制作规程

（1）把辣椒去蒂去把洗净，剁成碎块。

（2）腌渍。先在缸底撒一层盐，放一层辣椒块。每层辣椒块不能超过 5 厘米。按此方法腌至离缸口 5 厘米，在缸口撒一层封口盐。次日开始翻缸，每天一次。连续腌制 10 天，即成辣椒坯。然后，在缸口撒一层封口盐。把缸放在阴凉、干燥、通风的地方。自然发酵 2~3 天后，用磨把辣椒坯磨细即成成品。

4. 质量标准

色泽鲜红，咸辣鲜香。出品率：85% 左右。

二、辣椒粉酱

1. 配料比例

豆腐渣 50 千克，辣椒粉 7.5 千克，一级酱油 5 千克，蒜 500 克，生姜250 克。

2. 工艺流程

豆腐渣—加工—配料加工—拌料—发酵—成品。

3. 制作规程

（1）把豆腐渣晒干。把蒜去皮洗净捣成蒜泥。把生姜去皮洗净切成姜末

（2）把辣椒粉、酱油、蒜泥、姜末和豆腐渣拌匀装缸。密封缸口，把缸放在阴凉、干燥、通风的地方。自然发酵 5~7 天即成成品。

4. 质量标准

色泽鲜亮，酱质细腻，鲜香可口。出品率：55% 左右。

三、牛肉鲜味辣酱

1. 配料比例

鲜辣椒酱 50 千克，牛肉 1.5 千克，牛骨 5 千克，色拉油 3 千克，白糖 1.5 千克，蒜 500 克，香料粉 5 克，黄酒 750 克，味精 30 克，芝麻 50 克，柠檬酸 5 克。

2. 工艺流程

辣椒酱+配料—熬制—灭菌—成品。

3. 制作规程

（1）骨肉泥丁加工方法。

第一，先把鲜牛肉切成碎块，加入冰块、盐、香料粉、淀粉拌匀加工成肉泥。

第二，把鲜牛骨放入–20℃的低温中冷冻 24 小时，使骨质松脆。温度保持在 10~15℃时，把牛骨粉碎成碎块。然后再磨成骨粉，加工成膏状骨泥。

第三，把牛肉泥和骨泥拌匀，加工成 2 厘米左右的肉饼。用笼蒸 50 分钟左右，取出加工成骨肉泥丁。时间不宜过长，防止肉质变硬。

（2）把蒜放入开水中烫 4~5 分钟。捞出捣成蒜泥，生姜去皮洗净切成姜末。

（3）把色拉油加热 160℃加入蒜泥、姜末、香料粉炒出香味后，再加入骨肉泥丁、辣椒酱熬开。熬出香味时加入黄酒拌匀即可出锅。

（4）把熬制好的辣酱包装后灭菌即成成品。

4. 质量标准

色泽鲜亮，鲜香味辣。出品率：90%左右。

四、红剁椒辣酱

1. 配料比例

鲜红辣椒 50 千克，食盐 8 千克，白糖 5 千克，花椒粉 150 克，八角粉 100 克。

2. 工艺流程

辣椒—加工—洗净—腌渍—拌料—成品。

3. 制作规程

（1）把辣椒去把去蒂洗净，加工成 1 厘米大小的辣椒块。

（2）把辣椒块加盐拌匀装缸。连续腌制 10~15 天，然后，加入白糖、花椒粉、八角粉拌匀，盖好缸。把缸放在阴凉、干燥、通风的地方。自然发酵 5~7 天即成成品。

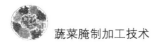

4. 质量标准

色泽鲜红，甜辣鲜香。出品率：90%左右。

五、芝麻辣酱

1. 配料比例

鲜辣椒酱 50 千克，芝麻 5 千克。

2. 工艺流程

辣椒酱+芝麻—发酵—成品。

3. 制作规程

（1）把芝麻炒熟，加入辣椒酱拌匀，密封缸口。

（2）把缸放在阴凉、干燥、通风的地方。自然发酵 3~5 天即成成品。

4. 质量标准

色泽鲜红，味鲜香辣。出品率：100%。

第十章 其他酱制品加工技术

一、韭菜花酱

原料选择：鲜嫩的韭菜花。要求：无籽，无杂质，不烂，不变质。

1. 配料比例

鲜韭菜花 50 千克，食盐 5 千克，料酒 100 克，一级酱油 5 千克，生姜 1 千克，花椒粉 200 克。

2. 工艺流程

韭菜花—洗净—加工—腌渍—加配料—发酵—成品。

3. 制作规程

（1）把韭菜花洗净，粉碎成泥状。

（2）把生姜去皮洗净，加工成姜泥。和料酒、花椒粉、盐一起拌入韭菜花泥中。然后，加入酱油搅拌均匀，密封缸口。把缸放在干燥、通风的室内。室内温度保持在 25℃左右，自然发酵 10 天左右即成成品。

4. 质量标准

色泽美观，鲜香味美。出品率：90% 左右。

二、玫瑰酱

原料选择：新鲜的玫瑰花瓣。要求：无杂质，无病虫害，不烂，不变质。

1. 配料比例

玫瑰花瓣 10 千克，食盐 1 千克，白糖 10 千克，甜面酱 50 千克，凉开水 1 千克。

2. 工艺流程

玫瑰花瓣—洗净—加工—拌配料—发酵—成品。

3. 制作规程

（1）把玫瑰花瓣洗净搅碎。加盐、白糖、凉开水拌匀。然后，放入甜面酱缸内搅拌均匀。

（2）把酱缸放在晒场日晒夜露，每天打耙 1 次。3 天后，5～7 天打耙 1 次。刮风下雨要盖缸，防尘，防雨。连续发酵 30 天，甜面酱晒成红褐色。密封缸口。把酱缸移放在干燥、通风的室内。室温要保持在 25℃左右。自然发酵 10 天左右即成成品。

4. 质量标准

色泽美观，酱香浓郁，有玫瑰香味。出品率：90%左右。

三、蒜茸酱

原料选择：新鲜干大蒜。要求：不烂，不变质，不发芽，无病虫害。

1. 配料比例

鲜干蒜 50 千克，甜面酱 50 千克，黄酱 25 千克，辣椒粉 10 千克，芝麻香油 5 千克。

2. 工艺流程

蒜—加工—浸泡—磨碎—酱渍—成品。

3. 制作规程

（1）把蒜去皮剥成蒜米，放入清水中浸泡 1~2 天，除去蒜臭味。然后，用石磨磨成蒜茸。

（2）把辣椒粉，甜面酱，黄酱混合在一起加入蒜茸拌匀装缸。放在晒场日晒夜露。每天打耙 1 次。3 天后，5~7 天打耙 1 次。晒酱期间，刮风下雨要盖缸，防尘，防雨。连续晒酱 30~40 天，把酱晒成褐红色。然后，密封缸口。

（3）把缸移放在干燥、通风的室内。自然发酵 7~10 天。把香油加入酱缸内拌匀即成成品。

4. 质量标准

色泽鲜亮，蒜香味浓。出品率：95%左右。

四、甜瓜酱

原料选择：鲜熟面甜瓜。要求：不烂，不变质，无病虫害。

1. 配料比例

甜瓜 50 千克，小麦面粉 30 千克，16 度盐水 110 千克，红糖 5 千克。

2. 工艺流程

甜瓜—洗净—加工—拌面粉—蒸熟—切块—接菌—制曲—发酵—成品。

3. 制作规程

（1）把甜瓜洗净切开去瓤。切碎后与面粉拌匀，做成馍块蒸熟。然后，切成馍片。

（2）把馍片冷却至 40℃，接菌后，送入曲房制曲，制成曲黄晾干粉碎。然后，放入酱缸内。

（3）把红糖放入盐水中拌匀，倒入酱缸内浸泡曲黄。把酱缸放到晒场上。

次日，开始翻缸 1 次，连翻 3 天。要日晒夜露，每天打耙 1 次。刮风下雨要盖缸，防尘，防雨。连续晒酱 60~80 天即成成品。

4. 质量标准

色泽褐红，酱质细腻，酱香味浓。出品率：130%左右。

五、番茄酱

原料选择：鲜红熟番茄。要求：不烂，不变质。

1. 配料比例

番茄 50 千克，食盐 1.5 千克，冰糖 5 千克，味精 30 克，芥末粉 100 克，白胡椒粉 60 克，丁香粉 5 克。

2. 工艺流程

番茄—洗净—加工—煮熟—过滤—浓缩—拌料—加温—成品。

3. 制作规程

（1）把番茄洗净切成碎块，用磨磨碎。放在锅内加热，要不停的搅动。煮 60 分钟左右捞出，用细筛过滤，除去杂质。

（2）把过滤后的番茄汁继续加热浓缩。要捞取上面的泡沫，把番茄汁熬制成黏稠状。然后，在用小火熬制 20 分钟左右。

（3）把冰糖加工成碎末。和盐、白胡椒粉、芥末粉、丁香粉一起放入锅内拌匀。再用小火加温 30 分钟，放入味精拌匀即成成品。

（4）番茄酱要密封保存，如果长期存放，要加入 1‰的苯甲酸钠拌匀保存。

4. 质量标准

色泽鲜红，酸甜鲜香。出品率：80%左右。

六、茄子酱

原料选择：鲜嫩茄子。要求：无籽，不烂，表面光滑，无斑疤，无病虫害。

1. 配料比例

茄子 50 千克，食盐 8 千克，甜面酱 30 千克，香料粉 50 克。

2. 工艺流程

茄子—洗净—加工—蒸熟—拌料—晒酱—成品。

3. 制作规程

（1）把茄子洗净切成 4~8 瓣，用笼蒸熟。去掉茄皮，加工成茄泥。加入香料粉拌匀。

（2）把茄泥放入甜面酱缸内拌匀，放到晒场上日晒夜露，每天打耙 1 次，刮风下雨要盖缸，防尘，防雨。连续晒酱30~40天即成成品。

4. 质量标准

色泽褐红，酱质细腻，风味鲜美。出品率：80%左右。

七、西瓜皮酱

原料选择：鲜西瓜皮。要求：干净，不烂，不变质，没有瓜瓤。

1. 配料比例

西瓜皮50千克，白糖10千克，甜面酱20千克，柠檬酸1千克。

2. 工艺流程

西瓜皮洗净—加工—蒸熟—拌料—晒酱—成品。

3. 制作规程

（1）把西瓜皮刮净外边绿皮，洗净切成碎块，放入笼锅蒸熟。然后，加工成泥状。

（2）把白糖、柠檬酸加入瓜泥中拌匀。然后，放入锅内，用小火加温。要不停搅拌，使瓜泥变成黏稠状出锅冷却。

（3）把煮好的瓜泥加入甜面酱拌匀，放到晒场上日晒夜露。每天打耙1次，刮风下雨要盖缸，防尘，防雨。连续晒酱30~40天即成成品。

4. 质量标准

色泽褐红，酱质细腻，风味独特。出品率：50%左右。

八、南瓜酱

原料选择：老熟面南瓜。要求：不烂，不变质，表面光滑，无病虫害。

1. 配料比例

南瓜50千克，小麦面粉30千克，16度盐水130千克。

2. 工艺流程

南瓜—加工—洗净—蒸熟—接菌—制曲黄—晒酱—成品。

3. 制作规程

（1）把南瓜去皮，去瓤，切成小块洗净。

（2）把南瓜上笼蒸熟，加工成南瓜泥。把面粉加入南瓜泥中。拌匀做成馍块，上笼蒸熟，再切成1厘米厚的馍片。

（3）把馍片冷却至40℃时接入1‰的曲种，送入曲房制成酱曲黄。

（4）把酱曲黄按50千克，加入16度清盐水65千克的比例装缸。把酱缸放到晒场日晒夜露。每天打耙1次，刮风下雨要盖缸，防尘，防雨。连续晒酱60~80天即成成品。

4. 质量标准

色泽褐红，酱质细腻，风味鲜美。出品率：130%左右。

九、胡萝卜酱

原料选择：鲜胡萝卜。要求：齐顶去根，表面光滑，不烂，不裂，不糠，个重 100 克以上。

1. 配料比例

胡萝卜 50 千克，白糖 25 千克，甜面酱 30 千克。

2. 工艺流程

胡萝卜—洗净—加工—蒸熟—拌料—熬制—晒酱—成品。

3. 制作规程

（1）把胡萝卜洗净，加工成小萝卜块。用笼蒸熟后，加工成胡萝卜泥。

（2）把萝卜泥加入白糖拌匀。用小火把萝卜泥熬成黏稠状。然后，加入甜面酱拌匀。把缸放在晒场日晒夜露，每天打耙 1 次。刮风下雨要盖缸，防尘，防雨。连续晒酱 60 天即成成品。

4. 质量标准

色泽鲜亮，酱质细腻，酱香味浓。出品率：70% 左右。

十、香菇酱

原料选择：鲜嫩香菇。要求：去根，无杂质，不烂，不变质。

1. 配料比例

香菇 50 千克，鲜牛肉 5 千克，食盐 6 千克。甜面酱 2 千克，色拉油 3 千克，白糖 1 千克，辣椒粉 2 千克，生姜 1 千克，料酒 1 千克，味精 50 克。

2. 工艺流程

香菇—洗净—加工—辅料加工—熬制—晒酱—成品。

3. 制作规程

（1）把香菇洗净，加工成香菇丁。把牛肉洗净切成小块煮熟，加盐，香料粉，淀粉加工成肉泥。把生姜去皮洗净加工成姜末。

（2）把色拉油加热至 160℃放入姜末，香菇炒 1 分钟然后放入牛肉泥、料酒、白糖、辣椒粉，继续翻炒，可以加入适量清水，防止粘锅。牛肉泥炒熟后，加入甜面酱。熬出香味后加入味精拌匀装缸。

（3）把缸放在阴凉、干燥、通风的地方。盖好缸防尘，防雨，防晒。24 小时后即成成品。

4. 质量标准

色泽褐红，酱香浓郁，鲜辣甜香。出品率：80% 左右。

第十一章　榨菜的腌制加工技术

榨菜的加工方法有三种。第一种是自然风力晾晒脱水法。第二种是人工利用烘干技术脱水法。第三种是食盐脱水法。三种方法各有特色，加工的榨菜风味也各不相同。

一、自然风力晾晒脱水法

1. 剥划菜头

先把榨菜剥去根，茎部的老皮，抽去硬筋，不能损伤青皮。然后，根据菜的形状大小进行修整。250克以下的菜可以从根部到顶部拉直切至菜心。300克以上的上下切成两半。500克以上的切成3块，要先从顶部切去1/3，剩余的上下切成两半。长圆形菜切成滚刀块。圆形和椭圆形菜上下切成两半。切菜要求：大小均匀，菜块要青白齐全，成圆形或椭圆形，整齐美观。

2. 穿菜

把切好的菜块分别按大小、好坏穿成串。穿菜时，要把菜的白面与篾丝的青面穿成一个方向。菜块要排齐穿紧。鲜菜块要对着刀口的侧面穿。两头回穿结实，不能回大圈。每串穿菜4~5千克，不能太多。要顺架排放好，不要堆的太高。篾丝不可太短，把两头穿结实，减少菜块的损失。

3. 上架

根据菜架的情况，把穿好的菜块搭上晒架进行风吹日晒脱水。搭上晒架的菜块，要把菜块白面朝外，青面朝里，以保持菜块的原色。要适当留出风窗，使菜块受风均匀。增快脱水的进度。在风晒期间，要加强菜块的管理。根据气候的变化，经常检查菜块风吹日晒的程度。如果阳光太强，久晴无风。菜块开始起硬壳，内湿外干。如果久雨无风，菜块会生硬，发芽，起棉花包。如果遇到这样的情况，要立即下架入池腌制。对于菜架上剩余的菜块，要严格检查。防止菜块过湿，又要防止风吹日晒时间长，影响菜块的质量。

4. 下架

下架的菜块要测定成品率。这对于榨菜脆嫩，鲜美的关系很大，也是决定用料的多少，成本高低的关键。测定的方法有以下3种。

第一种方法：正常情况下，菜架上的菜块，保持在2~3级的风力。经过7天左右，用手摸菜块柔软，无硬心，即为合格菜块，可以下架。

第二种方法：要根据青菜头生产的不同时间和含水量来确定。立春前的青菜头，菜质好，水分少。一般下架率为 40% 左右。每担（1 担 = 50 千克）榨菜需用 140 千克左右。立春后，雨水前的青菜头，水分中等。一般下架率为 36%~38%。每担榨菜需用 160 千克左右。雨水后的青菜头，菜质差，水分大。一般下架率为 34%~36%。每担榨菜需用 175 千克左右。

第三种方法：用理化分析的方法测定菜块的含水量。含水标准应达到 86%~90% 为优质菜块。

以上三种下架菜块的测定方法，如果有化验设备，采用第三种方法比较精确。没有化验设备的采用前两种方法。先对第二种方法进行试点，取得比较正确的标准后，再与第三种标准结合使用。

自然脱水的优点：自然风脱水利用风力和热源脱水，能使菜块绿色部分不易发生变化。脱水设备简单，成本低。并能保持菜块成分不受损失。

二、人工脱水方法

人工脱水就是利用烘干设备，人工控制菜块的温度，湿度和风速，加快菜块水分的蒸发。人工把菜块摆放在烘干架上，送入烘干房。掌握热风的温度，保持在 60~70℃。风速保持在 2~3 级。烘干房相对湿度为 85%~90%。经过 7~8 个小时的烘干，可以使菜块达到脱水的标准。

人工脱水的优点：脱水时间短，不受天气变化的影响，不容易烂菜。人工控制温度，风速，湿度，对菜的质量有保障，有利于机械化生产。

人工脱水的缺点：增添设备，耗用燃料，增加成本。

三、食盐脱水方法

食盐脱水就是利用盐渍的方法排出菜块内的多余水分。腌制的容器用缸或池均可。用盐量每 50 千克菜块加盐 11 千克。具体腌制方法有以下两种。

第一种方法：要求下架的菜块，平均下架率 36% 为宜。按 50 千克下架菜块加盐 2.5 千克的标准进行腌制。以大池腌制为例。先把大池清洗干净，在池底撒一层盐，放一层菜块。每层菜块 20~30 厘米，每层都要踩实，踩至菜块湿润为止，按此方法进行腌制。撒盐要下少上多，下面 1/3 用盐 20%，中间 1/3 用盐 30%，上面 1/3 用盐 40%。腌满池后，加封口盐 10%。每天早晚各踩菜一次，保持菜块紧密，加快盐的溶化。腌制 72 小时后，利用原池盐水洗净菜块，按 50 千克菜块加盐 3.5 千克的标准把菜上囤。囤高不能超过 1.5 米。每层 40~50 厘米，人工穿胶靴踩压。装满囤后，进行囤压。囤压菜块主要是调节菜块的干湿程度，促进菜块内的水分排出。加速菜块的成熟时间，起到多一次翻池的效果。囤压 24 小时后，菜块即成半成品。然后，把半成品菜块按

50 千克加盐 3 千克的标准继续入池腌制，方法和上次池腌相同。再连续腌制 5~6 天，当盐渗入菜块 80% 左右即可把菜装囤。方法和上次囤压相同。囤压 24 小时，即成毛熟菜块。

第二种方法：在特殊天气情况下菜块的腌制方法。

菜块上晒架后，天气久晴无风，或阴雨无风，表面硬，起棉絮状，开始腐烂。应立刻做特殊的腌制方法。按 50 千克菜块加盐 2.5 千克的标准分批腌制。首先把池子清洗干净。在池子外角立放编制的竹筒，竹筒高于池面 20 厘米左右。然后开始腌制，腌制方法和第一种腌制方法相同。腌制 24 小时后，通过竹筒检查池内盐水，盐水清凉为正常。如果盐水不凉应立即起菜，按 50 千克菜块加盐 3.5 千克的标准上囤。菜块上囤方法与第一种方法相同。囤压 24 小时后起菜，按 50 千克菜块加盐 2.5 千克的标准进行第二次池腌。腌制方法和第一次池腌相同。腌制 5~6 天，当盐渗入菜块 80% 左右，起菜二次上囤。囤压方法与第一次囤压方法相同。24 小时即成毛熟菜块。

四、毛熟菜块的修剪

用剪刀剪掉菜块上的飞皮、叶梗、须边。按菜块大小分别存放。挑出硬梗，硬头的菜块。使菜块保持大小一致，外形光滑美观。

五、菜块的淘洗

把修剪好的菜块放在 6~8 度的清盐水中淘洗。要反复洗 3 次，把菜块表面的泥沙和杂质洗净。严禁用清水或变质的盐水洗菜，以免冲淡菜块的盐度，影响菜块的质量。淘洗后的菜块要立即上囤，适当进行踩压，压出菜块外表的水分。囤压 24 小时后即成合格的熟菜块。

六、配料装坛

配料装坛分三步进行。每一步都要严格把关，必须按照程序进行。否则，会影响榨菜的质量。

第一步：每 50 千克菜块加盐 3 千克，辣椒粉 600 克，花椒粉 15 克，五香粉 60 克。要严格按比例配料拌菜。

第二步：菜块拌入配料，一定要拌匀装坛。装坛不宜太紧。装坛重量必须过称。方便管理和销售。

第三步：装坛前，先把菜坛洗净，擦净坛内的水分。把坛放入室内排好后，用稻草塞紧坛窝的空隙处，使菜坛不能晃动，方便操作。每坛菜要分 5 次装满，每次装的菜都要均匀。每层菜都要用木棒捣实，使菜块结合紧密，排净坛内的空气。捣菜时用力要匀，不要把菜捣烂。装满坛后，在坛口撒一层红盐（红盐配制方法：用盐 5 千克加入辣椒粉 1.25 千克拌匀即可）。在红盐上面交错盖上 2~3 层玉米叶。然后，用菜叶把坛口塞紧。再用拌好的水泥把坛口封严，标明菜的重量入库封存。用纸箱包装，在箱内用结实塑料袋装菜，成本低，更加方便。

七、榨菜的储藏及注意事项

1. 装坛检查

榨菜装坛后，要进行一次普遍检查。发现菜坛内榨菜过多或过少，应及时调整菜的数量。封口的菜叶少或封口不严，应立即添加菜叶把坛口封严。储存期间，每 2~3 个月要进行一次清口，即敞口处理。以保持榨菜的质量不变，要指定专人负责。把榨菜存放在阴凉、干燥、通风的地方。仓库的温度要保持在 26℃ 以下。仓库的门窗要随着室温的变化进行调整。

2. 榨菜的翻水问题

榨菜装坛后。在一定的保质期内，由于盐的渗透，使榨菜随着温度的升高，坛内的榨菜体积膨胀，会有黄褐色的汁液从坛口流出。这是一种正常的自然现象。流量的多少与坛内榨菜的干湿程度、数量多少有直接的关系。菜块的数量少，汁液流出的就少。菜块较多，较湿，流出的汁液就多。翻水的榨菜质量好，不会发生霉变现象。如果榨菜不翻水，极易发生霉变现象。不翻水的原因，主要是装坛时菜块没有装紧，封口不严密，或菜坛有渗漏现象。发现不翻水的榨菜要立即开口检查，进行重新加工。

3. 榨菜的霉口问题

榨菜发生霉口问题主要在夏季、秋季。春季、冬季比较少。主要是榨菜翻水后，坛内榨菜块体减轻缩小。使坛口的菜叶与菜块出现了空隙。或者因为榨菜装坛没装实，装紧。翻水后，坛口榨菜的含盐量减少，抑制有害细菌的能力减弱，时间长就容易形成菜的腐烂变质。这种现象叫做霉口问题。凡是遇到这种情况，应立即开坛。把发霉的菜块取出，用清盐水清洗干净。然后，再加入适量盐、辣椒粉、香料粉拌匀装坛。用菜叶把坛口塞紧，再密封好保存。

4. 榨菜坛自然爆裂问题

榨菜坛在密封的环境下，外界环境温度增高。坛内受热使菜体膨胀，质量差的菜坛容易发生爆裂。菜坛爆裂后产生的霉变榨菜，要用熬开放凉后的 5 度清盐水，把菜清洗干净。然后，用配好的作料把菜拌匀装坛。再用菜叶把坛口塞紧，密封坛口。凡是经过二次加工的榨菜，要在短时间内处理，不宜长时间存放。

八、榨菜的等级规定和质量标准

榨菜块的重量 40~90 克均为合格的榨菜。40 克以下不均匀的，但是，质

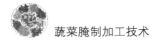

量标准不低于甲级菜的，视为等外菜规格。榨菜的等级标准有特级榨菜、甲级榨菜、乙级榨菜三种。

1. 特级榨菜标准

每担用料标准 160 千克（头期菜 140 千克，中期菜 160 千克，尾期菜 175 千克）。干湿合适，咸淡可口。修剪光滑，无虚边，美观，块形较好。菜块青皮，白面，皮面现皱纹。菜块无硬心，无泥沙，无污物，无老筋，无黑斑，无筒形菜，无棉花包菜，无硬头菜和不带青皮的菜块。闻味道鲜香，吃起来辣脆，细嚼咸而不苦，回味鲜甜。这样的榨菜符合特级榨菜的标准。

2. 甲级榨菜标准

每担用菜 155 千克（头期菜 135 千克，中期菜 155 千克，尾期菜 170 千克）。咸淡，香味，辣椒，颜色均符合特级榨菜标准。但是，菜块的修剪欠光滑，湿度较差。通身无青皮的菜、硬头菜、棉花包菜，不超过 10%。榨菜中泥沙、污物、老筋、黑斑、烂菜点、筒形菜、箭杆菜不能超过榨菜的 1%。这样的榨菜符合甲级榨菜标准。

3. 乙级榨菜标准

咸淡，香味，各项指标均符合特级榨菜的标准。用料不足 150 千克（头期菜 130 千克，中期菜不足 150 千克，尾期菜不足 165 千克）。榨菜块形不好，菜块偏湿，颜色较差。通身无青皮的菜、硬头菜、棉花包菜不超过 10%。污物、泥沙、老筋、黑斑、烂菜点、箭杆菜、筒形菜不能超过 1%。这样的榨菜符合乙级榨菜标准。

九、榨菜制作剩余边角料的利用

1. 咸菜叶和咸菜头的制作

把青菜头的嫩叶和老叶分别进行晾晒，晒至七成干。按 50 千克菜叶或菜头加盐 9 千克的比例进行腌制。把缸底撒一层盐，放一层菜，再撒一层盐。每层菜不能超过 10 厘米。按此方法进行腌制，缸满后，在缸口撒一层封口盐。次日，翻缸时把菜揉软与盐充分溶合。然后装缸，逐层按实。3 天后翻缸，每两天翻 1 次，连续翻 3 次。每次翻缸都要把菜按实。连续腌制 25~30 天捞出，加入五香粉 50 克、花椒粉 15 克拌匀。然后，装缸按实，密封缸口。把缸放在干燥，通风的室内。连续焖缸 5~7 天即成成品。

2. 咸菜皮的制作

把青菜头制作时剔除的菜皮，挑出不能用的菜皮，用清水浸泡淘洗干净。沥干水分，放到晒台上晾晒 1 天。然后，按 50 千克菜皮加盐 8 千克的标准进行腌制。

腌制方法和腌菜叶方法相同。腌制 15~20 天捞出，再晾晒 1 天，加入辣椒粉 500 克、花椒粉 15 克拌匀装缸。要逐层按实。装满后，密封缸口。把缸放在干燥，通风的室内。连续焖缸 5~7 天即成香辣菜皮。

3. 榨菜酱油

榨菜腌制过程中渗出的盐水，进行沉淀过滤后熬开 3~5 分钟。然后，按 50 千克盐水加入姜片 500 克、香料 50 克（八角、花椒、桂皮、良姜、陈皮各 10 克。用纱布袋装好）进行熬制。熬至盐水浓度达到 28 度时，加入酱色搅拌均匀关火。冷却至 40℃时，加入味精 50 克拌匀，即成味道鲜美的酱油。

第十二章　泡菜的制作加工技术

一、泡菜坛的选择

如何选择泡菜坛

1. 泡菜坛选用陶土烧制的为最佳

坛子口小肚大，在距坛口 10~15 厘米设有一圈水槽。槽沿低于坛口，坛口放一菜碟，盖坛口用。菜坛大小根据需要购置。一般家庭用容量小的，办厂用容量大的坛子。

2. 坛子的质量好坏直接影响泡菜的质量

选择泡菜坛要仔细挑选。

（1）要看外观的釉质好坏，有无砂眼裂纹，是否美观漂亮。

（2）看坛子的内壁是否光滑，有无砂眼裂纹，是否渗水。

（3）听声音。用手轻敲坛子上部分，听声音，发出钢音的质量最好。其他声音的质次，不宜选择。

（4）检查吸水。在坛沿放入清水约水槽一半的容量。用纸卷点燃后放入坛内，盖上菜碟。能把坛沿内的水吸干，菜坛的质量是好的。否则，不宜选择。

（5）新泡菜坛要加满清水放置 3~5 天。然后，把坛内清洗干净，晾干后再泡菜。

二、泡菜盐水的配制

1. 泡菜盐水的要求

最好使用井水或泉水泡菜。这样的水含矿物质成分多，制作泡菜盐水效果好。它可以保持泡菜成品的脆性。其他水不宜使用。

2. 泡菜盐水的制作

（1）食盐的选择。泡菜用盐选择氯化钠最高的精盐为佳。目前市场销售的盐均可使用。

（2）增加泡菜的脆度。在配制盐水时，可以少量加入钙盐，按 0.05% 添加。也可以用生石灰替代，先按 0.2% 的比例配成清石灰水溶液。浸泡后，用清水清洗干净，再用盐水泡菜，也可以增加菜的脆度。

3. 泡菜盐水的分类

（1）新盐水。是指新配制的盐水。配制方法：凉开水 50 千克，盐 12.5 千克，再加入新盐水重量 30% 的老盐水、佐料和香料。

（2）老盐水。是指泡菜使用在两年以上的盐水。老盐水多作为种盐水，与新盐水配好组合成母子盐水。用盐水接种，要用一级老盐水。然后，加入好的酒曲或人工接种乳酸菌。还可以加入适量的葡萄糖，加快乳酸的发酵，制成好的老盐水。泡菜的老盐水，应选择色香味俱全的老盐水泡菜。

（3）洗澡盐水。是指一边泡菜，一边食用的蔬菜所使用的盐水。配制方法：凉开水 50 千克，盐 14 千克，老盐水 30% 作为接种盐水。再加入适量的佐料和香料配制成洗澡盐水。洗澡盐水腌制的泡菜断生即食，所以盐度偏高。

（4）混合盐水。把泡菜的老盐水和新盐水混合配制，新老盐水各用 50%。这样的盐水泡菜，风味最好。

三、泡菜各种调料的配种方法

1. 佐料

60 度以上酿造白酒，料酒，糯米酒，干红辣椒，红糖（白糖）甘蔗。佐料与泡菜盐水的配比一般是：盐水 50 千克，白酒 0.5 千克，料酒 1.5 千克，糯米酒 1 千克，干红辣椒 2.5 千克，红糖（白糖）1.5 千克，甘蔗 1 千克配制成。配料比例要灵活掌握，根据各自的口味，蔬菜的品种，以及泡菜的时间来决定。泡菜所用的辣椒，干蔗应在装坛时放置。其他佐料先溶化后再加入坛内拌匀。

2. 香料

泡菜香料一般使用八角、花椒、白（黑）胡椒三奈、白菌、排草等。根据不同的蔬菜，不同的口味进行添加。香料主要是去除泡菜的腥味和异味。三奈主要是用于保持泡菜的鲜色。胡椒一般是泡鱼，辣椒时使用。苹果，八角一般少用，不能超过 5%。香料和盐水的比例一般是盐水 50 千克、花椒 100 克、八角 50 克、排草 50 克、白菌 0.5 千克。香料在配制盐水前要进行加工。白菌、八角要用清水洗净。排草洗净加工成 2 厘米的小段。然后，把各种佐料装入纱袋，扎紧口，放入坛内盐水中。根据泡菜的需要和时间，确定变换香袋的位置。需要密封储存不易搅动的泡菜，要在食用前轻轻搅动，使香料味散布均匀。如果香料味过浓，要立即取出。香料味过轻，可根据口味的不同添加其他不同的香料。

四、各种蔬菜入坛前的加工

1. 蔬菜的清洗

蔬菜要选择鲜嫩、干净的蔬菜。加工整理后，把合格的蔬菜，在 1 度淡盐水中浸泡 10~15 分钟。盐水要超出蔬菜 3~5 厘米。然后，再用清水冲洗 2~3 遍。控干水分后进行加工整理。泡菜一般要加工成块或小段进行泡制。例如，白菜切成 3 厘米见方的菜块。芹菜切成小段，萝卜切成薄片等。加工好的菜要在席上晾晒，适当翻动。晾晒时间长短，根据泡菜的需要来确定。

2. 蔬菜入坛的处理方法

蔬菜在入坛前，先把加工好的蔬菜放在 20 度的清盐水中腌渍。排出蔬菜中所含的过多水分，渗透盐味。这样，使泡菜清洁卫生。有利于定色，保色，排出异味。由于蔬菜品种的质地不同，在处理方法上也不同。一般质地较老的蔬菜需要 4~5 天，质地嫩细的 2~3 小时即可。家庭腌制泡菜数量小，可以灵活掌握。

五、蔬菜泡制装坛的方法

1. 盐水装坛

一般质地紧密的蔬菜，在泡制时能够沉没盐水的，可以直接放入泡菜坛内浸泡。方法是：把坛子洗净晾干后，先放入盐水。然后，放入佐料拌匀。装半坛时，再放入香料包。把菜装至八成满，让盐水腌没蔬菜。立即加盖，用清水加满坛沿，使水密封坛口，防止杂菌感染。

2. 装坛注意事项

根据蔬菜的品种，收获的季节，温度，食法，存放时间长短，制作数量多少，按比例调配盐水。要灵活掌握。

要严格做好各种容器、工具、生产人员的清洁卫生工作。以免影响泡菜的质量。

泡菜的制作关键，是蔬菜装坛时，必须按照程序装坛。装入容器的 80% 即可。不能太满，防止热涨盐水流出。

盐水必须超出蔬菜 3 厘米以上。防止蔬菜缺水氧化变质。

六、泡菜盐水的管理和处理方法

泡菜在制作过程中，出现盐水变质、长霉点、生蛆、涨缩、冒泡等，都会使泡菜的质量受到影响，应该及早预防。

1. 泡菜坛沿的清水要及时更换，保持清洁卫生

可以适当加些细盐，使盐度达到 15~20 度。发现缺水，要及时添满，起到密封灭菌的效果。

2. 掀开坛盖时，要先把坛口周围的清水处理干净

严禁带入坛内，影响菜的质量，发生霉变。

3. 取泡菜时，要用专用的取菜工具

先洗净消毒后再取菜，严禁油污进入坛内。

4. 经常检查盐水的质量

发现问题，及时处理，防止霉变。

5. 泡菜变质的处理方法

（1）泡菜坛内的霉花不要搅散，可以把菜坛倾斜加入盐水，使盐水从坛口流出带出霉花。也可以用勺子慢慢的捞出。

（2）加入坛内70°以上白酒，密封坛口，可以抑制霉花的生长，也可以加入大蒜、洋葱有杀菌作用的蔬菜杀死霉菌。

（3）去掉霉菌后，在坛内加入适量细盐，有杀菌作用的红皮萝卜等蔬菜。再适当添加一些佐料、香料，抑制霉菌的继续滋生。

（4）如果坛内盐水浑浊、发黑、色恶、生蛆等变质现象。要立即倒掉盐水，把菜坛高温消毒灭菌。然后重新配制新的盐水泡菜。

七、腌制泡菜的蔬菜品种及要求

1. 叶菜类

蔬菜要鲜嫩，水分充足，无病虫害。青菜以春分至清明前后的青菜为最好，经泡制后，拌食、调汤均可使用。

白菜以立冬至冬至的白菜为最好，这时的白菜色白，味鲜，菜嫩，营养丰富。适合腌制泡菜。

芹菜以小雪至大寒的芹菜为最好，选择胡芹、封芹和西芹。芹菜无渣，香脆，适合腌制泡菜。

圆白菜以立冬至小寒出产的菜为最好冬圆白菜。菜细嫩，鲜脆，微甜，个大。以春分至谷雨出产的圆白菜为最好春圆白菜。脆嫩，体小，这两种菜均可制作泡菜。

雪里蕻以立冬前后出产的菜为最好。菜质鲜嫩，色泽翠绿，茎，叶均可腌制泡菜。

香椿以谷雨前的香椿为最好。菜嫩，鲜香，适合制作泡菜。

2. 茎菜类

蒜薹以谷雨前后出产的蒜薹为最好。蒜薹细嫩，色泽翠绿，味鲜，适合制作泡菜。

笋薹：春笋薹以惊蛰至清明的笋薹为最好，菜质鲜嫩清香，味鲜，茎粗大。夏笋薹以立夏至小满的笋薹，茎细长，味微带苦涩，泡菜可以使用。

生姜以白露前生产的生姜为最好。色泽微黄，质地脆嫩，味鲜香，适合做泡菜的辅助材料。

大蒜以立夏前后生产的大蒜为最好。蒜味鲜辣，脆嫩。河南中牟、山东金乡的大蒜为最好的腌制泡菜材料。

洋姜以秋末冬初生产的洋姜为最好。肉质白嫩，鲜脆微甜，适合腌制泡菜。

苤蓝以芒种至小暑生产的为最好。鲜嫩脆甜，适合制作泡菜。

宝塔菜以秋末冬初生产的为最好。肉质白净，脆嫩微甜，适合制作泡菜。

藕以大雪至冬至生产的为最好。肉质白净，鲜嫩脆甜，适合制作泡菜。加工时易变色，要立即放入清水中浸泡。泡出藕粉后，才能制作泡菜。

3. 果菜类

果蔬要成熟，色泽鲜艳，有香味，无损伤，无病虫害。

辣椒以芒种至夏至生产的为最好，青、红辣椒均可。立秋至寒露生产的辣椒也可以制作泡菜。辣性根据需要泡制。

茄子以芒种至大暑为最好。肉质白嫩，鲜美清香，适合制作泡菜。

西红柿以立夏后生产的为最好。色泽红亮，光滑，肉嫩汁多，适合制作泡菜。

黄瓜以夏至至立冬生产的为最好。肉质细嫩，脆香鲜甜，适合制作泡菜。

苦瓜以小暑至立秋生产的为最好。质地脆嫩，有苦味，清热解毒，适合制作泡菜。

冬瓜以夏末秋初生产的为最好。肉质细嫩，味道清香，适合制作泡菜。

南瓜以立夏至立冬前生产的为最好。瓜质细腻，甜香，适合制作泡菜。

4. 根菜类

蔬菜脆嫩，表皮光滑，色泽鲜艳，个大，无病虫害，无斑疱。

胡萝卜以小雪至小寒生产的为最好。肉质嫩脆，鲜甜，适合制作泡菜。

辣萝卜（红皮、青皮、白皮、紫心萝卜）以立冬至小寒生产的为最好。肉质脆嫩，鲜香，适合制作泡菜。

土豆：小满至芒种生产的春土豆、立冬至冬至生产的冬土豆均可。肉质细腻，脆嫩，适合制作泡菜。

红薯以立冬以后生产的黄色、红色红薯均可。肉质脆甜，是制作泡菜的新颖菜品。

5. 其他菜类

洋葱以芒种至夏至生产的为最好。肉质脆嫩，鲜辣，能起到杀菌作用，是泡菜的最佳原料。

青豆以小暑至大暑生产的为最好。肉质细腻，鲜嫩清香，是制作泡菜的好原料。

豆角（四季豆、刀豆、豇豆）以夏至至立秋生产的为最好。色泽青绿，脆嫩鲜香，适合制作泡菜。

豆芽、水果根据个人爱好均可制作泡菜。

八、泡菜的制作加工方法

（一）高级什锦泡菜

1. 配料比例

鲜笋薹 200 克，鲜黄瓜 200 克，白萝卜 200 克，四季豆 200 克，蒜薹 200克，苦瓜 200 克，大葱白 100 克，白菜 200 克，圆白菜 200 克，洋姜 200 克，红辣椒 200 克，干辣椒 50 克，蘑菇 200 克，生姜 100 克，细盐 200 克，60 度以上白酒 50 克，白糖 100 克，香料袋 1 个 5 克（白菌、排草、三奈、草果、花椒各 1 克）。

2. 工艺流程

蔬菜加工—清洗—配制盐水—泡菜—发酵—成品。

3. 制作规程

（1）把菜坛洗净，加入凉开水 2.5 千克左右。然后，放入细盐、香料袋、白酒、白糖、姜末、干红辣椒拌匀。浸泡 24 小时，制成泡菜盐水。

（2）把蔬菜分别洗净，沥干水分。把笋薹、黄瓜、苦瓜切成薄片。萝卜切成长 3 厘米、宽 1 厘米、厚 1 厘米的条。四季豆、蒜薹切成小段。生姜切成姜末。白菜、圆白菜切成 3 厘米大小的菜块。洋姜切成小片。红辣椒、大葱切成细丝。干红辣椒用小尖椒。蘑菇掰成小块。放入菜坛拌匀，把香料袋放在中间。盖好坛盖，加满坛沿清水。

（3）蔬菜入坛后，要每天检查 2~3 次。坛沿不能缺水，要及时添加。泡菜坛不能日晒，要放在阴凉、干燥、通风的室内。自然发酵 10 天左右即成成品。

4. 质量标准

色泽美观，脆嫩鲜香。

（二）传统泡菜

1. 配料比例

蔬菜（四季蔬菜均可）2 千克，细盐 100 克，一级老盐水 2.5 千克，干红辣椒 100 克，醪糟汁 20 克，白糖（红糖均可）100 克，60° 以上白酒 30 克，香料袋 1 个。

2. 工艺流程

蔬菜—加工—装坛—浸泡—发酵—成品。

3. 制作规程

（1）把菜坛洗净擦干水分。放入老盐水、细盐、干红辣椒、醪糟汁、白糖、白酒、香料袋。拌匀浸泡 24 小时，制成泡菜盐水。

（2）选择当季生产的时令蔬菜，洗净沥干水分。按蔬菜的品质及需要进行加工处理。然后装坛拌匀，把香料袋放在菜坛的中间，浸泡蔬菜。把菜坛盖好，加满坛沿清水。

（3）蔬菜入坛后，泡菜坛不能日晒，要放在阴凉、干燥、通风的室内。每天检查 2~3 次。坛沿不能缺水，要及时添加。连续自然发酵 10 天左右即成成品。

（4）在食用（使用）过程中，可以随时添加新鲜的时令蔬菜。及时补充坛内的细盐、佐料和香料。盐水要始终超出菜面 1~2 厘米。使坛内的老盐水得到充分利用。

（5）在同一个泡菜坛内。可以按一年四季分开泡制各种蔬菜，春季以青菜为主。夏季以豆角、辣椒、茄子、洋葱等为主。秋季以瓜菜为主。冬季以萝卜、冬笋、雪里蕻、土豆等为主。根据个人爱好和市场需求制作泡菜。

（三）传统泡菜制作注意事项

（1）泡菜坛内的盐水要用熬沸，冷却，沉淀后的清盐水加入菜坛补充。坛内盐水以腌没菜面 1~2 厘米为标准。不能减少。盐水过多要及时取出。避免膨胀流出。

（2）要把新泡的菜放在下面，先泡的菜放在上面。先泡，先卖，先用。后泡的菜，后用，后卖。每次取菜时，严禁把坛沿水带入坛内。取菜后，盖好坛盖，加满坛沿水。

（3）泡菜时切记把菜坛放在阴凉、干燥、通风、干净的室内。严禁日晒，要防尘，防蝇，防污染。

（4）各种蔬菜，瓜果泡菜前注意如下事项。

水果腌制泡菜要去皮去核。

红薯、芋头、土豆、藕要去皮，加工后要放入清水中浸泡，泡出粉。

泡糖蒜，蒜要去皮用清水浸泡 3~5 天泡出蒜的辣味。

雪里蕻要日晒 1~2 天，晒去 15%~20% 的水分。

冬笋要去皮洗净用盐腌渍 3~5 天。

冬瓜要去皮，去瓤。加工后用 1% 的清石灰水浸泡 1~2 小时。洗净晾干再用 25 度清盐水浸泡 3~5 天。

南瓜要去皮，去瓤。加工后，用 1% 的清白矾水浸泡 40 分钟。然后，再用清水浸泡 1 小时，每 20 分钟换水 1 次。

苦瓜去瓤，加工后，放入沸水中焯水，然后，捞入清水中浸泡凉透。

洋葱去皮，加工后，用细盐腌渍 20 分钟。

豆角要掐去豆尖，抽去边筋，加工后，用细盐腌渍 20 个小时。

生姜要去皮，加工后，用细盐腌渍 3~5 天。

大葱只用葱白，加工后，用细盐腌渍 2~3 天。

苤蓝去皮，加工后，用 5 度清盐水浸泡 24 小时。

茄子去把，去皮，加工后，用清水浸泡 2~3 小时。

青豆，用 1%的清碱水，烧开后焯水 1~2 分钟。再捞入清水中浸泡 3~4 小时。

花生米用清水浸泡 4~6 小时，再放入沸水中焯水，焯至八成熟捞入清水中浸泡去皮。

绿豆芽要先焯水 3~5 秒后，捞入冷水中浸泡凉透。

板栗要去壳，用细盐腌渍 2~3 天。

以上所有品种按要求加工后再入坛制作泡菜。

第十三章 各种调味料加工技术

一、火锅调味料加工技术

主料：豆瓣酱 50 千克，花生粉酱 10 千克，芝麻粉酱 5 千克，辣椒酱 10 千克，豆腐乳 1 千克。

辅料：细盐 6 千克，白糖 1 千克，辣椒油 3 千克，味精 1 千克，姜粉 1 千克，白胡椒粉 1 千克，花椒粉 1 千克，芥末粉 1 千克，大蒜粉 300 克，大葱粉 500 克，酵母味素粉 5 千克，黄酒 1 千克，特级酱油 1 千克，酱色 500 克，抗氧化剂 50 克。

（一）豆瓣酱加工技术

1. 配料比例

黄豆 50 千克，小麦面粉 22.5 千克，细盐 10 千克，菌种 50 克，香料袋（八角、花椒、桂皮、良姜、陈皮各 20 克）1 个。

2. 工艺流程

黄豆—加工—浸泡—蒸煮—接种—制曲—浸泡—日晒—成品。

3. 制作规程

（1）把黄豆过筛后，放入清水中浸泡 10~12 小时，黄豆要泡透。

（2）把黄豆入锅煮熟捞出。再把黄豆捣烂。把菌种加入面粉中拌匀。然后，把拌好菌种的面粉和捣烂的黄豆掺匀。送入曲房制作豆曲黄。曲房室温要保持在 25℃左右。品温保持在 36~38℃，不能超过 40℃。24 小时后开始翻曲，3 天后豆曲长满黄绿色菌丝。即成成品豆曲黄。

（3）把豆曲黄晾干粉碎入缸，加入 16 度清盐水 65 千克。香料袋 1 个。搅拌均匀，开始日晒夜露。每天打耙 1 次。刮风下雨要盖缸防尘，防雨。连续日晒 60 天即成成品。

4. 质量标准

色泽金黄，酱香浓郁，味道纯正鲜香。

（二）辣椒酱加工技术

1. 配料比例

鲜红辣椒 50 千克，细盐 1.5 千克，花椒粉 40 克，八角粉 40 克。

2. 工艺流程

辣椒—加工—加辅料—磨酱—成品。

3. 制作规程

（1）把辣椒去把去蒂洗净，加工成辣椒坯。

（2）把辣椒粉，花椒粉，盐掺入辣椒坯内拌匀腌渍 1~2 天。再用磨磨成粉酱，密封缸口。发酵 5~7 天即成成品。

4. 质量标准

色泽鲜红，味道鲜辣。

（三）花生粉酱加工技术

1. 配料比例

花生米 10 千克。

2. 工艺流程

花生米—加工—炒制—磨酱—成品。

3. 制作规程

（1）把花生米过筛，洗净晒干。

（2）把花生米放入锅内炒制，要不断翻炒。炒至花生米微冒烟，出锅放凉。然后，磨成酱即成成品。

（四）芝麻粉酱加工方法

1. 配料比例

芝麻 10 千克。

2. 工艺流程

芝麻—加工—炒制—磨酱—成品。

3. 制作规程

加工方法和花生粉酱加工方法相同。

（五）豆腐乳加工方法

豆腐乳加工方法和第八章豆腐乳加工方法相同。

（六）增稠剂的制作方法

把增稠剂加 10 倍的冷水调制均匀后浸泡 1 小时。把抗氧化剂制成溶液备用。

（七）调配方法

（1）把豆瓣酱、辣椒酱、花生粉酱、芝麻粉酱、豆腐乳按配料比例放在一起搅拌均匀。

（2）在锅内放入主料和辅料总重量25%的清水烧开。放入主料搅拌均匀。再分别把白糖、盐、味精、黄酒、酱油、酱色同时加入。要不停的搅拌，防止糊锅底。在不断搅拌的情况下，分别把白胡椒粉、花椒粉、芥末粉、生姜粉、蒜粉、葱粉、酵母味素粉加入锅内搅拌均匀后。再熬制 3~5 分钟，使所有的料完全溶解均匀。

（八）煮料方法

把拌匀的料加热熬沸 15~20 分钟。使料相互渗透，入味均匀。正确控制熬制的浓度，要不停的搅拌，防止糊底。

快熬成时，改用小火熬制。出锅前，加入增稠剂和抗氧化剂搅拌均匀。然后关火出锅。

（九）酱料均质方法

酱料冷却至 70~80℃ 时，用胶体磨把酱料磨细研匀。磨料时，投料要均匀，使酱料达到细腻，柔和。

（十）灌装，灭菌

（1）灌装前要把容器高温灭菌。然后，灌装酱料。每罐酱料重量要一样，装至离罐口 20% 的地方。防止酱料膨胀。

（2）罐装后，在酱料上加入 3 毫米左右的辣椒油。立即密封罐盖，放入灭菌锅内灭菌 30 分钟。塑料包装可以采用微波灭菌。

（3）质量标准。色泽褐红，酱味浓厚，鲜香麻辣，黏稠适度，细腻均匀，无焦糊味。

二、虾油加工技术

1. 配料比例

鲜乌虾 50 千克，细盐 10 千克，22 度清盐水 50 千克，花椒 25 克，八角 25 克，茶叶 25 克。

2. 工艺流程

乌虾—洗净—腌渍—发酵—兑卤—抽油—成品。

3. 制作规程

（1）制虾酱。把虾洗净加盐腌渍，发酵。每天打耙 3 次。8 时以前打耙排出浊气，中午日晒打耙排出水分，16 时以后打耙使虾溶化成酱。要日晒夜露。刮风下雨要盖缸，防尘，防雨。连续晒酱 60 天左右即成虾酱。

（2）排卤抽虾油。把 22 度的清盐水加入八角、花椒、茶叶烧开熬出香味。然后，把熬好的卤汤冷却 24 小时。再把虾酱加入 70% 的卤汤搅拌均匀。沉淀 72 小时，用吸管抽取虾油。每 50 千克虾酱可抽取 30 千克虾油。

（3）质量标准。色泽半透明，不混浊，无沉淀，味道鲜香。

三、麻辣调味料汁加工技术

1. 配料比例

高粱粉 50 千克，细盐 5 千克，一级酱油 10 千克，高粱醋 2 千克，料酒 1 千克，辣椒粉 1 千克，花椒粉 200 克，生姜粉 6 千克，蒜粉 6 千克，白糖 3 千克，味精 200 克，芝麻香油 3 千克，琼脂 3 千克，苯甲酸钠 1‰。

2. 工艺流程

高粱粉+辅料—熬制—搅拌—均质—灭菌—包装—成品。

3. 制作规程

（1）物料要求。把琼脂浸泡 24 小时，使用前先加热降低稠度。主料和辅料要求溶水后即成糊状。混合后减少物料分层。用量可以根据不同地方的风味适当调整。

（2）物料调配方法。以酱油来定味提取鲜味。盐辅助定味，根据菜肴的需要确定。白糖和味精是调味提鲜，微带甜味。在咸鲜有味的基础上，使用辣椒粉、花椒粉和香油。突出麻辣，鲜香的风味。

（3）物料的均质方法。均质是使各种物料混合均匀。把琼脂浸泡加热稠度降低，把其他物料溶解。然后，混合加工成稳定的流体物。增加琼脂的稳定性。经过均质后的物料，在 80℃以上的高温中灭菌 30 分钟。加入香油，即成成品。

（4）质量标准。色泽棕红，麻辣鲜香，清淡可口，微甜。

四、辣味油加工方法

1. 配料比例

大豆油 45 千克，芝麻香油 5 千克，辣椒坯 5 千克。

2. 工艺流程

大豆油+辣椒坯—熬制—加香油—成品。

3. 制作规程

（1）选择小尖红辣椒，去把洗净。加工成碎辣椒块。放入干净坛内。

（2）把大豆油加热熬沸，立即倒入辣椒坛内拌匀。经过冷却，沉淀，过滤，澄清后装瓶。然后在表面加入 0.2 厘米左右薄层的芝麻香油，即成成品。

（3）质量标准。色泽透明红亮，香辣味鲜。

五、香辛料加工技术

（一）咖喱粉加工技术

1. 配料比例

每 50 千克配料比例为姜黄 30 千克，白胡椒粉 6.5 千克，芫荽子 4 千克，

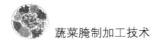
小茴香 3.5 千克，桂皮 6 千克，姜片 1 千克，八角 2 千克，花椒 1 千克。

2. 加工方法

把所有配料按比例混合后晒干，磨成粉即成成品。

（二）五香粉加工技术

1. 配料比例

每 50 千克配料比例为花椒 9 千克，桂皮 21.5 千克，小茴香 4 千克，陈皮 3 千克，八角 10 千克，干姜 2.5 千克。

2. 加工方法

把所有配料按比例混合后晒干。磨成粉即成成品。

（三）香料粉加工技术

1. 配料比例

每 50 千克配料比例为炒熟的碎大米 25 千克，干尖红辣椒 15 千克，陈皮 2.5 千克，小茴香 0.5 千克，红辣椒籽 3 千克，八角 0.5 千克，花椒 0.5 千克，干姜 2.5 千克，桂皮 0.5 千克。

2. 加工方法

把所有配料按比例混合后晒干。磨成粉即成成品。

（四）味精胡椒粉加工技术

1. 配料比例

每 50 千克配料比例为白胡椒 35 千克，味精 25 千克。

2. 加工方法

把白胡椒和味精加工成粉。混合均匀即成成品。

（五）花椒粉加工技术

1. 配料比例

每 50 千克配料比例为干花椒 40 千克，细盐 10 千克。

2. 加工方法

把干花椒磨成粉和细盐拌匀即成成品。

六、鱼露加工技术

1. 配料比例

海产小鱼 50 千克，食盐 13 千克。

2. 工艺流程

海产小鱼—腌渍—保温发酵—日晒—抽汁—过滤—配制—成品。

3. 制作规程

（1）选择海产小鱼（鳗鱼、带鱼、乌丁鱼等）。当发现小鱼鱼身软化，鱼眼凹陷时，要立即加入 26% 的食盐进行防腐。

（2）自然发酵。把腌渍的小鱼，放入缸内进行腌渍。自然发酵2～3年。前期10～20天翻缸1次。中期20～30天翻缸1次。后期30～40天翻缸1次。每次翻缸视发酵情况而定。腌渍使小鱼的内脏，浸出的酶类作用，使小鱼最后分解成汁液和鱼渣两层。并且产生一种特殊的香气。腌制期间，要把缸放在阴凉、干燥、通风的室内。加缸盖，防尘，防蝇，防污染。

（3）保温发酵。加热发酵期间，小鱼的温度不断增高。发酵期间的温度要保持在30～40℃。如果上升至60℃要翻缸，使小鱼受热均匀。正常发酵时间30天左右。

（4）日晒鱼露。小鱼发酵结束后，把缸放到晒场。日晒夜露，每天翻缸1～2次。日晒30天左右，小鱼化成汁液即可。日晒期间，刮风下雨要盖缸。防尘，防雨。

（5）抽汁过滤。用细竹丝编成圆筒形，高度比缸高出5厘米。由于大气的压力，汁液渗入圆筒内。然后，抽出汁液。抽出的汁液要经过两次浸泡，两次过滤。浸泡要加入腌鱼后的鱼卤，取出汁液的滤渣，再加入盐水熬开3～5分钟。取出冷却，过滤，澄清后的汁液，按不同的汁液，调制出不同等级的鱼露成品。

4. 质量标准

色泽透亮，味道鲜美。

七、番茄沙司加工技术

1. 配料比例

（1）红番茄50千克，细盐3千克，白糖15千克，米醋5千克。

（2）番茄50千克，蒜500克，洋葱2.5千克，月桂叶100克，麝香草100克。

（3）番茄50千克，白胡椒粉4克，辣椒粉3克，丁香2克，姜粉40克，桂皮15克。

2. 工艺流程

番茄—洗净—笼蒸—磨碎—过滤—调配—成品。

3. 制作规程

（1）热制方法。选择色泽鲜红、皮薄、肉厚、汁多、茄红素含量高、熟透的番茄。洗净后，用笼蒸熟后磨碎。然后，用0.3～0.5毫米的滤网过滤。过滤出果皮、果籽。

（2）冷制方法。把番茄洗净，用沸水浸泡3～5分钟，使果肉与果皮分离，然后磨碎。用滤网过滤出果皮、果籽。

（3）番茄沙司调制方法。

第一种方法：把过滤后的番茄加细盐、白糖调配均匀。然后，加入米醋拌匀。24小时后，再加热熬制浓缩，冷却后即成成品。

第二种方法：

①把洋葱、蒜去皮，洗净后粉碎。把月桂叶、麝香草晒干磨成粉。然后，把加工好的辅料，加入2倍的清水熬制25～30分钟。使辅料完全融化熬出香味。

②把过滤后的番茄加入盐、白糖熬沸。然后，加入熬制好的辅料拌匀。继续熬制，使番茄汁浓缩至规定标准，加入米醋拌匀再熬开后即成成品。

第三种方法：

①把白胡椒、辣椒、丁香、桂皮、姜粉混合均匀，加工成料粉。

②把过滤后的番茄加入盐、白糖熬沸。然后，加入料粉拌匀。继续熬制，使番茄汁浓缩至规定标准，加入米醋拌匀再熬开后即成成品。

4. 番茄沙司的包装方法

把熬制好的番茄沙司冷却至85℃开始装瓶。装至瓶的80%防止涨瓶。然后进行灭菌30～40分钟。即成成品。

5. 质量标准

色泽鲜红，味道鲜美，甜咸微酸。

八、辣椒油加工技术

1. 配料比例

干红辣椒15千克，辣椒红20克，植物油50千克。

2. 工艺流程

辣椒—加工—浸泡—油炸—成品。

3. 制作规程

（1）选择辣味素高的干红辣椒加工成碎块。

（2）把辣椒块放入植物油中浸泡30～40分钟。把辣椒块完全泡软后，再加热至130～150℃。把辣椒块炸成黄褐色捞出。

（3）把植物油冷却后进行过滤，然后，加入2克抗氧化剂和辣椒红拌匀，即成成品。

4. 质量标准

色泽红亮，味辣鲜香。

白糖蒜

寸金萝卜条

豆腐乳

海白菜

红油港椒

酱包瓜

酱瓜

菊花菜

麻辣酱豆

酱黄瓜

龙须菜

杞县萝卜

青笋丝

酸辣萝卜干

五仁金丝